Lehrbuch
der
reinen
und
angewandten Mathematik
in drei Bänden.

Dritter Band,
welcher
die statischen und mechanischen Wissenschaften
enthält.

Bearbeitet
von
D. D. C. L. Lehmus,
Lehrer der Mathematik an der Artillerie- und Ingenieur-Schule zu Berlin.

Mit vier Figurentafeln.

Berlin, 1827.
Gedruckt und verlegt
bei G. Reimer.

Inhalt des dritten Bandes.

*

Zweiter Abschnitt.

Dritter Abschnitt.

Vierter Abschnitt.

Fünfter Abschnitt.

Sechster Abschnitt.

Allgemeine Grundbegriffe.

§. 1. Erklärungen. Aendert ein Punct seinen Ort, so ist er in Bewegung; ändert er ihn nicht, geht er nicht aus einem Ort in einen andern, so ist er in Ruhe. Bewegung eines Punctes in Beziehung auf einen andern ruhenden, heißt absolute Bewegung; in Beziehung auf einen andern ebenfalls bewegten, heißt sie relativ. Jede Bewegung heißt gleichförmig, wenn der bewegte Punct in gleichen aufeinander folgenden Zeiten gleich große Wege durchläuft; ungleichförmig, wenn dieß nicht der Fall ist; beschleunigt, wenn die Wege in den folgenden Zeit-Einheiten immer größer, verzögert, wenn sie immer kleiner werden. Die Vergleichung gleichzeitiger Wege zweier gleichförmig bewegten Puncte heißt Geschwindigkeit; die Secunde ist die üblichste Zeit-Einheit, und wenn also gesagt wird: ein Punct der sich gleichförmig bewegt, hat die Geschwindigkeit c, so heißt dies: er durchläuft in jeder Secunde einen Weg = c. Bei ungleichförmiger Bewegung verstehe man unter Geschwindigkeit in irgend einen Punct a der Bahn des bewegten Punctes, den Weg, welchen derselbe in der folgenden Secunde durchlaufen würde, wenn er seine im Ort a statt findende Bewegung eine Secunde lang gleichförmig fortsetzte. Absolute und relative Geschwindigkeit unterscheiden sich eben so wie absolute und relative Bewegung.

§. 2. Erklärungen. Unter Beharrungsvermögen (auch Trägheit genannt) versteht man das jedem Körper inne wohnende Bestreben, in dem Zustand zu verbleiben, in welchem er sich befindet, es sei Zustand der Ruhe oder der Bewegung. Jedes Vermögen, einen Beharrungszustand zu ändern, heißt Kraft. Eine Kraft heißt absolut, wenn ihre Einwirkung auf einen Körper unabhängig davon ist, ob derselbe sich in Ruhe oder in Bewegung befindet; relativ, wenn sie davon abhängig ist; unveränderlich absolut, wenn sie in jedem Ort des Raums dieselbe Wirkung hervorbringt; veränderlich absolut, wenn dieß nicht der Fall ist.

§. 3. Erklärung. Die Wirkung ruhender Körper auf einander, von welchen der eine den andern verhindert Bewegung anzufangen, heißt Druck. Verhindert aber der eine den andern seine schon begonnene Bewegung mit derselben Geschwindigkeit fortzusetzen, so wird die Einwirkung Stoß genannt. Die Vergleichung eines Drucks mit einem andern nach einer angenommenen Einheit heißt Gewicht; die Vergleichung eines Stoßes mit einem andern nach einer angenommenen Einheit heißt Bewegungsvermögen. Das Bestreben jedes Körpers, sich dem Mittelpunct unserer Erde zu nähern, rührt von einer veränderlichen absoluten Kraft her, welche die Schwere heißt; die Richtung, nach welcher sie wirkt, heißt lothrecht oder vertical.

§. 4. Erklärung. Unter Masse eines Körpers verstehe man die Menge seiner Materie (nicht den Cubic-

Inhalt oder das Volumen); unter Dichtigkeit das Verhältniß der Massen zweier Körper von gleichem Volumen; unter specifischem oder eigenthümlichem Gewicht das Verhältniß der Gewichte zweier Körper von gleichem Volumen, die Schwere als die Ursache betrachtet.

Das Gewicht des destillirten Regenwassers ist die gewählte Einheit; wird daher das specifische Gewicht der Materie eines Körpers durch β ausgedrückt, so heißt dies: der Körper wiegt βmal so viel als ein gleiches Volumen destillirten Regenwassers. Hat daher dieser Körper das Volumen V in Cubicfußen, und wiegt ein Cubicfuß destillirten Regenwassers γ Pfund (im Mittel ist $\gamma = 66$), so ist das Gewicht des Körpers $= V\beta\gamma$ Pfunde.

Haben zwei Körper, bei gleichem Volumen, verschiedene Massen, so müssen in dem, der mehr Masse hat, die Theile dichter aneinander liegen, und also ist das Verhältniß der Massen zugleich das der Dichtigkeiten; zugleich setzt aber auch der, der mehr Materie hat, auch mehr materielle Theile den Einwirkungen der Schwere aus, und folglich ist das Verhältniß der Massen bei gleichem Volumen zugleich das Verhältniß der specifischen Gewichte. Sind daher β, δ die specifischen Gewichte von zwei Körpern, so verhalten sich auch ihre Massen und ihre Dichtigkeiten $= \beta : \delta$.

§. 5. Erklärung. Unter einem festen System von Puncten verstehe man eine Verbindung von Puncten so untereinander zusammenhängend, daß ihre gegenseitige Lage durchaus unverrückbar ist, wenn auch die ganze Verbindung ihren Ort ändert. In diesem Sinne sind die Ausdrücke: feste Linie, feste Ebene, fester Körper zu nehmen.

§. 6. Erklärung. Jede Kraft, welche auf ein festes System von Puncten wirkt, äußert das Bestreben, dieses System in ihrer Richtungslinie fortzubewegen, also dem in unendlicher Entfernung liegenden Endpunct dieser Richtungslinie näher zu bringen, und dieser Endpunct soll das Ziel der Kraft heißen. So ist z. B. für die Schwere der Mittelpunct unserer Erde das Ziel. Von Kräften, deren Richtungen untereinander parallel sind, kann man also sagen: sie streben alle zu demselben Ziel; oder, im Fall sie theilweise einander entgegenwirken: sie streben zu entgegengesetzten Zielen.

§. 7. Grundsatz. Wenn eine Kraft oder mehrere Kräfte ein festes System von Puncten zu irgend einem Ziele zu bringen streben, und irgend ein Umstand verhindert diese Bewegung, aber nicht jede, so erfolgt unter allen möglichen Bewegungen diejenige, bei welcher das System in einem und demselben Zeitraum sich dem Ziel der thätigen Kräfte am meisten nähert.

§. 8. Erklärung. Wenn Kräfte auf ein festes System wirken, und dasselbe bleibt demohnerachtet in eben demselben Zustand der Ruhe oder Bewegung, in welchem es sich befand, ehe diese Kräfte einwirkten, so sagt man: diese Kräfte stehen untereinander im Gleichgewicht. Ist das System in Ruhe und bleibt in Ruhe, so hat man ein Gleichgewicht für den Ruhestand; ist es in Bewegung und bleibt in derselben Bewegung, so hat man ein Gleichgewicht während der Bewegung.

§. 9. Erklärung. Wirken Kräfte auf ein festes System so, daß dasselbe ihrem Bestreben gemäß eine drehende Bewegung annimmt oder annehmen kann, so heißt die gerade Linie, um welche das System sich dreht, oder drehen könnte, die Drehachse; für jede Kraft, deren Richtungslinie nicht mit der Drehachse parallel läuft, heißt ferner die gerade Linie, welche zugleich auf ihrer Richtung und auf der Drehachse normal ist, der Hebelsarm dieser Kraft (§. 136. II. Bd.), und das Product aus der absoluten Zahl, welche die Größe dieser Kraft ausdrückt, in die absolute Zahl, welche die Länge ihres Hebelarms angiebt, heißt das statische Moment oder auch schlechthin das Moment dieser Kraft. Jedes System aber, welches Kräfte drehend zu bewegen streben oder auch wirklich drehend bewegen, wird ein Hebel genannt.

§. 10. Erklärung. Wirken Kräfte auf ein festes System, und man denkt sich dieses System nach irgend einer Richtung fortgehend, oder um irgend eine Achse drehend bewegt, die Angriffspuncte der Kräfte, so wie das Ziel jeder einzelnen aber unveränderlich, so wird für jede Kraft das Product aus der abstracten Zahl, welche ihre Größe angiebt, in die abstracte Zahl, welche die Annäherung ihres Angriffspuncts an ihr Ziel ausdrückt, das mechanische Moment dieser Kraft in Beziehung auf die gedachte Bewegung genannt.

§. 11. Erklärung. Wirken zwei oder mehre Kräfte auf einen festen Punct oder auf ein festes System, ohne untereinander im Gleichgewicht zu sein, so heißt diejenige Kraft, welche, wenn sie allein auf diesen Punct oder auf dieses System wirkte und ganz dasselbe leistete, die mittlere Kraft jener Kräfte, und diese werden die Seitenkräfte genannt.

§. 12. Erklärung. Unter einer tropfbar-flüssigen Materie verstehe man eine solche, deren Theile einen so geringen Zusammenhang untereinander haben, daß die Materie, ohne von festen Wänden begrenzt zu sein, keine bestimmte Form annimmt, und welche zugleich die Eigenschaft hat, daß keine angebrachte Kraft eine Zusammenpressung oder Ausdehnung derselben bewirken kann.

§. 13. Erklärung. Die Statik ist die Lehre von den Bedingungen, welche statt finden müssen, wenn zwei oder mehre auf ein festes System von Puncten wirkende Kräfte untereinander Gleichgewicht erhalten sollen. Die Anwendung der Gesetze der Statik auf das Gleichgewicht fester Körper untereinander heißt Geostatik, und auf das Gleichgewicht tropfbar-flüssiger Materien unter sich und mit festen Körpern Hydrostatik.

Die Mechanik lehrt die Größe der Aenderungen des Zustandes der Ruhe oder der Bewegung, so wie die aus diesen Aenderungen entspringenden Wirkungen bestimmen, welche entstehen, wenn ein Punct oder ein System von Puncten von Kräften ergriffen wird, welche nicht im Gleichgewicht sind. Ihre Anwendung auf feste Körper heißt Geomechanik, auf tropfbar-flüssige: Hydrodynamik oder Hydraulik.

Erster Abschnitt.

Die Statik.

§. 14. Wenn Kräfte auf ein festes System von Puncten wirken, so sind in Hinsicht der Lage ihrer Richtungslinien nur vier Fälle zu unterscheiden.

1) Die Richtungslinien aller thätigen Kräfte sind parallel, und liegen in einer und derselben Ebene.

2) Die Richtungslinien aller thätigen Kräfte sind parallel, liegen aber in verschiedenen Ebenen.

3) Die Richtungen der thätigen Kräfte sind nicht alle unter einander parallel, liegen aber alle in einer Ebene.

4) Die Richtungslinien liegen in verschiedenen Ebenen, und sind nicht alle unter einander parallel.

Hienach theilt sich das Lehrgebäude der Statik in vier Kapitel.

Des ersten Abschnitts erstes Kapitel.

Bedingungen des Gleichgewichts, wenn die Richtungen sämmtlicher Kräfte parallel sind, und in einer Ebene liegen.

§. 15. Grundsatz. Wird eine feste gerade Linie von 2 gleichen, nach der Richtung dieser Linie aber entgegesetzt, thätigen Kräften angegriffen, so sind diese Kräfte unter einander im Gleichgewicht.

§. 16. Lehrsatz. Wirkt eine Kraft nach der Richtung einer geraden festen Linie, so ist es gleichgültig, welcher Punct derselben als Angriffspunct angesehen wird.

Beweis. Für jeden Angriffspunct in der geraden Richtungslinie ist nach §. 15. dieselbe Gegenkraft erforderlich, um das Gleichgewicht herzustellen, und daher ist es einerlei, in welchem Punct ihrer Richtung die Kraft als angreifend betrachtet wird.

§. 17. Lehrsatz. Bilden 3 Puncte a, b, c ein festes System, und liegen diese Puncte in einer geraden Linie so, daß ab = bc ist, so findet Gleichgewicht statt, wenn in a und c gleiche Kräfte P, P zu einerlei Ziel (also nach parallelen Richtungen), etwa nach Richtungslinien, die auf ac normal sind, in b aber zum entgegengesetzten Ziel eine Kraft = 2.P wirkt.

Beweis. 1) Das System kann sich keinem der beiden entgegengesetzten Zielen nähern, weil zu jedem dasselbe Bestreben statt findet, es kann also keine fortgehende oder geradlinigte Bewegung erfolgen.

2) Drehende Bewegung um jede Achse, die nicht durch b geht, würde zugleich das System einem der Ziele nähern, woraus nach 1. hervorgeht, daß eine solche Drehung nicht erfolgen kann.

3) Drehende Bewegung um eine Achse durch b wird deshalb nicht statt finden, weil derselbe Grund sowohl für drehende Bewegung nach der einen als nach der ihr entgegengesetzten Richtung vorhanden ist.

§. 18. Zusatz. Aus dem vorigen §. und §. 15. folgt, daß eine Kraft 2P in b zu demselben Ziel thätig, zu welchem P in a und P in c wirken, die mittlere Kraft zu diesen beiden ist, so daß also unter allen Umständen diese Kraft 2P in b dasselbe leisten wird, was die beiden P, P in a und c zu demselben Ziel thätig leisten würden.

§. 19. Zusatz. Denkt man sich n gleiche Kräfte in gleichweit von einander abstehenden Puncten einer festen geraden Linie, zu einerlei Ziel thätig angebracht, so ist ihre mittlere Kraft, gleich der Summe dieser Kräfte, zu demselben Ziel thätig gedacht, und die Richtung derselben geht durch die Mitte der ergriffenen festen Linie.

§. 20. Aufgabe. Eine feste gerade Linie ab, wird in ihren Endpuncten a, b von den Kräften P, Q zu einerlei Ziel thätig, etwa nach den Richtungslinien normal auf ab, ergriffen. Man soll die Größe M und den Ort der mittleren Kraft angeben.

Auflösung. Man wähle die Kraft-Einheit in Gedanken so, daß jede der beiden Kräfte, in dieser Kraft-Einheit ausgedrückt, als eine ganze und zwar gerade Zahl erscheint. Es sei w die Kraft-Einheit (etwa 1 Pfund oder $\frac{1}{7}$ Pfd., oder $\frac{1}{3}$ Loth u. s. w.), n und m positive ganze Zahlen, und $P = 2n.w$; $Q = 2m.w$; nun denke man sich ab in $n + m$ gleiche Theile getheilt; es sei ac (Fig. 1.) $= n$, $cb = m$ solcher Theile, von welchen jeder die Länge e haben mag, verlängere ab zu beiden Seiten, und denke sich $ad = ac$ und $bf = bc$ gemacht, so daß also $da = ac = ne$ und $bc = bf = me$; also $dc = 2ne$ und $cf = 2me$ wird. Stellt man sich nun in der Mitte jedes Theils der Linie dc eine Kraft w zum Ziel von P thätig vor, so ist (nach §. 19.) $P = 2nw$ die mittlere Kraft zu diesen 2n gleichen parallelen Kräften, von welchen jede $= w$ ist, und man kann sich also P aus a weggenommen, und dafür diese 2n gleichen Kräfte in sämmtlichen Mittelpuncten von dc vertheilt angebracht denken, ohne daß dadurch eine Aenderung in der stattfindenden Wirkung erfolgen wird. Eben so kann man sich Q aus b weggenommen und dafür in der Mitte jedes der 2m gleichen Theile von c bis f eine Kraft w zu dem Ziel von Q angebracht vorstellen. Man hat somit jetzt auf der ganzen Linie df lauter gleiche Kräfte unter gleichen Abständen zu einerlei Ziel, also parallel thätig, und die mittlere Kraft derselben, welche also zugleich auch die mittlere Kraft M der ursprünglichen Kräfte P, Q ist, ist folglich $=2nw+2mw=P+Q$, und ihr Ort liegt in der Mitte von df in g (§. 19.). Da nun aber dg $=\frac{df}{2}=\frac{2ne+2me}{2}=ne+me$; und $da=ne$ ist, so bleibt $ag=dg-da=me$, und also $bg=ne$; folglich $ag:bg=m:n$. Aus $Q=2mw$ und $P=2nw$ folgt aber auch $Q:P=m:n$; und somit aus beiden Proportionen $Q:P=ag:bg$, woraus auch [Q + P oder] $M:P=ab:bg$ und $M:Q=ab:ag$ folgt, so daß also $bg=\frac{P.ab}{P+Q}$; $ag=\frac{Q.ab}{P+Q}$ ist, wodurch sich der Ort g der mittleren Kraft $M=P+Q$ bequem bestimmt.

§. 21. **Lehrsatz.** Wirken in einer festen Ebene zwei parallel thätige Kräfte P, Q, deren Richtungen ab, cd, in dieser Ebene liegen, so ist in Beziehung auf jede, diese Ebene normal durchschneidende Achse, um welche diese Ebene, den Bestrebungen beider Kräfte gemäß, sich drehen könnte, das statische Moment der mittleren Kraft M zu P und Q, gleich der algebraischen Summe der Momente der Seitenkräfte P und Q.

Beweis. Ist k der Punct, in welchen die gedachte Drehachse die feste Ebene durchschneidet, und man fällt aus k die Normale krt auf die parallelen Richtungen ab, cd (Fig. 2.), so ist (nach §. 20.) die durch g mit ab und cd parallele Linie hn, die Richtung der mittleren Kraft M zu P und Q, wenn $rg = \frac{Q.rt}{P+Q}$, oder, da $P+Q = M$ ist (§. 20.), wenn $rg = \frac{Q.rt}{M}$ ist. Es ist aber $rg = kg - kr$ und $rt = kt - kr$; und substituirt man diese Werthe in $rg = \frac{Q.rt}{P+Q}$, so entsteht

$$kg - kr = \frac{Q.(kt-kr)}{P+Q}; \text{ und hieraus}$$

$$kg.P + kgQ - kr.P - kr.Q = kt.Q - kr.Q; \text{ oder}$$

$$kg.(P+Q) = kr.P + kt.Q;$$

oder auch, M für P + Q geschrieben,

$$M.kg = P.kr + Q.kt;$$

woraus nach §. 9. die Wahrheit der Behauptung erhellet.

§. 22. Zusatz. Denkt man sich in g nach der Richtung nh eine Kraft $= M^{I} = P + Q$ angebracht, so ist diese mit der in g nach der Richtung hn thätigen eben so großen Kraft $M = P + Q$ im Gleichgewicht (§. 15.). Letztere ist aber die mittlere der beiden P und Q nach den Richtungen ab und cd wirkenden Kräfte, wenn für jeden Punct k in dieser Ebene $M.kg = P.kr + Q.kt$ ist, d. h. $M = P + Q$ nach der Richtung hn thätig, bringt unter allen Umständen dieselbe Wirkung hervor, welche P und Q, nach ab und cd thätig, hervorbringen würden. Es muß also, da M^{I} nach nh mit M nach hn Gleichgewicht erhalten würde, und M nach hn so viel leistet, wie P nach ab und Q nach cd, auch nothwendig M^{I} nach nh thätig, mit P nach ab und Q nach cd wirkend, Gleichgewicht erhalten, wenn $M^I = P + Q$ und $M^I . kg = P . kr + Q . kt$ ist. Stellt man sich nun die Kraft P weggenommen vor, und bringt dafür, um sie zu ersetzen, in irgend einen Punct ihrer Richtung, etwa in r, eine feste Drehachse an, die nur drehende Bewegung der festen Ebene um diese Achse gestattet, so erfolgt diese Drehung nicht. Es geht aber die Gleichung $M^I . kg = P . kr + Q . kt$, wenn man sich die Drehachse statt durch k, jetzt durch r denkt, in die $M^I . rg = Q . rt$ über, und folglich äußern also zwei Kräfte, M^I und Q, welche eine feste Ebene nach entgegengesetzten Richtungen zu drehen streben, gleiches Bestreben zur Drehung, d. h. sie bringen keine Drehung hervor, wenn ihre Momente in Beziehung auf diese Drehachse einander gleich sind. Das Moment einer Kraft ist also die Vergleichungszahl der Größe ihres Bestrebens, das feste System, auf welches sie wirkt, um die Achse zu drehen, auf welche sich das Moment bezieht.

§. 23. Zusatz. Ist also eine feste Ebene um irgend eine sie normal durchschneidende Achse drehbar, so kann man, statt einer am Hebelsarm a auf diese Drehung wirkenden Kraft A, eine andere Kraft am Hebelsarm b anbringen, und sie wird dasselbe leisten, wenn sie $= \frac{aA}{b}$ genommen wird. Dieß Geschäft heißt das Reduciren einer Kraft auf einen andern Hebelsarm.

§. 24. Aufgabe. Für mehre nach parallelen Richtungen in einer festen Ebene thätige Kräfte A, B, C, D u. s. w. die Größe M und den Ort ihrer mittleren Kraft zu bestimmen.

Auflösung. Aus einem willkührlichen Punct der festen Ebene denke man sich eine Normale durch die Richtungen sämmtlicher Kräfte, und verstehe unter a, b, c, d u. s. w. m; die Hebelsarme der Kräfte A, B, C, D u. s. w. M in Beziehung auf die, die Ebene in dem willkührlichen Punct normal durchschneidende Achse. Bezeichnet nun A^I die mittlere Kraft zu A und B und a^I ihren Hebelsarm, so ist nach §. 20. und 21.

$$1)\quad A^I = A + B \text{ und}$$

$$2)\quad A^I a^I = Aa + Bb.$$

Ferner, wenn B^I die mittlere Kraft zu A^I und C und b^I ihren Hebelsarm ausdrückt,

$$3)\quad B^I = A^I + C \text{ und}$$

$$4)\quad B^I b^I = A^I a^I + Cc;$$

dann, unter C^I die mittlere Kraft zu B^I und D und unter c^I ihren Hebelsarm verstanden,

$$5)\quad C^I = B^I + D,$$

$$6)\quad C^I . c^I = B^I b^I + Dd;$$

u. s. w.

Substituirt man nun die Werthe immer aus den vorhergehenden Gleichungen in die folgenden beiden, so erhält man:

$B^I = A + B + C$ und $B^I b^I = Aa + Bb + Cc$; denn
$C^I = A + B + C$ und $C^I c^I = Aa + Bb + Cc + Dd$;
u. s. f.; endlich, die Richtung von M parallel mit allen übrigen gedacht,

$M = A + B + C + D$ u. s. w. und $Mm = Aa + Bb + Cc + \ldots$

Aus der Gleichung $M = A + B + C + D$ u. s. w. bestimmt sich aber die Größe, und aus dem Quotienten beider $m = \frac{Aa + Bb + Cc + \ldots}{A + B + C + \ldots}$ ergiebt sich der Ort der verlangten mittleren Kraft; und es ist also

1) die mittlere Kraft gleich der algebraischen Summe der gegebenen Kräfte und ihre Richtung parallel mit ihnen;

2) ihr Hebelsarm gleich der algebraischen Summe der Momente dieser Kräfte, dividirt durch die algebraische Summe der Kräfte selbst.

Ergiebt sich in besondern Fällen, die Summe $A + B + C + \ldots$ gleich Null, so ist auch $M = 0$; erhält man aber $Aa + Bb + \ldots$ gleich Null, so ist auch $m = 0$, d. h. die Richtung der mittleren Kraft geht durch den willkührlich angenommenen Punct.

§. 25. Aufgabe. Mehrere Kräfte A, B, C u. s. w. wirken nach parallelen Richtungslinien, welche alle in einer Ebene liegen; man soll die Bedingungen des Gleichgewichts dieser Kräfte untereinander durch Gleichungen ausdrücken.

Auflösung. Man denke sich in dieser Ebene einen willkührlich gewählten Punct, durch diesen normal auf die Ebene eine Achse und verstehe unter a, b, c u. s. w. die Hebelsärme der Kräfte A, B, C u. s. w. in Beziehung auf diese Achse; bezeichne die mittlere Kraft dieser thätigen Kräfte durch M und ihren Hebelsarm, in Beziehung auf die gewählte Achse durch m, so ist nach §. 24.

$$A + B + C + \ldots = M \text{ und}$$

$$\frac{Aa + Bb + Cc + \ldots}{A + B + C + \ldots} = m,$$

welche letzte Gleichung auch durch

$$Aa + Bb + Cc + \ldots = Mm$$

auszudrücken ist. Wenn nun die Kräfte A, B, C u. s. w. untereinander Gleichgewicht erhalten, also Nichts leisten, so ist ihre mittlere Kraft M gleich Null, und schreibt man daher 0 für M in obige beiden Gleichungen, so erhält man die verlangten Bedingungsgleichungen

$$\text{I.}\quad A + B + C + \ldots\ldots = 0,$$

$$\text{II.}\quad Aa + Bb + Cc + \ldots\ldots = 0.$$

§. 26. Zusatz. Die Bedingungsgleichungen des Gleichgewichts für Kräfte, deren Richtungslinie parallel und in einer Ebene liegen, sind also:

I. Die algebraische Summe sämmtlicher Kräfte muß = 0 sein, damit keine fortgehende Bewegung erfolgt.

II. Die algebraische Summe ihrer Momente in Beziehung auf jede die Ebene normal durchschneidende Achse muß gleich Null sein, damit keine drehende Bewegung erfolgen kann (§. 22.).

Diese beiden Gesetze drücken den ganzen Inhalt dieses Kapitels aus.

Beispiele. 1) In einer festen Ebene (Fig. 3.) wirken nach den parallelen Richtungslinien ab, cd, ef die Kräfte A = 6; B = 5; C = 9; die Entfernung der Richtungslinien von A und B sei = 2; die zwischen B und C = 4; die Größe x der noch anzubringenden parallel in derselben Ebene zu demselben Ziel thätigen Kraft und ihren Ort der Bedingung gemäß zu bestimmen, daß Gleichgewicht erfolgt.

Ist p ein beliebiger Punct in dieser Ebene; die gerade Linie pqrt normal aus p durch die Richtungen der Kräfte gelegt, also qr = 2 und rt = 4, und ist p so gewählt, daß pq = 3 ist, so wird, wenn y die gesuchte Entfernung von p bis zur Richtung von x (von der linken zur rechten Hand gemessen) bezeichnet, Gleichgewicht statt finden, wenn $A + B + C + x = 0$ und auch

$$A.pq + B.pr + C.pt + x.y = 0 \text{ ist.}$$

Substituirt man die Zahlenwerthe, so erhält man:

$$6 + 5 + 9 + x = 0 \text{ und}$$

$$6.3 + 5.5 + 9.9 + x.y = 0;$$

und aus diesen beiden Gleichungen folgt:

$$x = -20 \text{ und } y = 6\tfrac{1}{5}.$$

Macht man daher $pw = 6\frac{1}{5}$; zieht durch w mit den Richtungen der 3 gegebenen Kräfte die Parallele gh, und läßt nach der Richtung hg (nicht gh) die Kraft 20 wirken, so erhält sie mit denen 6, 5, 9, nach der ihr entgegengesetzten Richtung thätig, Gleichgewicht. Hätte man nicht den Punct p, sondern den q als Punct der Momente gewählt, so wäre die 2te Gleichung
$6.0 + 5.2 + 9.6 - 20.qw = 0$ und hieraus $qw = 3\frac{1}{5}$; welches denselben Punct w giebt.

Hätte man den Punct r gewählt, so wäre in Beziehung auf ihn das Bestreben zur Drehung von A um ihn, dem Bestreben von C zur Drehung um ihn entgegengesetzt, also die 2te Gleichung $-6.2 + 9.4 - 20.rw = 0$, und hieraus $rw = 1\frac{1}{5}$, wodurch sich ebenfalls derselbe Punct w ergiebt, u. s. w.

2) In einer festen Ebene wirken nach parallelen Richtungslinien die Kräfte $A = 5$; $B = -6$; $C = 3$; $D = -4$; der Abstand zwischen den Richtungen von A und B sei $= 2$; von B zu $C = 7$; von C zu $D = 1$. Wie groß muß noch eine anzubringende Kraft x zum Ziel von A und C thätig sein, und in welcher Entfernung y von der Richtung der Kraft A muß sie wirken, damit Gleichgewicht statt findet?

Die Bedingungs-Gleichungen sind:

$$5-6+3-4+x=0 \text{ und}$$

$$5.0-6.2+3.9-4.10+x.y=0.$$

Aus ihnen erhält man $x=2$ und $y=12\frac{1}{2}$.
Wäre $D=8$, so erhielte man $x=-10$ und $y=9\frac{1}{2}$.
Wäre $D=-12$, so erhielte man $x=10$ und $y=10\frac{1}{2}$.
Wäre $D=-\frac{21}{13}$, so erhielte man $x=-\frac{5}{13}$ und $y=-3$
u. s. w.

3) Parallel thätige gleiche Kräfte A wirken in einer Ebene zu demselben Ziel, unter denen nach einer arithmetischen Progression wachsenden Abständen a, $a+d$; $a+2d$ u. s. w.; ihre Anzahl ist $=n$; man soll Größe und Ort der mittleren Kraft M bestimmen.

Es ist $M=n.A$ und ihre Entfernung m vom Anfangspunct

$$=\frac{A.0+A.a+A(a+d)+A(a+2d)+\ldots.+A[a+(n-2)d]}{M};$$

oder $m=\frac{a(n-1)+d(n-1)_2}{n}$ (§. 192. I. Bd.).

4) Parallel thätige, nach einer arithmetischen Progression wachsende Kräfte a, $a+d$, $a+2d$ u. s. w., wirken in einer Ebene zu demselben Ziel unter gleichen Abständen e, ihre Anzahl ist $=n$, man soll die mittlere Kraft M und die Entfernung m ihrer Richtungslinie vom Anfangspunct bestimmen.

Es ist $M=a+a+d+a+2d+\ldots.+a+(n-1)d$
$=a.n+d.n_2$; und

$$m=\frac{a.0+(a+d)e+(a+2d)2e+\ldots.+[a+(n-1)d].(n-1)e}{an+dn_2}$$

$$=\frac{ae.[1+2+3+\ldots+n-1]+de[1+2^2+3^2+\ldots+(n-1)^2]}{an+dn_2}$$

$$=e.\frac{a.n_2+d.n_2.\frac{2n-1}{3}}{an+d.n_2}$$ (§. 195. 3tes Beisp. Erst. Bd.),

oder auch

$$m = \frac{(n-1)e}{3} \cdot \frac{4a+(2n-1)d}{2a+(n-1)d}.$$

Des ersten Abschnitts zweites Kapitel.

Bedingungen des Gleichgewichts für Kräfte, deren Richtungen parallel, aber in verschiedenen Ebenen liegen.

§. 27. **Aufgabe.** Mehre Kräfte A, B, C, u. s. w., wirken nach parallelen Richtungen in verschiedenen Ebenen auf ein festes System; man soll die Größe M und den Ort ihrer mittleren Kraft bestimmen.

Auflösung. Man denke sich eine die Richtungen der gegebenen Kräfte normal durchschneidende Ebene [die Ebene des Papieres (Fig. 4.) stelle sie vor], und wähle in ihr beliebig einen Winkel φ (am bequemsten einen rechten Winkel), fälle dann aus den Durchschnittspuncten P, Q, R u. s. w. der Richtungslinien der Kräfte A, B, C u. s. w. mit dieser Ebene, auf die Schenkel GH, GK des gewählten Winkels HGK $= \varphi$, die Normalen a, b, c u. s. w. und α, β, γ u. s. w., so ist, wenn man sich die Ebene durch PQ denkt, in welcher die Richtungslinien der Kräfte A und B liegen, und I als den Punct betrachtet, in welchen die mittlere Kraft A^I der Kräfte A und B, die Linie PQ schneidet,

1) $A^I = A + B$; und für jeden Punct in der Richtung PQ, also auch für den L, wo sich PQ und GH schneiden;

2) $A^{1}.LI = A.LP + B.LQ$ (§. 21.), für den N aber, wo sich PQ und GK schneiden;

3) $A^{1}.NI = A.NP + B.NQ$ (§. 21.). Multiplicirt man die Gleichung 2. mit Sin QLH; die 3. aber mit Sin QNK; und bezeichnet die Normale aus I auf GH mit a^{1}; die aus I auf GK mit α^{1}, so entsteht aus diesen beiden Gleichungen

$$A^{1}.a^{1} = Aa + Bb \text{ und } A^{1}.\alpha^{1} = A\alpha + B\beta,$$

und die 3 Gleichungen:

$$\text{I.} \left\{\begin{matrix} A^{1} = A + B \\ A^{1} a^{1} = Aa + Bb \\ A^{1} \alpha^{1} = A\alpha + B\beta \end{matrix}\right\}$$ bestimmen Größe und Ort der mittleren Kraft A^{1} zu B und B.

Bezeichnet nun B^{1} die mittlere Kraft zu A^{1} und C; $b^{1}\ \beta^{1}$ die Normalen aus den Durchschnittspunct ihrer Richtungslinie mit der Ebene, auf GH und GK, so erhält man eben so zur Bestimmung von B^{1}, b^{1} und β^{1}, die 3 Gleichungen:

$$\text{II.} \left\{\begin{matrix} B^{1} = A^{1} + C \\ B^{1} b^{1} = A^{1} a^{1} + Cc \\ B^{1} \beta^{1} = A^{1} \alpha^{1} + C\gamma \end{matrix}\right\}.$$

Eben so ferner für die mittlere Kraft C^{1} zu B^{1} und D, und die zugehörigen Normalen c^{1} und γ^{1}, die 3 Gleichungen:

$$\text{III.} \left\{\begin{matrix} C^{1} = B^{1} + D \\ C^{1} c^{1} = B^{1} b^{1} + Dd \\ C^{1} \gamma^{1} = B^{1} \beta^{1} + D\delta \end{matrix}\right\}$$

u. s. w.

Substituirt man nun die Werthe aus I. in II., aus II. in III. u. s. w., so erhält man, unter m und μ die Normalen auf GH und GK aus dem Durchschnittspunct der Richtung der gesuchten mittleren Kraft M zu allen gegebenen, mit der gewählten Ebene verstanden,

$$M = A + B + C + D \text{ u. s. w.},$$
$$Mm = Aa + Bb + Cc + \text{ u. s. w.},$$
$$M\mu = A\alpha + B\beta + C\gamma + \text{ u. s. w.},$$

und aus diesen 3 Gleichungen endlich:

$$M = A + B + C + \text{ u. s. w.},$$
$$m = \frac{Aa + Bb + Cc + \text{ u. s. w.}}{A + B + C + \text{ u. s. w.}},$$
$$\mu = \frac{A\alpha + B\beta + C\gamma + \text{ u. s. w.}}{A + B + C + \text{ u. s. w.}},$$

von welchen die erste die Größe, die 2te und 3te aber vereint den Ort der mittleren Kraft bestimmen. Die Gesetze, welche diese 3 Formeln darstellen, sind leicht (wie die in §. 24.) in Worten auszudrücken. Ergiebt sich in einem besondern Fall $A + B + \ldots$ gleich Null, so ist auch $M = 0$; erhält man $Aa + Bb + \ldots = 0$; so schneidet die Richtung der mittleren Kraft den Schenkel GH; ergiebt sich $A\alpha + B\beta + \ldots = 0$; so schneidet sie den Schenkel GK; erhält man beide Momenten-Summen, jede $= 0$, so geht die mittlere Kraft durch den Punct G.

§. 28. Aufgabe. Mehre Kräfte A, B, C u. s. w. wirken auf ein festes System nach parallelen aber nicht in einer Ebene liegenden Richtungslinien, und halten untereinander Gleichgewicht; man soll die Bedingungen des Gleichgewichts durch Gleichungen ausdrücken.

Auflösung. Man denke sich durch die Richtungslinien sämmtlicher Kräfte eine sie normal schneidende Ebene gelegt, wähle in dieser Ebene einen beliebigen Winkel φ und bezeichne die Normalen aus den Durchschnittspuncten der Richtungslinien der Kräfte A, B, C u. s. w. mit dieser Ebene, auf die Schenkel dieses Winkels beziehlich durch a, b, c u. s. w., α, β, γ u. s. w., so ist, wenn M die mittlere Kraft der gegebenen Kräfte, und m, μ die ihr zugehörigen Normalen (wie im vor. §.) bezeichnet, nach §. 27.

$$M = A + B + C + \ldots\ldots$$
$$Mm = Aa + Bb + Cc + \ldots\ldots$$
$$M\mu = A\alpha + B\beta + C\gamma + \ldots\ldots$$

Nach der Voraussetzung erhalten aber die Kräfte A, B, C u. s. w. untereinander Gleichgewicht, d. h. ihre mittlere Kraft ist = Null; und schreibt man daher Null für M in diese 3 Gleichungen, so ergeben sich die verlangten Bedingungsgleichungen, nemlich

$$\text{I.} \quad A + B + C + \ldots\ldots = 0;$$
$$\text{II.} \quad Aa + Bb + Cc + \ldots\ldots = 0;$$
$$\text{III.} \quad A\alpha + B\beta + C\gamma + \ldots\ldots = 0;$$

und diese leicht in Worte zu übertragenen 3 Bedingungen sprechen den ganzen Inhalt dieses Kapitels aus.

Beispiele. 1) Ein festes ebenes Dreieck, dessen Seiten 7, 10 und 11 Fuß lang sind, wird in einem seiner Puncte, der 2 Fuß von der Seite 7 und 4 Fuß von der Seite 10 entfernt liegt, durch eine Kraft = 20 angegriffen, deren Richtungslinie normal auf die Ebene des Dreiecks ist. Durch parallel entgegenwirkende Kräfte in den 3 Eckpuncten dieses Dreiecks soll das Gleichgewicht mit 20 hervorgebracht werden; die Größe dieser Kräfte zu bestimmen.

Bezeichnen x, y, z die Größe dieser erforderlichen Gegenwirkungen in denen Eckpuncten, welche den Seiten 7, 10, 11 gegenüber liegen, so sind, wenn man die Seiten 7 und 10 als die Schenkel des Winkels φ wählt, weil die Höhe auf 7 $= \frac{\sqrt{28.14.8.6}}{2.10} = 4\sqrt{6}$ und die auf

$10 = \frac{\sqrt{28.14.8.6}}{2.10} = 2{,}8 . \sqrt{6}$ ist (§. 159. Geom. I. Bd.), die 3 Gleichungen:

$$1)\quad x + y + z - 20 = 0;$$
$$2)\quad x . 4 . \sqrt{6} - 20 . 2 = 0;$$
$$3)\quad y . 2{,}8 . \sqrt{6} - 20 . 4 = 0;$$

und aus ihnen erhält man

$$x = \tfrac{5}{3} . \sqrt{6} = 4{,}082,$$
$$y = \tfrac{100}{21} . \sqrt{6} = 11{,}664,$$
$$z = 4{,}254.$$

2) Ein festes ebenes Dreieck ABC (Fig. 5.) wird in allen seinen Puncten von gleich großen, normal auf die Ebene des Dreiecks wirkenden Kräften ergriffen, deren Summe = Q ist. Man soll Größe und Ort der mittleren Kraft angeben.

Die Größe ist = Q. Zu Bestimmung des Ortes sei die Höhe h von A auf BC in n gleiche Theile getheilt, jeder Theil = e; also $ne = h$; und durch jeden Theilpunct eine Parallele im Dreieck mit BC gezogen; die Höhe von A auf eine dieser Parallelen DE sei $= (m-1)e$; also die auf die folgende $FG = me$, so ist, BC durch b ausgedrückt, $DE = \frac{(m-1)e}{h} . b$; $FG = \frac{me}{h} b$; also der Inhalt des Trapezes $DEFG = \frac{(2m-1)be^2}{2h}$; folglich, wenn q die Summe der Kräfte bezeichnet, welche auf dieses Trapez kommt, $\frac{bh}{2} : \frac{(2m-1)be^2}{2h} = Q : q$, und hieraus $q = \frac{(2m-1)e^2}{h^2} . Q$. Denkt man sich nun durch A eine Parallele mit BC, so ist in Beziehung auf sie als Momentenachse, der Hebelsarm von q größer wie $(m-1)e$ und kleiner wie me, kann also, wenn e äußerst klein gedacht wird, annähernd $= (m-1)e + \frac{e}{2} = \frac{2m-1}{2} e$ gesetzt werden, und diese Annäherung wird der Wahrheit um so näher liegen, je kleiner e ist, wird also von ihr um Nichts abweichen, wenn e unendlich klein gewählt wird. Denkt man sich also e unendlich klein, so ist das Moment von der Summe aller Kräfte im Trapez DEFG, in Beziehung auf die durch A mit BC parallelen Achse =

$$\frac{(2m-1)e^2}{h^2} . Q . \frac{2m-1}{2} . e = \frac{Qe^3}{2h^2} . [2m-1]^2.$$

Setzt man in diesen allgemeinen Ausdruck allmählig 1, 2, 3 u. s. w. n, für m, und nimmt die Summe aller dieser Resultate, so hat man die Summe der Momente aller Kräfte in Beziehung auf die gewählte Achse

$$= \frac{Qe^3}{2h^2} . [1 + 3^2 + 5^2 + 7^2 + \ldots\ldots + (2n-1)^2].$$

Es ist aber (§. 195. Arithm. I. Bd.)

$$1 + 3^3 + 5^2 + 7^2 + \ldots\ldots + (2n-1)^2 = n + n_2 . 8 + n_3 . 8$$

$= \frac{4n^2-1}{3} . n$; folglich die Summe der Momente

$$= \frac{Qe^3}{2h^2} . \frac{4n^2-1}{3} n = \frac{Q}{6h^2} . [4(ne)^2 - e^2] . (ne)$$

$= \frac{Q}{6h^2} . [4h^2 - e^2] . h$ um so genauer, je kleiner e gewählt wird. Man hat daher vollständig für $e = 0$; diese Momenten-Summe $= \frac{Q}{6h^2} . 4h^3 = \frac{2}{3} Qh$; folglich den Abstand der Richtung der mittleren Kraft von der durch A mit BC parallelen Linie $= \frac{\frac{2}{3}hQ}{Q} = \frac{2}{3} h$, und demnach ihren Abstand von BC $= \frac{1}{3} h$. Zieht man daher in der Entfernung $\frac{1}{3} h$ von BC mit BC eine Parallele, und in der Entfernung $\frac{1}{3} k$ (wenn h die Höhe des Dreiecks auf AC ausdrückt), von AC mit AC eine Parallele, so ist beider Durchschnittspunct der Ort der mittleren Kraft.

Des ersten Abschnitts drittes Kapitel.

Bedingungen des Gleichgewichts für Kräfte, deren Richtungslinien nicht parallel sind, aber alle in in einer Ebene liegen.

§. 29. Aufgabe. Die feste Ebene, in welcher die Richtungen sämmtlicher thätigen Kräfte liegen, sei nur um eine, sie normal durchschneidende Achse drehbar; jede andere Bewegung, fortgehend oder drehend, sei nicht möglich; man soll die Bedingungen des Gleichgewichts in Beziehung auf diese einzig mögliche und zwar drehende Bewegung um eine feste Achse darstellen.

Auflösung. Bezeichnen A, B, C u. s. w. die Größe der Kräfte; a, b, c u. s. w. ihre Hebelsarme in Beziehung auf die feste Drehachse, so drückt $Aa + Bb + Cc + \ldots$ die Summe der Bestrebungen aus, die Ebene um diese Achse drehend zu bewegen (§. 22.). Erfolgt nun diese drehende Bewegung nicht, so muß die Summe dieser Bestrebungen gleich Null sein, und umgekehrt; und es ist daher die Bedingungs-Gleichung:

$$Aa + Bb + Cc + \ldots = 0.$$

§. 30. Aufgabe. Die Richtungen sämmtlicher Kräfte schneiden sich, in einer Ebene E liegend, alle in einem und demselben Punct p; man soll die Bedingungen aufstellen, welche statt finden müssen, damit diese Kräfte, welche alle auf den einen Punct p wirken, untereinander Gleichgewicht erhalten.

Auflösung. 1) Sollen die Kräfte A, B, C u. s. w., deren Richtungen sich im Punct p (Fig. 6.) schneiden, untereinander Gleichgewicht erhalten, so dürfen sie den Punct p auch nicht nach der Richtung ph weder fortgehend, noch drehend um irgend eine, die Ebene normal durchschneidende Achse bewegen. Drehende Bewegung nach der Richtung ph als Tangente des anfänglichen, wenn auch unendlichen kleinen Bogens, kann aber nur um eine Drehachse erfolgen, die irgendwo in der auf ph in E und zwar in p errichteten Normale pg die Ebene E normal durchschneidet, und diese drehende Bewegung erscheint als eine fortgehende, wenn die Entfernung von p bis zur Drehachse unendlich groß ist. Bezeichnet daher e die Entfernung von p bis zu einer Drehachse, welche pg normal auf die Ebene irgendwo, etwa in k, durchschneidet, so muß für jeden Werth von e, auch für e = unendlich groß, die Summe der Momente aller Kräfte in Beziehung auf diese Drehachse =0 sein (vor. §.), wenn p nicht in der Richtung ph fortrücken soll, weder drehend, noch fortgehend. Versteht man also unter a, b, c u. s. w. die Hebelsarme der Kräfte A, B, C u. s. w., für diese Drehachse durch k, so muß

$$Aa + Bb + Cc + \ldots = 0 \text{ sein.}$$

Es ist aber, wenn die Winkel, welche die Richtungslinien der Kräfte A, B u. s. w. mit pk bilden, durch α, β, γ u. s. w. ausgedrückt werden, $a = e \operatorname{Sin} \alpha$; $b = e \operatorname{Sin} \beta$; $c = e \operatorname{Sin} \gamma$ u. s. w., und substituirt man diese Werthe, so verwandelt sich die Gleichung in

$$e [A \operatorname{Sin} \alpha + B \operatorname{Sin} \beta + C \operatorname{Sin} \gamma + \ldots] = 0,$$

welche nur dann, für jeden Werth von e statt findet, wenn $A \operatorname{Sin} \alpha + B \operatorname{Sin} \beta + C \operatorname{Sin} \gamma + \ldots = 0$ ist.

Bewegung nach der Richtung ph erfolgt also nicht, wenn $A \operatorname{Sin} \alpha + B \operatorname{Sin} \beta + C \operatorname{Sin} \gamma + \ldots = 0$ ist.

Wenn nun aber die Kräfte alle untereinander Gleichgewicht erhalten, so theilen sie dem Punct p nicht bloß, nicht nach ph, sondern nach keiner einzigen Richtung, Bestreben zur Bewegung mit, und es findet daher für jede Richtung eine solche Gleichung wie die obige statt. Denkt man sich daher irgend eine Richtung, welche mit ph den Winkel φ bildet, so muß für jeden Werth von φ

$$A \operatorname{Sin}(\alpha \pm \varphi) + B \operatorname{Sin}(\beta \pm \varphi) + C \operatorname{Sin}(\gamma \pm \varphi) + \ldots = 0$$

werden, und die beiden Gleichungen

$$A \operatorname{Sin}\alpha \quad + \quad B \operatorname{Sin}\beta \quad + \ldots = 0 \text{ und}$$

$A \operatorname{Sin}(\alpha \pm \varphi) + B \operatorname{Sin}(\beta \pm \varphi) + \ldots = 0$, drücken die Bedingungen des Gleichgewichts aus, wenn die 2te für jeden Werth von φ statt findet. Da nun diese 2te leicht in folgende Form:

$$[A \operatorname{Sin}\alpha + B \operatorname{Sin}\beta + \ldots] \operatorname{Cos}\varphi \pm [A \operatorname{Cos}\alpha + B \operatorname{Cos}\beta + \ldots] \operatorname{Sin}\varphi = 0,$$

zu bringen ist, und diese mit der ersten verbunden, die Gestalt $\pm [A \operatorname{Cos}\alpha + B \operatorname{Cos}\beta + \ldots] . \operatorname{Sin}\varphi = 0$ annimmt, diese letzte Gleichung aber nur dann für jeden Werth von φ statt findet, wenn

$$A \operatorname{Cos}\alpha + B \operatorname{Cos}\beta + \ldots = 0 \text{ ist,}$$

so hat man die beiden Bedingungen:

1) $A \operatorname{Sin}\alpha + B \operatorname{Sin}\beta + C \operatorname{Sin}\gamma + \ldots = 0$;

2) $A \operatorname{Cos}\alpha + B \operatorname{Cos}\beta + C \operatorname{Cos}\gamma + \ldots = 0$, und wenn sie in Beziehung auf irgend eine in E durch p gelegte Linie statt finden, so ist Gleichgewicht und umgekehrt.

§. 31. Aufgabe. Drei Kräfte A, B, C, deren Richtungslinien in einer Ebene liegen, und sich in einem Punct p schneiden, halten untereinander Gleichgewicht. Man soll aus den beiden Bedingungen des Gleichgewichts

(§. 30.) einfachere Bedingungs-Gleichungen für diesen besondern Fall ableiten.

Auflösung. Bezeichnen α, β, γ die Winkel, welche die Richtungen B uud C, C und A, A und B bilden (Fig. 7.), und man nimmt die Gleichungen etwa in Beziehung auf die Richtungslinie von B, so hat man

$B . \text{Sin}\, 0 + A \,\text{Sin}\, \gamma + C \,\text{Sin}(\gamma + \beta) = 0$ und

$B . \text{Cos}\, 0 + A \,\text{Cos}\, \gamma + C \,\text{Cos}(\gamma + \beta) = 0$; oder, weil $\gamma + \beta = 360° - \alpha$ ist,

$$A \,\text{Sin}\, \gamma = C \,\text{Sin}\, \alpha \text{ und } B + A \,\text{Cos}\, \gamma + C \,\text{Cos}\, \alpha = 0;$$

oder, den Werth für C aus der ersten in die zweite gesetzt, $B + A \,\text{Cos}\, \gamma + \frac{A \,\text{Sin}\, \gamma}{\text{Sin}\, \alpha} \text{Cos}\, \alpha = 0$; woraus $B \,\text{Sin}\, \alpha + A \,\text{Sin}\, (\alpha + \gamma) = 0$, oder $B \,\text{Sin}\, \alpha = A \,\text{Sin}\, \beta$ folgt. Die beiden Bedingungs-Gleichungen in einfacherer Form sind daher:

$$A \,\text{Sin}\, \gamma = C \,\text{Sin}\, \alpha \text{ und } A \,\text{Sin}\, \beta = B \,\text{Sin}\, \alpha; \text{ oder auch}$$

$$A : B : C = \text{Sin}\, \alpha : \text{Sin}\, \beta : \text{Sin}\, \gamma.$$

§. 32. Zusatz. Macht man nach einem beliebigen Maaßstab $pf : pg = B : C$, zieht dann $fk \mp pg$, und $gk \mp pf$ bis zum Durchschnittspunct k, so wird, wenn man p mit k durch eine gerade Linie verbindet,

$gk : pg = \text{Sin}\, gpk : \text{Sin}\, pkg$; oder

$pf : pg = \text{Sin}\, gpk : \text{Sin}\, kpf$; oder auch $\angle gpk$ durch z ausgedrückt $B : C = \text{Sin}\, z : \text{Sin}\, (\alpha - z)$. Es ist aber $B : C = \text{Sin}\, \beta : \text{Sin}\, \gamma$ (§. 31.), folglich auch $\text{Sin}\, \beta : \text{Sin}\, \gamma = \text{Sin}\, z : \text{Sin}\, (\alpha - z)$; oder, weil $\text{Sin}\, \gamma = - \text{Sin}\, (\alpha + \beta) = - \text{Sin}\, \alpha \,\text{Cos}\, \beta - \text{Cos}\, \alpha \,\text{Sin}\, \beta$ und $\text{Sin}\, (\alpha - z) = \text{Sin}\, \alpha \,\text{Cos}\, z - \text{Cos}\, \alpha \,\text{Sin}\, z$ ist, wenn man die Producte der äußeren und innern Glieder bildet:

$$\text{Sin}\, \beta \,\text{Sin}\, \alpha \,\text{Cos}\, z - \text{Sin}\, \beta \,\text{Cos}\, \alpha \,\text{Sin}\, z$$
$$= - \text{Sin}\, \alpha \,\text{Cos}\, \beta \,\text{Sin}\, z - \text{Cos}\, \alpha \,\text{Sin}\, \beta \,\text{Sin}\, z;$$

woraus $\text{Sin}\,\beta\,\text{Sin}\,\alpha\,\text{Cos}\,z = -\text{Sin}\,\alpha\,\text{Cos}\,\beta\,\text{Sin}\,z$; also $\text{Tg}\,\beta = -\text{Tg}\,z$ folgt. Aus dieser Endgleichung $\text{Tg}\,\beta = -\text{Tg}\,z$ erhellet aber, daß $\beta + z = 180°$; also

1stens kp die Richtung von A ist.

Da nun auch $pk : kg = \text{Sin}\,pgk : \text{Sin}\,kpg$, oder $pk : pf = \text{Sin}\,\alpha : \text{Sin}\,z$, oder, weil $\beta + z = 180°$ ist, $pk : pf = \text{Sin}\,\alpha : \text{Sin}\,\beta$, und aus §. 31. $A : B = \text{Sin}\,\alpha : \text{Sin}\,\beta$ ist, so folgt $pk : pf = A : B$; also, da auch $pf : pg = B : C$ ist,

2tens $pk : pf : pg = A : B : C$.

Aus beiden Resultaten ersieht man, daß das Parallelogramm fpgk die Richtung und Größe der fürs Gleichgewicht erforderlichen 3ten Kraft A durch den Punct p bestimmt, wenn Richtung und Größe der in denselben Punct p angreifenden beiden Kräfte B und C gegeben sind, und daß diese Bestimmungen rein trigonometrisch werden.

§. 33. Zusatz. Bringt man in p nach der Richtung pk eine Kraft D an, so wird, wenn man $D = A$ nimmt, A mit D im Gleichgewicht stehen (§. 15.). Da nun aber auch A mit B und C Gleichgewicht hält, so ist der Einfluß auf den Punct p derselbe, ob D nach der Richtung pk, oder ob B nach der Richtung pf und C nach der Richtung pg, beide zugleich auf p wirken, wenn nur pgkf das Parallelogramm ist, in welchen $pf : pg = B : C$ ist. Es ist also D die mittlere Kraft zu B und C (§. 11.), und sowohl die Größe als die Richtung von D bestimmt die Diagonale pk.

§. 34. Erklärung. Wegen den in §. 32. und 33. bewiesenen Eigenschaften wird das mit den beiden Linien pg, pf, die sich wie $C : B$ verhalten, und den von den Richtungen dieser Kräfte C und B eingeschlossenen Winkel α construirte Parallelogramm das Parallelogramm der Kräfte genannt. Benutzt man dasselbe, um zu zwei gegebenen Kräften, die in einem Punct angreifen, die mittlere Kraft zu bestimmen, so nennt man dieses Geschäft das Zusammensetzen der Kräfte; bestimmt man aber durch dieses Parallelogramm für eine Kraft, die in irgend einem Punct angreift, zwei Kräfte nach bestimmten Richtungen, die in demselben Punct angreifend auch dieselbe Wirkung hervorbringen werden, so nennt man diese Arbeit das Zerlegen einer Kraft in zwei Seitenkräfte.

§. 35. Aufgabe. Zwei Kräfte P und Q wirken auf einen festen Punct a, und ihre Richtungen bilden in a den Winkel β; man soll die Kräfte P und Q zusammensetzen, d. h. man soll die Größe und Richtung der mittleren Kraft zu P und Q bestimmen.

Auflösung. Denkt man sich (Fig. 8.) auf den Richtungen von P und Q die Linie ab, ac abgetragen, der Proportion $ab : ac = P : Q$ entsprechend, und dann das Parallelogramm abcd gebildet, so ist

$ad^2 = ac^2 + cd^2 - 2ac.cd.\text{Cos}\,acd$; oder auch

$ad^2 = ac^2 + ab^2 + 2ac.ab.\text{Cos}\,\beta$; folglich auch

$\left[\frac{ad}{ac}\right]^2 = 1 + \left[\frac{ab}{ac}\right]^2 + 2.\frac{ab}{ac}.\text{Cos}\,\beta$. Da nun aber, wenn y die Größe der mittleren Kraft ausdrückt,

$\frac{ad}{ac} = \frac{y}{Q}$ und $\frac{ab}{ac} = \frac{P}{Q}$ ist (§. 32.), so verwandelt sich diese Gleichung in folgende:

$$\frac{y^2}{Q^2} = 1 + \frac{P^2}{Q^2} + 2.\frac{P}{Q}\text{Cos}\,\beta,\text{ woraus}$$

$$\text{(I)}\quad y^2 = P^2 + Q^2 + 2PQ\,\text{Cos}\,\beta$$

hervorgeht, wodurch y sich bestimmt.

Bezeichnet nun x den Winkel, welchen die Richtungen von Q und y bilden, so hat man ferner

$$ad : cd = \text{Sin}\, acd : \text{Sin}\, cad; \text{ oder}$$

$$ad : ab = \text{Sin}\, \beta : \text{Sin}\, x; \text{ folglich, weil}$$

$$ad : ab = y : P \text{ ist, auch}$$

$$y : P = \text{Sin}\, \beta : \text{Sin}\, x; \text{ und hieraus}$$

$$\text{(II)} \quad \text{Sin}\, x = \frac{P \,\text{Sin}\, \beta}{y} = \frac{P \,\text{Sin}\, \beta}{\sqrt{P^2 + Q^2 + 2 PQ \,\text{Cos}\, \beta}},$$

wodurch x bestimmt ist.

§. 36. Zusatz. Ist $\beta = 90^\circ$, so wird

$$\text{(I)} \quad y^2 = P^2 + Q^2;$$

$$\text{(II)} \quad \text{Sin}\, x = \frac{P}{\sqrt{P^2 + Q^2}},$$

woraus auch $\text{Cos}\, x = \frac{P}{\sqrt{P^2 + Q^2}}$ und dann auch, am bequemsten zum Gebrauch,

$$\text{(III)} \quad \text{Tg}\, x = \frac{P}{Q} \text{ oder } \text{Tg}\, x = \frac{ab}{ac} \text{ folgt.}$$

§. 37. Erklärung. Gewöhnlich denkt man sich die Linien ab, ac aus so viel Längen-Einheiten bestehend, als die Kräfte P, Q, auf deren Richtungen sie als abgetragen betrachtet werden, Kraft-Einheiten enthalten, und kann dann statt der Proportion $ab : ac = P : Q$ auch schreiben $ab = P$; $ac = Q$, wenn man bloß die absoluten Zahlen vor Augen hat. In diesem Sinne müssen solche Gleichungen wie $ab = P$ verstanden werden.

§. 38. Aufgabe. In einem festen Punct a wirkt nach einer gegebenen Richtung ab eine Kraft $P = ab$ (Fig. 9.); man soll dieselbe in zwei Seitenkräfte x, y zerlegen, die in a nach den bestimmten Richtungen af, ag unter den gegebenen Winkeln α, β mit ab wirken sollen.

Auflösung. Man ziehe $bc \mp ga$ und $bg \mp fa$, so ist $x = ac$ und $y = ad$. Es ist aber

ab : ac oder $P : x = \mathrm{Sin}(\alpha + \beta) : \mathrm{Sin}\,\beta$ und
ab : ad oder $P : y = \mathrm{Sin}(\alpha + \beta) : \mathrm{Sin}\,\alpha$; woraus

$$x = \frac{P\,\mathrm{Sin}\,\beta}{\mathrm{Sin}(\alpha + \beta)} \text{ und } y = \frac{P\,\mathrm{Sin}\,\alpha}{\mathrm{Sin}(\alpha + \beta)} \text{ folgt.}$$

Ist $\alpha + \beta = 90°$, so erhält man $x = ac = P\,\mathrm{Sin}\,\beta = P\,\mathrm{Cos}\,\alpha$ und $y = ad = P\,\mathrm{Sin}\,\alpha = P\,\mathrm{Cos}\,\beta$.

§. 39. Aufgabe. In einer festen Ebene wirken nach Richtungen, welche in dieser Ebene liegen, die Kräfte A, B, C, D u. s. w. nach verschiedenen gegebenen Richtungen. Man soll die Bedingungen des Gleichgewichts dieser Kräfte untereinander durch Gleichungen ausdrücken.

Auflösung. Man durchschneide die Richtungen sämmtlicher Kräfte durch eine gerade Linie ts, betrachte die Durchschnittspuncte n, m, r u. s. w. als die Angriffspuncte dieser Kräfte (§. 16.), und zerlege jede Kraft in zwei Seitenkräfte, die eine in der Richtung ts, die andere normal auf ts (§. 38.), so erhält man erstere:

$A\,\mathrm{Cos}\,\alpha$ nach st thätig,
$B\,\mathrm{Cos}(180 - \beta) = -B\,\mathrm{Cos}\,\beta$ nach ts thätig,
$C\,\mathrm{Cos}\,\gamma$ nach st thätig,
u. s. w.

also ihre Summe, nach st thätig,

$$= A\,\mathrm{Cos}\,\alpha + B\,\mathrm{Cos}\,\beta + C\,\mathrm{Cos}\,\gamma + \ldots\ldots$$

und diese muß, wenn Gleichgewicht sein soll, gleich Null sein. Ferner erhält man letztere:

$$A\,\mathrm{Sin}\,\alpha;\ B\,\mathrm{Sin}\,\beta;\ C\,\mathrm{Sin}\,\gamma \text{ u. s. w.}$$

alle parallel in einer Ebene wirkend, und folglich fürs Gleichgewicht, t beliebig in ts gewählt, nach §. 26.

$$A\,\mathrm{Sin}\,\alpha + B\,\mathrm{Sin}\,\beta + C\,\mathrm{Sin}\,\gamma + \ldots = 0 \text{ und}$$
$$tn.A\,\mathrm{Sin}\,\alpha + tm.B\,\mathrm{Sin}\,\beta + tr.C\,\mathrm{Sin}\,\gamma + \ldots = 0;$$

in welcher letzten Gleichungen, wenn a, b, c u. s. w. die

Hebelsarme der Kräfte A, B, C u. s. w. in Beziehung auf die durch t normal auf die Ebene gedachte Drehachse bezeichnen, $tn \operatorname{Sin}\alpha = a$; $tm \operatorname{Sin}\beta = b$; $tr \operatorname{Sin}\gamma = c$ ist u. s. w. Man hat daher, wenn man diese Werthe substituirt, für jede die Richtungen der Kräfte durchschneidende Linie und jeden beliebig in ihr gewählten Punct (in Beziehung auf die dritte Gleichung) die 3 Bedingungen:

$$\text{(I)}\quad A \operatorname{Cos}\alpha + B \operatorname{Cos}\beta + C \operatorname{Cos}\gamma + \ldots\ldots = 0,$$

$$\text{(II)}\quad A \operatorname{Sin}\alpha + B \operatorname{Sin}\beta + C \operatorname{Sin}\gamma + \ldots\ldots = 0,$$

$$\text{(III)}\quad Aa + Bb + Cc + \ldots\ldots = 0,$$

welche den ganzen Inhalt dieses Kapitels ausdrücken.

§. 40. Aufgabe. Die Kräfte A, B, C u. s. w. wirken in einer festen Ebene (Fig. 10.) nach gegebenen Richtungen in bestimmten Puncten, ohne untereinander Gleichgewicht zu erhalten; es soll die Richtung und Größe der in diesem System noch anzubringenden Kraft bestimmt werden, damit Gleichgewicht erfolge.

Auflösung. Sind für die Kräfte A, B, C u. s. w. die Winkel, welche ihre Richtungen mit einer beliebig gewählten Durchschnittslinie ts bilden, $= \alpha, \beta, \gamma$ u. s. w.; t ein beliebig gewählter Punct in dieser Linie und in Beziehung auf die durch t gedachte Drehachse a, b, c u. s. w. die Hebelsarme von A, B, C u. s. w.; bezeichnet ferner x die Größe der gesuchten Kraft; y den Winkel, welchen ihre Richtungslinie mit ts bildet, und z den Hebelsarm von x in Beziehung auf die Achse durch t, so muß

1) $x \operatorname{Cos} y + A \operatorname{Cos}\alpha + B \operatorname{Cos}\beta + C \operatorname{Cos}\gamma + \ldots = 0$;

2) $x \operatorname{Sin} y + A \operatorname{Sin}\alpha + B \operatorname{Sin}\beta + C \operatorname{Sin}\gamma + \ldots = 0$; und

3) $x . z + Aa + Bb + Cc + \ldots = 0$ sein.

Drückt man die gegebenen Summen

$A \operatorname{Cos} \alpha + B \operatorname{Cos} \beta + C \operatorname{Cos} \gamma + \ldots\ldots$ durch P;
$A \operatorname{Sin} \alpha + B \operatorname{Sin} \beta + C \operatorname{Sin} \gamma + \ldots\ldots$ durch Q;
$Aa + Bb + Cc + \ldots\ldots$ durch M aus,
so hat man 1) $x \operatorname{Cos} y = -P$; 2) $x \operatorname{Sin} y = -Q$; 3) $xz = -M$; und hieraus

$$x^2 = P^2 + Q^2; \quad \operatorname{Tg} y = \frac{Q}{P}; \quad z = \frac{-M}{x};$$

oder auch, wenn die Linie ts von der Richtung der Kraft x in dem Punct f geschnitten wird, so daß also $tf . \operatorname{Sin} y = z$ ist, und dieser Werth für z in 3. substituirt, dann 3. nemlich $x . tf \operatorname{Sin} y = -M$ durch 2. nemlich durch $x \operatorname{Sin} y = -Q$ dividirt, wird $tf = \frac{M}{Q}$.

Beispiele. 1) In einer festen Ebene, die keine andere als bloß drehende Bewegung um eine normal durch dieselbe zu denkende Achse annehmen kann, wirken nach Richtungslinien, die in dieser Ebene liegen, die Kräfte B, C, D an gegebenen Stellen, ohne untereinander Gleichgewicht zu erhalten. Zwischen der Größe x und dem Hebelsarm y einer noch anzubringenden Kraft, durch welche das Gleichgewicht hergestellt werden soll, eine Gleichung darzustellen.

Geht durch a (Fig. 11.) die Drehachse, und bezeichnen in Beziehung auf sie, b, c, d die Hebelsarme der Kräfte B, C, D, die nach denen in der Figur angezeigten Richtungen wirken, so ist das Bestreben auf Drehung von C denen von B und D entgegengesetzt. Versteht man nun unter x die fehlende Kraft, welche mit C zu Drehung nach gleicher Richtung wirkt, so ist die Gleichung

$$x . y + C . c - Bb - Dd = 0 \text{ und hieraus}$$
$$xy = Bb + Dd - Cc.$$

Ist nun 1stens x gegeben, so erhält man aus dieser Gleichung y. Beschreibt man dann mit y als Halbmesser, aus a in der Ebene einen Kreis, so kann man x in irgend einem Punct der Peripherie desselben tangential anbringen, um das Gleichgewicht herzustellen.

Ist aber 2tens y gegeben, so erhält man die Größe x der Kraft, und entsteht für x in Zahlenfällen ein negatives Resultat, so muß diese Kraft am gegebenen Hebelsarm y so angebracht werden, daß sie nicht mit C sondern mit B und D auf dieselbe Drehung wirke.

Anmerk. In Fällen wie dieser, kann man nach Belieben eine oder auch mehre Kräfte auf andere Hebelsarme reduciren (§. 23.), ohne das Gleichgewicht zu stören; aber nicht in denen Fällen, wo das System auch eine fortgehende Bewegung annehmen kann, weil in solchen Fällen in Beziehung auf Größe der Kräfte auch Bedingungsgleichungen statt finden.

2) Die Kräfte $A=10$; $B=12$; $C=9$; $D=16$ (Fig. 12.), deren Richtungslinien alle in einer Ebene liegen, wirken auf den festen Punct p, und zwar bilden die Richtungen von A und B einen Winkel von 60°; die von B und C, 30°; und die von C und D einen Winkel von 120°; man soll die Größe x und die Richtung der Kraft bestimmen, die noch in p angebracht werden muß, damit Gleichgewicht entstehe.

Bezeichnet y den Winkel von A gegen B gemessen, den die Richtung von x mit der von A bilden muß, so sind die Bedingungsgleichungen des Gleichgewichts in Beziehung auf die Richtung von A genommen:

$$10 \mathrm{Sin} 0° + 12 . \mathrm{Sin} 60° + 9 \mathrm{Sin} 90° + 16 \mathrm{Sin} 210° + x \mathrm{Sin} y = 0$$

und

$10 \text{ Cos } 0^\circ + 12 \text{ Cos } 60^\circ + 9 \text{ Cos } 90^\circ + 16 \text{ Cos } 210^\circ$
$+ x \text{ Cos } y = 0$; oder
$12 \text{ Sin } 60^\circ + 9 - 16 \text{ Sin } 30^\circ + x \text{ Sin } y = 0,$
$10 + 12 \text{ Cos } 60^\circ - 16 \text{ Cos } 30 + x \text{ Cos } y = 0$; oder auch

1) $x \text{ Sin } y = -11{,}3923048$ und

2) $x \text{ Cos } y = -4{,}1435936$. Aus ihnen folgt:

$x^2 = 11{,}3923048^2 + 4{,}1435936^2$ und

$\text{Tg } y = \frac{11{,}3923048}{4{,}1435936}$; also $x = \pm 12{,}122$ und

$y = 70^\circ\, 0'\, 46''$ oder $= 250^\circ\, 0'\, 46''$.

Nimmt man $y = 70^\circ\, 0'\, 46''$, so erhellet aus 1. so wie aus 2., daß $x = -12{,}122$ ist, nimmt man aber $y = 250^\circ\, 0'\, 46''$, so erkennt man aus beiden Gleichungen, daß $x = +12{,}122$ sein muß, welche beide Antworten eine und dieselbe sind.

Macht man also $\angle npq = 70^\circ\, 0'\, 46''$, und verlängert qp, so muß nach der Richtung pw eine Kraft $= 12{,}122$ noch angebracht werden, damit Gleichgewicht entstehe.

Eine Kraft von der Größe 12,122, nach der Richtung pq thätig, ist also die mittlere der gegebenen Kräfte A, B, C, D. Man kann diese Aufgabe auch auf folgenden weitläuftigeren Weg auflösen: durch Rechnung oder Construction bestimme man vermittelst des Parallelogramms der Kräfte, die mittlere Kraft M zu A und B; dann eben so die mittlere P zu M und C, und endlich auf denselben Weg die mittlere zu P und D, so erhält man ebenfalls als mittlere Kraft nach der Richtung pq die Gewalt 12,122; und es ist, wenn man diesen Weg wählt, willkührlich, zwischen welchen gegebenen Kräften man zuerst die mittlere bestimmt.

3) Zwei Kräfte $A = 12$; $B = 15$ wirken in einem Punct p unter einem Winkel von 60°; man soll die Größe x und die Richtung der mittleren Kraft bestimmen.

Bei der in (Fig. 13.) angedeuteten Bezeichnung ist (§. 35.) $x^2 = 15^2 + 12^2 + 2.15.12.\cos 60°$; also $x = 23{,}452$ und dann $x : 12 = \sin 60 : \sin y$; also $\sin y = \frac{12 \sin 60}{23{,}452}$; wozu $y = 26° 19' 46''$ gehört.

Man kann auch folgenden Weg einschlagen:

Aus $15 + 12 : 15 - 12 = \operatorname{Tg} \frac{z+y}{2} : \operatorname{Tg} \frac{z-y}{2}$ erhält man y und z, und dann aus $x : 15 = \sin 60 : \sin z$ oder $x : 12 = \sin 60 : \sin y$, auch den Werth von x.

4) Eine Kraft $A = 20$ in zwei Seitenkräfte x, y, deren Richtungen mit der Richtung von A die Winkel 40° und 52° bilden, zu zerlegen.

Man erhält sogleich $20 : x = \sin 88° : \sin 52°$ und
$20 : y = \sin 88° : \sin 40°$;
woraus $x = 15{,}7698\ldots.$ und $y = 12{,}8636\ldots.$ folgt.

5) Eine Kraft $A = 20$ in zwei Seitenkräfte 32 und 47, unter zu bestimmenden Winkeln x, y mit der Richtung von A zu zerlegen.

Man erhält $\sin \frac{x}{2} = \sqrt{\frac{(47 + 32 - 20)(47 + 20 - 32)}{4.32.20}}$ (§. 292. Geom. I. Bd.) $= \sqrt{\frac{413}{512}}$; und

$\sin \frac{y}{2} = \sqrt{\frac{(32 + 20 - 47)(32 + 47 - 20)}{4.20.47}} = \sqrt{\frac{59}{712}}$; also $x = 127° 49' 38''$; $y = 32° 31' 56''$.

Man kann die Aufgaben, bei denen das Parallelogramm der Kräfte die Auflösung liefert, auch durch eine reine geometrische Construction auflösen.[5]

6) Es sei (Fig. 10.) $nm = 4$; $mr = 5$; $\alpha = 100^\circ$; $\beta = 200^\circ$; $\gamma = 300^\circ$; $A = 10$; $B = 12$; $C = 16$. Die mittlere Kraft ihrer Lage und Größe nach zu bestimmen. Bezeichnet x ihre Größe, y die Entfernung von n auf ts bis zum Durchschnittspunct ihrer Richtung mit ts, z den Winkel ihrer Richtung mit ts, so drückt $-x$ die Kraft aus, welche mit den gegebenen Gleichgewicht erhält, und die Gleichungen sind:

$$10 \operatorname{Cos} 100^\circ + 12 \operatorname{Cos} 200^\circ + 16 \operatorname{Cos} 300^\circ + (-x) \operatorname{Cos} z = 0;$$
$$10 \operatorname{Sin} 100^\circ + 12 . \operatorname{Sin} 200^\circ + 16 \operatorname{Sin} 300^\circ + (-x) \operatorname{Sin} z = 0;$$

und $12 . 4 \operatorname{Sin} 200 + 16 . 9 \operatorname{Sin} 300 + (-x) . y \operatorname{Sin} z = 0$;

oder $-10 \operatorname{Cos} 80 - 12. \operatorname{Cos} 40 + 16 \operatorname{Cos} 60 - x \operatorname{Cos} z = 0$

$$+ 10 \operatorname{Sin} 80 - 12 \operatorname{Sin} 40 - 16 \operatorname{Sin} 60 - x \operatorname{Sin} z = 0$$

$-48 \operatorname{Sin} 40 - 144 \operatorname{Sin} 60 - xy \operatorname{Sin} z = 0$; oder auch

$$x \operatorname{Cos} z = -2{,}929015;$$
$$x \operatorname{Sin} z = -11{,}721880;$$
$$xy \operatorname{Sin} z = -155{,}5611462.$$

Die erste in die 2te dividirt, giebt

$$\operatorname{Tg} z = \tfrac{11721880}{2929015}; \text{ also } z = \begin{cases} 75^\circ\, 58'\, 13'' \\ 255^\circ\, 58'\, 13''. \end{cases}$$

Die ersten beiden quadrirt und addirt, geben

$$x^2 = 2{,}929015^2 + 11{,}721880^2; \text{ also } x = \begin{cases} +\ 12{,}082 \\ -\ 12{,}082. \end{cases}$$

Die 3te durch die 2te dividirt, liefert

$$y = \tfrac{155561462}{11721880} = 13{,}271.$$

Aus den Gleichungen erhellet, daß $x = +12{,}082$ zu $z = 255^\circ\, 58'\, 13''$ und $x = -12{,}082$ zu $z = 75^\circ 58'\, 13''$ gehört. Beide Antworten drücken übrigens vollkommen dasselbe Resultat aus.

Des ersten Abschnitts viertes Kapitel.

Bedingungen des Gleichgewichts, wenn die Richtungen der Kräfte nicht durchaus in einer Ebene liegen und nicht alle untereinander parallel sind.

§. 41. **Aufgabe.** **Auf ein festes System wirken die Kräfte A, B, C u. s. w. nach verschiedenen Richtungen, man soll die Bedingungen des Gleichgewichts derselben untereinander durch Gleichungen ausdrücken.**

Auflösung. Man durchschneide die Richtungslinien sämmtlicher Kräfte durch eine Ebene E^{I} (Fig. 14.), wähle in ihr an einer beliebigen Stelle eine Abscissenlinie l, in derselben einen beliebigen Anfangspunct π, und bezeichne zu den Durchschnittspuncten der Richtungslinien der Kräfte A, B, C u. s. w. mit der Ebene E^{I} die Abscissen durch a, b, c u. s. w., und die zugehörigen normalen Ordinaten durch a^{I} b^{I} c^{I} u. s. w. Ferner verstehe man unter α, β, γ u. s. w. die Winkel, welche die Richtungslinien von A, B, C u. s. w. mit E^{I} und unter α^{I}, β^{I}, γ^{I} u. s. w. diejenigen, welche ihre Projectionslinien auf E^{I} mit l bilden. Denkt man sich nun jede Kraft in dem Durchschnittspunct ihrer Richtungslinien mit E^{I} angreifend, und zerlegt jede in 2 Seitenkräfte, die eine normal auf E^{I}, die andere in der Richtung ihrer Projection auf E^{I} liegend, so erhält man erstere =

$A \operatorname{Sin} \alpha$; $B \operatorname{Sin} \beta$; $C \operatorname{Sin} \gamma$ u. s. w. (§. 38.); letztere = $A \operatorname{Cos} \alpha$; $B \operatorname{Cos} \beta$; $C \operatorname{Cos} \gamma$ u. s. w.

Es wirken aber erstere durchaus parallel in verschiedenen Ebenen, und ihr Bestreben bleibt daher (nach §. 28. $\varphi = 90°$ gesetzt) ohne Erfolg, wenn

$$\mathrm{A\,Sin}\,\alpha + \mathrm{B\,Sin}\,\beta + \ldots\ldots = 0,$$
$$\mathrm{a\,A\,Sin}\,\alpha + \mathrm{b\,B\,Siu}\,\beta + \ldots\ldots = 0 \text{ und}$$
$$\mathrm{a^1\,A\,Sin}\,\alpha + \mathrm{b^1\,B\,Sin}\,\beta + \ldots\ldots = 0 \text{ ist.}$$

Letztere fallen mit ihren Richtungslinien alle in die eine Ebene E^1, und da ihre Hebelsarme in Beziehung auf den Punct $\pi = \mathrm{a\,Sin}\,\alpha^1 + \mathrm{a^1\,Cos}\,\alpha^1$; $\mathrm{b\,Sin}\,\beta^1 + \mathrm{b^1\,Cos}\,\beta^1$ u. s. w. sind, so bleibt auch ihr Bestreben ohne Erfolg, wenn (nach §. 39.)

$$\mathrm{A\,Cos}\,\alpha\,\mathrm{Cos}\,\alpha^1 + \mathrm{B\,Cos}\,\beta\,\mathrm{Cos}\,\beta^1 + \ldots\ldots = 0,$$
$$\mathrm{A\,Cos}\,\alpha\,\mathrm{Sin}\,\alpha^1 + \mathrm{B\,Cos}\,\beta\,\mathrm{Sin}\,\beta^1 + \ldots\ldots = 0 \text{ und}$$
$$\mathrm{A\,Cos}\,\alpha[\mathrm{a\,Sin}\,\alpha^1 + \mathrm{a^1\,Cos}\,\alpha^1] + \mathrm{B\,Cos}\,\beta[\mathrm{b\,Sin}\,\beta^1 + \mathrm{b^1\,Cos}\,\beta^1] + \ldots\ldots = 0 \text{ ist.}$$

Die Bedingungsgleichungen des Gleichgewichts sind daher:

$$\text{(I)}\quad \mathrm{A\,Sin}\,\alpha + \mathrm{B\,Sin}\,\beta + \ldots\ldots\ldots\ldots = 0;$$
$$\text{(II)}\quad \mathrm{a\,A\,Sin}\,\alpha + \mathrm{b\,B\,Sin}\,\beta + \ldots\ldots\ldots\ldots = 0;$$
$$\text{(III)}\quad \mathrm{a^1\,A\,Sin}\,\alpha + \mathrm{b^1\,B\,Sin}\,\beta + \ldots\ldots\ldots = 0;$$
$$\text{(IV)}\quad \mathrm{A\,Cos}\,\alpha\,\mathrm{Cos}\,\alpha^1 + \mathrm{B\,Cos}\,\beta\,\mathrm{Cos}\,\beta^1 + \ldots\ldots = 0;$$
$$\text{(V)}\quad \mathrm{A\,Cos}\,\alpha\,\mathrm{Sin}\,\alpha^1 + \mathrm{B\,Cos}\,\beta\,\mathrm{Sin}\,\beta^1 + \ldots\ldots = 0;$$
$$\text{(VI)}\quad \left\{\begin{matrix} \mathrm{a^1\,A\,Cos}\,\alpha\,\mathrm{Cos}\,\alpha^1 + \mathrm{b^1 B\,Cos}\,\beta\,\mathrm{Cos}\,\beta^1 + \ldots \\ \mathrm{a\,.\,A\,Cos}\,\alpha\,\mathrm{Sin}\,\alpha^1 + \mathrm{b\,.\,B\,Cos}\,\beta\,\mathrm{Sin}\,\beta^1 + \ldots \end{matrix}\right\} = 0.$$

§. 42. Zusatz. Die 6 Bedingungsgleichungen im vorigen §. enthalten das ganze Lehrgebäude der Statik, weil in diesem 4ten Kapitel die drei ersten mit eingeschlossen sind. Denkt man sich nemlich 1stens die Winkel α, β, γ u. s. w. alle einander gleich, jeden $= 90°$ und auch $\mathrm{a^1 = b^1 = c^1}$ u. s. w., so hat man Kräfte, deren Richtungslinien alle parallel sind und in einer Ebene liegen, und die 6 Gleichungen gehen in die zweie

$$\mathrm{A + B} + \ldots\ldots = 0 \text{ und } \mathrm{a\,A + b\,B} + \ldots\ldots = 0 \text{ über.}$$

Setzt man 2tens blos $\alpha = \beta = \gamma =$ u. s. w. $= 90°$, so hat man Kräfte, deren Richtungslinien parallel, aber in verschiedenen Ebenen liegen, und die sechs Gleichungen gehen in die dreie

$$A + B + \ldots = 0; \quad aA + bB + \ldots = 0 \text{ und}$$
$$a^{\text{I}} A + b^{\text{I}} B + \ldots = 0 \text{ über.}$$

Wird 3tens $\alpha = \beta = \gamma =$ etc. $= 0$ gesetzt, so hat man Kräfte, deren Richtungslinien in einer Ebene liegen, ohne durchaus untereinander parallel zu sein, und die sechs Gleichungen verwandeln sich in die dreie:

$$A \operatorname{Cos} \alpha^{\text{I}} + B \operatorname{Cos} \beta^{\text{I}} + \ldots. = 0;$$
$$A \operatorname{Sin} \alpha^{\text{I}} + B \operatorname{Sin} \beta^{\text{I}} + \ldots. = 0 \text{ und}$$
$$A[a \operatorname{Sin} \alpha^{\text{I}} + a^{\text{I}} \operatorname{Cos} \alpha^{\text{I}}] + B[b \operatorname{Sin} \beta^{\text{I}} + b^{\text{I}} \operatorname{Cos} \beta^{\text{I}}] + \ldots = 0.$$

Denkt man sich 4tens ein festes System, welches nur drehende Bewegung um eine feste Achse annehmen kann, so erfordert das Gleichgewicht bloß, daß die algebraische Summe der Momente aller Kräfte in Beziehung auf diese Achse gleich Null ist.

§. 43. Zusatz. Wirken die gegebenen Kräfte A, B, C u. s. w. nach verschiedenen gegebenen Richtungen in ein festes System, erhalten aber untereinander nicht Gleichgewicht, und soll durch Anbringung von noch einer Kraft in dieses System das Gleichgewicht hervorgebracht werden, so sind, wenn die Größe dieser zu bestimmenden Kraft durch R, die dem Durchschnittspunct ihre Richtung mit E^{I} zugehörige Abscisse durch r; die zugehörige Ordinate durch r^{I}; der Winkel ihrer Richtung mit E^{I} durch ϱ und der, den ihre Projection auf E^{I} mit 1 bildet, durch ϱ^{I} ausgedrückt wird, die fünf unbekannten Werthe von R, r, r^{I}, ϱ, ϱ^{I}, denen sechs Bedingungen

$I + R \operatorname{Sin} \varrho = 0$; $II + r R \operatorname{Sin} \varrho = 0$; $III + r^1 R \operatorname{Sin} \varrho = 0$; $IV + R \operatorname{Cos} \varrho \operatorname{Cos} \varrho^1 = 0$; $V + R \operatorname{Cos} \varrho \operatorname{Sin} \varrho^1 = 0$ und $VI + r^1 R \operatorname{Cos} \varrho \operatorname{Cos} \varrho^1 + r R \operatorname{Cos} \varrho \operatorname{Sin} \varrho^1 = 0$; worinnen

I die gegebene Summe $A \operatorname{Sin} \alpha + B \operatorname{Sin} \beta \ldots$;

II die $a A \operatorname{Sin} \alpha + b B \operatorname{Sin} \beta \ldots$;

III die $a^1 A \operatorname{Sin} \alpha + b^1 B \operatorname{Sin} \beta \ldots$;

IV die $A \operatorname{Cos} \alpha \operatorname{Cos} \alpha^1 + B \operatorname{Cos} \beta \operatorname{Cos} \beta^1 \ldots$;

V die $A \operatorname{Cos} \alpha \operatorname{Sin} \alpha^1 + B \operatorname{Cos} \beta \operatorname{Sin} \beta^1 \ldots$ und endlich

VI die $\left\{ \begin{array}{l} a^1 A \operatorname{Cos} \alpha \operatorname{Cos} \alpha^1 + b^1 B \operatorname{Cos} \beta \operatorname{Cos} \beta^1 + \ldots \\ a A \operatorname{Cos} \alpha \operatorname{Sin} \alpha^1 + b B \operatorname{Cos} \beta \operatorname{Sin} \beta^1 + \ldots \end{array} \right\}$

bezeichnet, entsprechend zu bestimmen. Es sind aber zur Bestimmung von 5 unbekannten Werthen nur 5 Gleichungen erforderlich, und hier liefern schon die ersten fünf Gleichungen folgende Resultate:

$r = II : I$; $r^1 = III : I$; $R^2 = I^2 + IV^2 + V^2$; $\operatorname{Sin} \varrho = -I : R$; $\operatorname{Tg} \varrho^1 = V : IV$; und diese entsprechen daher nur dann der Forderung, wenn sie auch der sechsten Gleichung Genüge leisten. Die Bedingungs-Gleichung, die hienach statt finden muß, wenn die Kräfte A, B, C u. s. w. eine mittlere haben sollen, ergiebt sich daher, wenn man $II : I$ für r; $III : I$ für r^1; $-IV$ für $R \operatorname{Cos} \varrho \operatorname{Cos} \varrho^1$ und $-V$ für $R \operatorname{Cos} \varrho \operatorname{Sin} \varrho^1$ in die sechste Gleichung setzt. Es entsteht $VI + \frac{III}{I} \cdot (-IV) + \frac{II}{I} \cdot (-V) = 0$, oder

$$I . VI = III . IV + II . V.$$

Beispiel. Es sei

$A = 4$; $a = x$; $a^1 = 2$; $\alpha = 30^\circ$; $\alpha^1 = 60^\circ$;

$B = 12$; $b = 1$; $b^1 = -3$; $\beta = 90^\circ$;

$C = -10$; $c = 3$; $c^1 = -2$; $\gamma = 60^\circ$; $\delta = 30^\circ$;

wie groß muß $a = x$ sein, damit diese Kräfte A, B, C durch noch eine anzubringende Kraft R ins Gleichgewicht mit R zu bringen sind, und welche Werthe müssen dann R, r, r^I, ϱ und ϱ^I haben?

Man erhält I = 5,34; II = 2x − 13,98; III = −14,68; IV = − 2,598; V = 0,5; VI = 3x + 4,624; denn aus I.VI = III.IV + II.V ergiebt sich x = 0,43; so daß nun II = −13,12; VI = 5,914 ist. Die allgemeinen Resultate liefern nun für diesen Fall r = −2,45; r^I = −2,75; R = −5,96; $\varrho^I = 169° 7^I$; $\varrho = 60° 37^I$.

Des ersten Abschnitts fünftes Kapitel.

Vom Prinzip der virtuellen Geschwindigkeiten.

§. 44. **Erklärung.** Wenn Kräfte auf ein festes System wirkend untereinander Gleichgewicht erhalten, so ist für jede **gedachte** Bewegung desselben, sie sei fortgehend oder drehend, die Summe der mechanischen Momente (§. 10.) aller Kräfte allemal gleich Null, und dieses Gesetz heißt: **das Prinzip von den virtuellen Geschwindigkeiten.**

§. 45. **Lehrsatz.** Für 3 Kräfte, welche in einem Punct angreifend, nach Richtungslinien, die in einer Ebene liegen, untereinander Gleichgewicht erhalten, das Prinzip von den virtuellen Geschwindigkeiten zu beweisen.

Beweis. Es sei ABCD (Fig. 15.) ein Parallelogramm, und in dem festen Punct A sind die 3 Kräfte P = AB nach der Richtung AB, Q = AD nach der Richtung AD und R = AC nach der Richtung CA thätig, untereinander im Gleichgewicht. Wenn nun durch eine gedachte fortgehende oder drehende Bewegung der Punct A den Ort A^I erreicht hat, so ist, unter z das Ziel der Kraft P verstanden, $Az - A^Iz$ die Annäherung der Kraft P an ihr Ziel, und diese Annäherung ist $= AF$, wenn A^IF normal auf die Richtung Az gefällt ist. Ist eben so A^IG normal auf die Richtung von $Q = AD$ und A^IH normal auf die Richtung von $R = AC$, so ist AG die zugehörige Annäherung von Q an das Ziel von Q, und AH die zugehörige Entfernung oder negative Annäherung der Kraft $R = AC$ von oder zu dem Ziel von R. Die mechanischen Momente der Kräfte P, Q, R, in Beziehung auf Annäherung, sind daher $P.AF$; $Q.AG$ und $R.(-AH)$, und es muß folglich bewiesen werden, daß $P.AF + Q.AG - R.AH = 0$; oder daß $P.AF + Q.AG = R.AH$ ist.

Man verbinde A mit A^I durch eine gerade Linie, und beschreibe über AA^I als Durchmesser einen Kreis, so muß, weil die Winkel AFA^I, AGA^I, AHA^I rechte Winkel sind, die Peripherie desselben durch die Puncte F, G und H gehen, und verbindet man diese 3 Puncte durch gerade Linien, so ist nach dem Ptolemäischen Satz (§. 120. Geom. I. Bd.) $GH.AF + FH.AG = FG.AH$; also auch $AF + \frac{FH}{GH}.AG = \frac{FG}{GH}.AH$. Es ist aber $\angle FGH = FAH$ und $HFG = HAG$; also weil $\angle HAG = ACB$ ist, auch $HFG = ACB$, daher $\triangle FGH \sim CAB$; folglich

$$FH : GH = CB : AB \text{ und } FG : GH = CA : AB;$$

also auch

$$AF + \frac{CB}{AB}.AG = \frac{CA}{AB}.AH.$$

Weil nun aber die 3 Kräfte P, Q, R nach der Voraussetzung einander im Gleichgewicht erhalten, so ist

$$P : Q = AB : AD; \text{ oder } CB : AB = Q : P \text{ und}$$
$$R : P = CA : AB; \text{ folglich}$$

$$AF + \frac{Q}{P} . AG = \frac{R}{P} . AH;$$ oder auch

$P . AF + Q . AG = R . AH$, wie zu beweisen war.

§. 46. Zusatz. Nach §. 45. kann man daher, wenn das mechanische Moment einer Kraft in Beziehung auf fortgehende oder drehende Bewegung gebildet werden soll, dafür auch diese Kraft in zwei Seitenkräfte zerlegen, und die Summe der mechanischen Momente dieser Seitenkräfte nehmen. Liegt A^1 in der Normale durch A auf AB, so ist die Annäherung von P an das Ziel von P gleich Null, und in solchen Fällen wird die Gleichung, wenn p, q, r die Annäherungen der Kräfte P, Q, R an ihre Ziele bezeichnen, blos $Q . q = R . r$.

§. 47. Lehrsatz. Für Kräfte, welche nach beliebigen Richtungen in ein festes System wirkend untereinander Gleichgewicht halten, das Prinzip der virtuellen Geschwindigkeiten zu beweisen.

Beweis. 1stens für fortgehende Bewegung.

Man denke sich das ganze System nach irgend einer Richtung um den Weg w fortgerückt, und durch irgend ein w, in beliebiger Richtung eine Ebene E^1 gelegt. Es sei E^1 Fig. 14. diese Ebene, und in ihr die Linie 1π die Richtung, nach welcher die gedachte Bewegung erfolgte. Man bezeichne die Größe der thätigen Kräfte durch A, B. C u. s. w., die Winkel, welche ihre Richtungslinien mit E^1 bilden, durch α, β, γ u. s. w., und die, welche ihre Projections-Linien auf E^1 mit der Richtung 1π oder w bilden, durch α^1, β^1, γ^1 u. s. w. (ganz wie in §. 41.). Betrachtet man dann für jede der Kräfte bloß der bequemeren Ansicht wegen den Durchschnittspunct ihrer Richtungslinie mit E^1 als ihren Angriffspunct (§. 16.), zerlegt jede in 2

Seitenkräfte, die eine normal auf E^1, die andere in die Projection ihrer Richtung auf E^1 fallend, so nähern sich erstere $A \sin\alpha$, $B \sin\beta$ u. s. w. bei der gedachten Bewegung ihrem Ziele nicht, und nur letztere $A \cos\alpha$, $B \cos\beta$ u. s. w. haben mechanische Momente. Zerlegt man nun jede der letzteren wieder in zwei Seitenkräfte, die eine normal auf die Richtung von w, die andere parallel mit derselben, so nähern sich erstere $A \cos\alpha \sin\alpha^1$; $B \cos\beta \sin\beta^1$ u. s. w., bei der gedachten Bewegung ihrem gemeinschaftlichen Ziele nicht, und nur letztere $A \cos\alpha \cos\alpha^1$; $B \cos\beta \cos\beta^1$ u. s. w. haben mechanische Momente (§. 46.). Diese letzteren blos zu betrachtenden Kräfte $A \cos\alpha \cos\alpha^1$, $B \cos\beta \cos\beta^1$ u. s. w., nähern sich aber bei der gedachten Bewegung alle ihrem gemeinschaftlichen Ziel um gleichviel, nemlich um $\pm$ w, und es ist daher die Summe der mechanischen Momente, in Beziehung auf die gedachte Bewegung, $= \pm w [A \cos\alpha \cos\alpha^1 + B \cos\beta \cos\beta^1 + \ldots]$, und es muß bewiesen werden, daß diese Summe für jeden Werth von w allemal dann gleich Null ist, wenn die Kräfte untereinander Gleichgewicht erhalten. Es ist aber bei dieser Voraussetzung [nach §. 41. (IV)]

$$A \cos\alpha \cos\alpha^1 + B \cos\beta \cos\beta^1 + \ldots. = 0;$$

folglich für jeden Werth von w auch immer

$$\pm w . [A \cos\alpha \cos\alpha^1 + B \cos\beta \cos\beta^1 + \ldots.] = 0.$$

2tens für drehende Bewegung.

Man denke sich das ganze System um irgend eine Achse gedreht, so daß jeder Punct desselben einen Bogen, zu irgend einem Winkel φ gehörig, durchläuft, und lege durch diese Drehachse beliebig eine Ebene. Es sei E^1 (Fig. 14.) diese Ebene, πl die Drehachse. Stellt man sich nun wieder jede der Kräfte in dem Punct angreifend vor, wo ihre Richtung die Ebene E^1 durchschneidet, zerlegt jede in 2 Seitenkräfte, die eine normal auf E^1, die andere in die Richtung ihrer Projectionslinien auf E^1 fallend, so wirken nur erstere $A \operatorname{Sin} \alpha$, $B \operatorname{Sin} \beta$ u. s. w. (die Bezeichnung wie in §. 41. beibehaltend) auf die gedachte Drehung; letztere nicht, da ihre Richtungslinien die Drehachse schneiden, sie also keine Hebelsarme also auch keine Momente in Beziehung auf diese Drehung haben. Es durchlaufen aber erstere $A \operatorname{Sin} \alpha$, $B \operatorname{Sin} \beta$ u. s. w. bei dieser gedachten Drehung, wenn sie ihre Ziele unverändert beibehalten, als Annäherungen an dieselben, die Wege $a^1 \operatorname{Sin} \varphi$, $b^1 \operatorname{Sin} \varphi$. $c^1 \operatorname{Sin} \varphi$ u. s. w., oder, im Fall sie als fortwährend tangential wirkend betrachtet werden, die Bogen $a^1 \varphi$, $b^1 \varphi$ u. s. w., unter φ den Bogen für den Halbmesser Eins verstanden, und es ist also die Summe der mechanischen Momente entweder

$= A \operatorname{Sin} \alpha . a^1 \operatorname{Sin} \varphi + B \operatorname{Sin} \beta . b^1 \operatorname{Sin} \varphi$ u. s. w., oder
$= A \operatorname{Sin} \alpha . a^1 \varphi + B \operatorname{Sin} \beta . b^1 \varphi + \ldots.$, so daß folglich zu beweisen ist, daß für jeden Werth von φ

$$\operatorname{Sin} \varphi [a^1 A \operatorname{Sin} \alpha + b^1 B \operatorname{Sin} \beta + \ldots.],$$

so wie auch:

$$\varphi . [a^1 A \operatorname{Sin} \alpha + b^1 B \operatorname{Sin} \beta + \ldots.],$$

allemal der Null gleich wird, wenn, wie vorausgesetzt ist, die Kräfte untereinander Gleichgewicht erhalten. Es ist aber, bei dieser Voraussetzung [nach §. 41. (III)] $a^1 A \operatorname{Sin} \alpha + b^1 B \operatorname{Sin} \beta + \ldots. = 0$; folglich auch sowohl $\operatorname{Sin} \varphi [a^1 A \operatorname{Sin} \alpha + b^1 B \operatorname{Sin} \beta + \ldots.] = 0$; als auch $\varphi . [a^1 A \operatorname{Sin} \alpha + b^1 B \operatorname{Sin} \beta + \ldots.] = 0$ für jeden Werth von φ, wie zu beweisen war.

§. 48. Zusatz. Durch den vor. §. ist der Beweis fürs Prinzip der virtuellen Geschwindigkeiten allgemein für jede Lage der Richtungslinien der Kräfte geführt. Beim Gebrauch dieses Gesetzes muß man nun jedesmal zuerst beurtheilen, in welches Kapitel die Aufgabe gehört, um die Anzahl der erforderlichen Gleichungen angeben zu können, dann aber müssen die ursprünglichen Bedingungsgleichungen des Gleichgewichts selbst betrachtet werden, um zu erkennen, wie viele derselben sich auf Bestreben zu fortgehender, und wie viele also sich auf Bestreben zu drehender Bewegung beziehen, d. h. wie viele in ihren Gliedern bloß Kräfte, und wie viele in ihren Gliedern blos Momente enthalten. Man hat dann nach dem Prinzip der virtuellen Geschwindigkeit eben so viele Gleichungen zu bilden, die aus der Annahme von fortgehenden Bewegungen nach verschiedenen Richtungen entspringen, als jene ursprünglichen Gesetze Gleichungen liefern, deren Glieder bloß Kräfte sind, und eben so viele, die aus der Annahme von drehenden Bewegungen um verschiedene nicht parallele Achsen sich ergeben, als jene ursprünglichen Gesetze Gleichungen enthalten, deren Glieder alle Momente darstellen. Gewöhnlich wird die Auflösung der Aufgabe am leichtesten, wenn man blos für die Gleichungen, die nur Kräfte enthalten, das Prinzip der virtuellen Geschwindigkeiten in Anwendung bringt, die Gleichungen aber, welche statische Momente enthalten, in ihrer ursprünglichen Form beibehält. So hat man also für Aufgaben, bei welchen die Richtungslinien aller Kräfte in einer Ebene liegen, ohne parallel zu sein (3tes Kapitel §. 39.), für die beiden ersten Gleichungen (§. 39.) zwei andere nach dem Prinzip der virtuellen Geschwindigkeiten auf fortgehende Bewegungen nach verschiedenen Richtungen bezogen, zu bilden, die 3te $Aa + Bb \ldots = 0$ aber unverändert beizubehalten. Ueberhaupt ist die

Anwendung des Princips von den virtuellen Geschwindigkeiten für Aufgaben die dem 3ten Kapitel angehören, vorzüglich erleichternd, weniger für Aufgaben die den beiden ersten Kapiteln angehören, wo gewöhnlich die ursprünglichen Gleichungen die bequemsten bleiben. Zum Beleg des Gesagten folge hier eine dem 3ten Kapitel zugehörige Aufgabe, zuerst durch die Gleichungen (§. 39.), dann 2tens auf dem eben angegebenen Weg aufgelöst. Zuvor aber ist für alle Aufgaben, die nicht bloß durchs Parallelogramm aufzulösen sind oder aufgelöst werden sollen, folgende Regel, als besonders wichtig, wohl zu bemerken.

Sollen die Wirkungen, welche aus gegebenen Kräften auf festgesetzte Stellen entspringen, bestimmt werden, so denke man sich durchaus die diesen zu bestimmenden Wirkungen, gleichen Gegenwirkungen angebracht, um Kräfte, wenn auch der Größe nach, noch unbekannt vor Augen zu haben, die auf ein festes System wirkend, einander im Gleichgewicht erhalten, denn diese Voraussetzung des bestehenden Gleichgewichts bedingt die hergeleiteten Gleichungen.

Nur allein das Parallelogramm der Kräfte bestimmt unmittelbar die aus einer Kraft entspringenden 2 Seitenwirkungen auf festgesetzte Stellen, durch Zerlegung der Kraft in ihre beiden Seitenkräfte nach den Richtungen auf diese Stellen.

§. 49. Aufgabe. In einer Vertical=Ebene befinde sich eine feste mathematische Linie, welche mit dem Horizont den Winkel α bildet, und sei in ihrer Mitte von einer Kraft P nach lothrechter Richtung ergriffen. Die

Linie

Linie stütze sich an ihren beiden Endpuncten an verticale feste Linien, zugleich aber auch an ihren untern Endpunct auf eine horizontale Linie. Man soll die Wirkungen, welche aus P normal auf diese drei festen Linien entspringen, bestimmen.

1ste Auflösung. Man denke sich die, den zu findenden Wirkungen gleichen Gegenwirkungen x, y, z, wie (Fig. 16.) sie den Bedingungen der Aufgabe gemäß darstellt, so hat man in Beziehung auf die Linie AB und den Punct A in ihr, zu Bestimmung der 3 unbekannten Gegenwirkungen x, y, z, welche mit P Gleichgewicht erhalten sollen, die drei Gleichungen:

$$y\text{Cos}\,\alpha + z\text{Cos}(270+\alpha) + P\text{Cos}(90+\alpha) + x\text{Cos}(180+\alpha) = 0,$$

$$y\text{Sin}\,\alpha + z.\text{Sin}(270+\alpha) + P\text{Sin}(90+\alpha) + x\text{Sin}(180+\alpha) = 0,$$

$P.\frac{AB}{2}.\text{Cos}\,\alpha = x.AB\,\text{Sin}\,\alpha$; oder reducirt

$$y\,\text{Cos}\,\alpha + z\,\text{Sin}\,\alpha - P\,\text{Sin}\,\alpha - x\,\text{Cos}\,\alpha = 0;$$

$$y\,\text{Sin}\,\alpha - z\,\text{Cos}\,\alpha + P\,\text{Cos}\,\alpha - x\,\text{Sin}\,\alpha = 0;$$

$$x = \tfrac{1}{2}P\,\text{Cotg}\,\alpha.$$

Zur Entwicklung von y und z multiplicire man die erste Gleichung mit Sin α, die 2te mit Cos α, so giebt die Differenz beider Producte

$z - P = 0$; dann folgt aus der ersten oder zweiten

$y - x = 0$; und man hat daher

$$z = P;\quad x = \tfrac{1}{2}P\,\text{Cotg}\,\alpha;\quad y = \tfrac{1}{2}P\,\text{Cotg}\,\alpha.$$

2te Auflösung, nach dem Prinzip der virtuellen Geschwindigkeiten.

Denkt man sich das ganze System vertical fortgehend bewegt, etwa um den Weg w, so sind die mechanischen Momente von x und y gleich Null, das von P gleich Pw, und das von z gleich $-zw$; also die Gleichung

$Pw - zw = 0$. Eben so entsteht, horizontale fortgehende Bewegung gedacht, $xw - yw = 0$; folglich hat man die 3te Gleichung so wie in der ersten Auflösung beibehalten, die 3 Gleichungen:

$$P = z;\ x = y \text{ und } x = \tfrac{1}{2} P \operatorname{Cotg} \alpha,$$

aus welchen obige Resultate viel leichter hervorgehen.

§. 50. Zusatz. Hat man ein festes System, in welchem nur zwei Kräfte P, Q wirken, welche einander im Gleichgewicht erhalten, und bezeichnen p, q die gleichzeitigen Wege ihrer Angriffspuncte, im Fall irgend eine Bewegung entstünde, so ist $Pp - Qq = 0$, oder $P : Q = q : p$, d. h. zwei in einem festen System einander im Gleichgewicht erhaltende Kräfte, verhalten sich umgekehrt wie die Wege, welche ihre Angriffspuncte gleichzeitig zurücklegen würden. Dieser Satz (er ist im Prinz. v. d. virt. Geschw. mit enthalten) heißt insbesondere: der Cartesische Grundsatz.

§. 51. Schluß-Anmerkung. Das erste Kapitel §. 15. bis 26. lieferte nur 2; das 2te §. 27. und 28. gab 3; das 3te §. 29. bis 40. ebenfalls 3 und das 4te Kapitel §. 41. bis 43. enthielt sechs Bedingungsgleichungen des Gleichgewichts. Gehört daher eine Aufgabe ins erste Kapitel, so kann sie auch nur 2; gehört sie ins 2te, so kann sie nur 3; gehört sie ins 3te, so darf sie nur 3; und gehört sie ins 4te, so kann sie nur 6 unbekannte Zahlen enthalten, wenn sie eine bestimmte Aufgabe sein soll. Enthält sie mehr, so ist die Aufgabe unbestimmt, enthält sie weniger, so kann sie Widersprüche enthalten.

Zweiter Abschnitt.

Die Geostatik.

Erstes Kapitel.

Vom Schwerpunct.

§. 52. **Lehrsatz.** Wenn in bestimmten Puncten eines festen Systems Kräfte nach parallelen Richtungen angreifen, und man ändert die Richtungen, aber ohne die Parallelität derselben aufzuheben, und bestimmt für jede angenommene Lage die zugehörige Richtungslinie der mittleren Kraft, so schneiden sich diese Richtungen in einem und demselben Punct, und dieser heißt der **Mittelpunct des Drucks.**

Beweis. Man stelle sich 3 Ebenen QPT $= \alpha$; QPR$= \alpha'$ und TPR$= \alpha''$ vor, welche sich in den Linien PQ, PR, PT unter rechten Winkeln schneiden (Fig. 17.), und denke sich zwischen denselben einen Punct p, in den Entfernungen a, a′, a″ von diesen Ebenen α, α' und α'', in diesem Punct p aber eine Kraft $=$ A angreifend. Eben so denke man sich durch die Coordinaten b, b′, b″; c, c′, c″ u. s. w. Puncte bestimmt, in welchen die Kräfte B, C u. s. w. parallel mit A wirken. Bezeichnet man nun

$$Aa + Bb + Cc + \ldots \text{ durch } F;$$
$$Aa' + Bb' + Cc' + \ldots \text{ durch } G;$$
$$Aa'' + Bb'' + Cc'' + \ldots \text{ durch } H;$$

und die mittlere Kraft zu diesen Kräften A, B, C u. s. w., also $A+B+C+\ldots$ durch M, und denkt sich

1stens diese Kraft A, B, C u. s. w. nach Richtungen parallel mit RP, also normal auf α thätig, so ist (nach §. 27.)

die Entfernung der Richtung der Kraft M von der Ebene

$$QPR = \frac{G}{M} \text{ und von der Ebene } TPR = \frac{H}{M}.$$

Wirken aber 2tens sämmtliche Kräfte nach Richtungen parallel mit TP, also normal auf α', so ist (§. 17.)

die Entfernung der Richtung der Kraft M von der Ebene

$$\alpha = \frac{F}{M} \text{ und von der Ebene } \alpha'' = \frac{H}{M}.$$

Denkt man sich endlich 3tens sämmtliche Kräfte parallel mit QP, also normal auf α'' thätig, so ist (§. 17.)

die Entfernung der Richtung der Kraft M von der Ebene

$$\alpha = \frac{F}{M} \text{ und von der Ebene } \alpha' = \frac{G}{M}.$$

Macht man demnach $PV = \frac{F}{M}$; normal darauf in α', $VW = \frac{G}{M}$; und in W normal auf α'', $WX = \frac{H}{M}$, so schneiden sich für die 3 angenommenen Richtungslinien sämmtlicher Kräfte die Richtungslinien der jedesmaligen mittleren Kraft durchaus in dem Punct X, wodurch nicht nur bewiesen ist, daß ein Mittelpunct des Drucks existirt, sondern auch zugleich sein Ort im System bestimmt ist.

§. 53. **Erklärung.** Wenn in einem festen System von Puncten jeder von der Kraft der Schwere angegriffen wird, so heißt die Richtung der mittleren Kraft eine Schwerlinie, jede Ebene durch eine Schwerlinie eine Schwerebene, und der Durchschnittspunct aller Schwerlinien, also der Mittelpunct des Drucks (§. 52.), der Schwerpunct. Es liegt also der Schwerpunct im Durchschnittspunct zweier Schwerlinien, oder auch einer Schwerlinie und einer Schwerebene, oder auch im Durchschnittspunct dreier Schwerebenen.

§. 54. Lehrsatz. Wenn mehre in einer Ebene liegende feste Puncte von der Schwere ergriffen werden, so liegt der Schwerpunct dieses Systems in derselben Ebene.

Beweis. Man denke sich die Ebene in verticaler Lage, so liegt für diese, die Richtung der mittleren Kraft in derselben Ebene (1. Absch. 1. Kap.), also auch jeder Punct derselben, folglich auch der Schwerpunct.

§. 55. Aufgabe. Den Schwerpunct einer geraden gleichförmig schweren Linie zu bestimmen.

Auflösung. Er liegt in der Mitte dieser Linie (§. 19.).

§. 56. Aufgabe. Den Schwerpunct eines gleichförmigen schweren Kreisbogens zu bestimmen.

Auflösung. Man denke sich den Kreisbogen ABC Fig. 18. in horizontaler Lage, so daß die Aufgabe nach §. 27. aufzulösen ist, betrachte D als den Mittelpunct des zugehörigen Kreises, durch D die Linie EF parallel mit der Sehne AB, und die Linie DB normal auf EF, so daß also $\angle ADB = BDC$ wird, bezeichne die Summe aller im Bogen ABC thätigen Kräfte durch Q, die Summe ihrer Momente in Beziehung auf EF mit P, die Summe ihrer Momente in Beziehung auf DB mit R, die Größe der mittleren Kraft durch M, ihren Hebelsarm in Beziehung auf EF durch m, in Beziehung auf DB durch μ, so ist nach §. 27.

$$M = Q, \quad m = \frac{P}{Q}; \quad \mu = \frac{R}{Q}.$$

Man denke sich nun die Theilchen AG, GH u. s. w. des Bogens ABC sehr klein, so daß sie als gerade Linien angesehen werden können, ihre Schwerpuncte folglich in ihren Mittelpuncten I, K u. s. w. liegen (§. 55.), und fälle die Normale IL, KN u. s. w. aus I, K u. s. w. auf EF, so ist die Summe der Kräfte in $AG = \frac{AG}{ABC} . Q$; in $GH = \frac{GH}{ABC} . Q$ u. s. w., folglich

$$P = \frac{AG}{ABC} . Q . IL + \frac{GH}{ABC} . Q . KN + \text{u. s. w.}$$

Zieht man nun, etwa für das Stückchen GH, die Linien GT, HT parallel mit AC, BD, und dann den Halbmesser KD, so wird $\triangle GHT \backsim KDN$, und also ist

$$GH : GT = KD : KN, \text{ folglich}$$

$GH . KN = KD . GT$, und eben so im vorhergehenden Stückchen $AG . IL = ID . AV$, wenn $GV \mathrel{+\!\!\!\!=} BD$, also normal auf AC gedacht wird, und eben solche Gleichungen ergeben sich für die folgenden Stückchen. Es ist daher

$P = \frac{ID . AV}{ABC} . Q + \frac{KD . GT}{ABC} . Q +$ u. s. w., oder, weil $ID = KD$ u. s. w. = dem Halbmesser r ist,

$P = \frac{r . Q}{ABC} . [AV + GT + \ldots]$. Da nun aber für alle Stückchen $AV + GT + \ldots =$ der Sehne AC ist, so hat man also

$$P = \frac{r . Q}{ABC} . AC; \text{ folglich}$$

$$m = \frac{r . AC}{ABC}; \text{ oder}$$

$$ABC : AC = r : m;$$

d. h. der Bogen verhält sich zur Sehne wie der Halbmesser zur gesuchten Entfernung des Schwerpuncts des Bogens von dem mit der zugehörigen Sehne parallelen Durchmesser. Bezeichnet man den Bogen-Winkel zu ADB = BDC mit α, so ist ABC $= 2r\alpha$ und AC $= 2r \operatorname{Sin}\alpha$; also

$$m = r \cdot \frac{\operatorname{Sin}\alpha}{\alpha}.$$

Um nun noch μ zu bestimmen, so denke man sich aus I, K u. s. w., Normalen auf BD, so gehört zu jedem Moment eines Stückchens links BD (wenn man sich alle Stückchen gleich lang denkt), in Beziehung auf BD als Drehachse, ein Stückchen rechts BD, dessen Moment eben so groß ist, und weil die Kräfte im Bogen auf den beiden Seiten von BD, zu entgegengesetzten Drehungen um BD streben, so ist also R gleich Null, folglich auch $\mu = \frac{R}{Q}$ ebenfalls $= 0$, d. h. der gesuchte Schwerpunct liegt in BD (§. 27.).

Macht man daher $Dx = m = r \cdot \frac{\operatorname{Sin}\alpha}{\alpha}$, so ist x der Schwerpunct des Bogens ABC.

Ist $\angle ADC = 180°$; also $\alpha = \frac{\pi}{2}$; so wird $m = \frac{2}{\pi} \cdot r$, ist $\angle ADC = 90°$; also $\alpha = \frac{\pi}{4}$; $\operatorname{Sin}\alpha = \sqrt{\tfrac{1}{2}}$; so wird $m = \frac{2\sqrt{2}}{\pi} \cdot r$.

§. 57. **Aufgabe.** Den Schwerpunct eines schweren Dreiecks (d. h. einer Dreiecksebene, die in allen ihren Puncten von gleich großen parallel thätigen Kräften angegriffen wird) zu bestimmen.

Auflösung. Ist ABC das schwere Dreieck (Fig. 19.), D die Mitte der einen Seite AB, so ist DC eine

Schwerlinie, denn es ist in Beziehung auf DC als Drehachse die Summe der Momente $= 0$ (§. 27.). Aus denselben Grund ist EA eine Schwerlinie, wenn $BE = EC$ ist, und folglich ist also F als der Durchschnittspunct von CD und AE der gesuchte Schwerpunct.

Verbindet man D mit E, so ist $DE \mp AC$, weil $BD : DA = BE : EC = 1 : 1$ ist; folglich ist auch $\triangle DEF \sim CAF$, und daher $DF : FC = DE : AC = DB : AB = 1 : 2$; also auch $DF + FC : FC = 3 : 2$; also $CF = \frac{2}{3}CD$ und $DF = \frac{1}{3}DC$. Eben so ist $EF = \frac{1}{3}EA$ und $AF = \frac{2}{3}AE$.

Bezeichnet man also eine der Höhen des Dreiecks mit h, so ist die Entfernung des Schwerpuncts dieses Dreiecks von der zugehörigen Grundlinie $= \frac{1}{3}h$, von der Spitze $= \frac{2}{3}h$.

§. 58. Aufgabe. Die Entfernung des Schwerpuncts eines schweren Dreiecks von irgend einer andern Ebene E, in Beziehung auf welche die normalen Abstände der drei Ecken des Dreiecks von dieser Ebene gegeben sind, durch diese drei Abstände auszudrücken.

Auflösung. Ist ABC (Fig. 20.) das schwere Dreieck, sind $AA^1 = a$, $BB^1 = b$, $CC^1 = c$ die Abstände der 3 Ecken desselben von E, so daß also $A^1B^1C^1$ die Projection von ABC auf E ist, und man halbirt AB in D, und fällt aus D die Normale DD^1 auf E, so wird auch $A^1D^1 = D^1B^1$ und $DD^1 = \frac{a+b}{2}$; zieht man nun DC, und nimmt $DF = \frac{1}{3}DC$, so ist F der Schwerpunct des Dreiecks ABC, und die Normale FF^1 auf E der zu bestimmende Abstand x. Da nun DD^1, FF^1 und CC^1 parallel sind, so verhält sich

$DF : DC = FF^1 - DD^1 : CC^1 - DD^1$, oder

$1:3 = x - \frac{a+b}{2} : c - \frac{a+b}{2}$; und hieraus folgt $x = \frac{a+b+c}{3}$.

§. 59. Zusatz. Bezeichnet man den Inhalt der Projections-Ebene $A^{I}B^{I}C^{I}$ durch G; den des schief abgeschnittenen dreiseitigen Prismens $ABCA^{I}B^{I}C^{I}$ durch P; so ist $P = G \cdot \frac{a+b+c}{3}$ (§. 247. Geom. I. B.); also auch, nach dem vorigen §., $P = G \cdot FF^{I}$.

§. 60. Aufgabe. Den Schwerpunct eines Parallelogramms zu bestimmen.

Auflösung. Es erhellet leicht, daß der Durchschnittspunct beider Diagonalen der Schwerpunct ist.

§. 61. Aufgabe. Den Schwerpunct eines Trapezes zu bestimmen.

Auflösung. Es sei ABCD (Fig. 21.) das Trapez, $AB \nparallel CD$, G sein Schwerpunct, AF, CE, GH, DK parallel und normal auf AB und CD; $AB = a$; $CD = b$; $CE = DK = h$; $AE = c$; die Summe aller in ABCD gleichförmiger vertheilter parallel thätiger Kräfte der Schwere $= Q$, das Trapez in horizontaler Lage gedacht; die Summe aller Momente in Beziehung auf $AB = P$, in Beziehung auf $AF = R$, so ist $GH = \frac{P}{Q}$; $AH = \frac{R}{Q}$. Nun ist aber, wenn man sich eine der Diagonalen, etwa AD denkt, die Summe der Kräfte in $ABD = \frac{ABD}{ABCD} \cdot Q$, in

$ACD = \frac{ABD}{ABCD} \cdot Q$; folglich

$$P = \frac{ABD}{ABCD} \cdot Q \cdot \frac{h}{3} + \frac{ACD}{ABCD} \cdot Q \cdot \tfrac{2}{3} h \text{ (§. 57.)}$$

$$= \frac{Qh}{3 \cdot \frac{a+b}{2} \cdot h} \cdot \left[\frac{ah}{2} + 2 \cdot \frac{bh}{2}\right] = Qh \cdot \frac{a+2b}{3(a+b)};$$ daher

$GH = \frac{h}{3} \cdot \frac{a+2b}{a+b}$; und also die Entfernung von G bis $CD = \frac{h}{3} \cdot \frac{b+2a}{a+b}$. Ferner ist

$$R = \frac{ACE}{ABCD} \cdot Q \cdot \tfrac{2}{3} c + \frac{CEKD}{ABCD} \cdot Q \cdot \left(c + \frac{b}{2}\right)$$

$$+ \frac{DKB}{ABCD} \cdot Q \cdot \left[c + b + \frac{a-b-c}{3}\right],$$ oder $\frac{ch}{2}$ für ACE; bh für CEKD; $\frac{h(a-b-c)}{2}$ für DKB; und $\frac{a+b}{2}h$ für ABCD geschrieben und reducirt

$$R = \frac{a^2+b^2+ab+ac+2bc}{3(a+b)} . Q;$$ also $$AH = \frac{a^2+b^2+ab+ac+2bc}{3(a+b)}.$$

§. 62. **Aufgabe.** Den Schwerpunct jedes ebenen schweren Vielecks zu bestimmen.

Auflösung. 1stens durch Rechnung. Man denke sich die Ebene desselben in horizontaler Lage, zerlege dasselbe durch Diagonalen in Dreiecke (oder auch durch Parallelen in Trapeze und Dreiecke), wähle in dieser Ebene einen Winkel, am bequemsten einen rechten, bestimme die Schwerpuncte der einzelnen Figuren, dann die Momente derselben in Beziehung auf jeden der beiden Schenkel, und dividire die Summen, jede durch die Summe der Kräfte, so erhält man die beiden Entfernungen des Schwerpuncts von den Schenkeln, und somit den Schwerpunct selbst.

2tens durch Construction. Soll der Schwerpunct eines Vierecks ABCD durch Zeichnung gefunden werden, so ziehe man eine der Diagonalen, etwa AC, construire nach §. 57. sowohl den Schwerpunct E vom Dreieck ABC, als auch den F vom Dreieck ADC und ziehe EF, so ist EF eine Schwerlinie des Vierecks. Eben so ziehe man die Diagonale BD, bestimme durch Zeichnung die Schwerpuncte G, H der beiden Dreiecke BCD und BAD, und ziehe dann GH, so ist GH auch eine Schwerlinie, folglich der Punct, in welchem sich EF und GH durchschneiden, der verlangte Schwerpunct. Eben so erhält man den Schwerpunct des ebenen Fünfecks, wenn man dasselbe zweimal in ein Dreieck und Viereck, den des Sechsecks, wenn man dasselbe zweimal in ein Dreieck und Fünfeck u. s. w. zerlegt.

§. 63. **Aufgabe.** Den Abstand x des Schwerpunctes M irgend eines ebenen Vielecks von einer gegebenen Ebene E zu bestimmen.

Auflösung. Es sei ein Fünfeck ABCDF (Fig. 22.) gewählt, und die Normalen $AA^1 = a$; $BB^1 = b$; $CC^1 = c$; $DD^1 = d$; $FF^1 = f$ auf E gefällt, so daß $A^1B^1C^1D^1E^1F^1$ die Projection von ABCDF auf E ist; MM^1 sei auch normal auf E, also der verlangte Abstand x. Man denke sich die Ebene $A^1B^1C^1D^1F^1$ in verticaler, also die projicirenden Linien a, b, c, d, f in horizontaler Lage, und wähle in $A^1B^1C^1D^1F^1$ eine horizontale Linie als Momenten-Achse, so hat man nach §. 58. $ABCDF \, . \, x = ABF \, . \, \frac{a+b+f}{3} + BCF \, . \, \frac{b+c+f}{3} + CDF \, . \, \frac{c+d+f}{3}$; und folglich

$$x = \frac{ABF(a+b+f) + BCF(b+c+f) + CDF(c+d+f)}{3.(ABCDF)}.$$

§. 64. **Zusatz.** Bezeichnet α den Winkel, welchen die Ebene ABCDF mit ihrer Projections-Ebene $A^1B^1C^1D^1F^1$ bildet, so ist $A^1B^1F^1 = ABF \, . \, \mathrm{Cos}\, \alpha$; $B^1C^1F^1 = BCF \, \mathrm{Cos}\, \alpha$; $C^1D^1F^1 = CDF \, \mathrm{Cos}\, \alpha$ und $A^1B^2C^1D^1F^1 = ABCDF \, . \, \mathrm{Cos}\, \alpha$ (§. 142. II. Bd.), folglich auch, wenn man die Gleichung in §. 63. mit $\mathrm{Cos}\, \alpha$ multiplicirt,

$$A^1B^1C^1D^1F^1.x = A^1B^1F^1.\frac{a+b+f}{3} + B^1C^1F^1.\frac{b+c+f}{3} + C^1D^1F^1.\frac{c+d+f}{3}.$$

Es ist aber $A^1B^1F^1.\frac{a+b+f}{3}$ der Inhalt des schief abgeschnittenen dreiseitigen Prismens $ABFA^1B^1F^1$ (§. 247. I. Bd. Geom.), und eben so drücken die beiden folgenden Glieder die Inhalte der übrigen beiden 3seitigen Prismen, ihre Summe also den Inhalt des schiefabgeschnittenen fünfseitigen Prismens aus, und man findet daher denselben $= A^1B^1C^1D^1F^1.x$; d. h. der Inhalt jedes schief abgeschnittenen vielseitigen Prismen wird gefunden, wenn man den Inhalt der auf die Seitenkanten normalen Durchschnittsebene mit der Summe der Entfernungen der Schwerpuncte der schiefen Ebenen von derselben, d. h. mit der Entfernung dieser Schwerpuncte von einander, multiplicirt.

§. 65. Aufgabe. Den Schwerpunct eines schweren Kreisausschnitts zu bestimmen.

Auflösung. Man denke sich aus jeden Punct des begrenzenden Bogens einen Halbmesser gezogen, so zertheilt sich der Kreisausschnitt in lauter unendlich kleine Dreiecke, und die Schwerpuncte derselben bilden einen concentrischen Bogen, dessen Halbmesser $= \frac{2}{3}r$ ist (§. 57.), unter r den Halbmesser des Kreisausschnitts selbst verstanden. Der Schwerpunct dieses Bogens ist nun zugleich der verlangte Schwerpunct des Kreisausschnitts, und liegt also in den, den Winkel halbirenden Halbmesser, in der Entfernung $\frac{2}{3}r.\frac{\sin\alpha}{\alpha}$ vom Mittelpunct, unter α den halben Bogen-

Winkel verstanden (§. 56.). Für den Halbkreis erhält man hieraus $\frac{4}{3\pi}\cdot r$.

§. 66. **Aufgabe.** Den Schwerpunct des schweren Kreisabschnitts zu bestimmen.

Auflösung. Ist ABC (Fig. 18.) der Kreisabschnitt, D der zugehörige Mittelpunct, EF $\ddagger$ mit der Sehne AC; der Bogen-Winkel zu $ADB = BDC = \alpha$; der Halbmesser $= r$; $DQ = \frac{2}{3} r \frac{\operatorname{Sin}\alpha}{\alpha}$; $DR = \frac{2}{3} r \operatorname{Cos}\alpha$, so ist nach §. 65. und §. 57., Q der Schwerpunct des Kreisausschnitts ABCD; R der des Dreiecks ADC. Da nun der Schwerpunct des Kreisabschnitts ABC ebenfalls in BD liegen muß, weil in Beziehung auf BD die algebraische Summe der Momente aller Kräfte im Kreisabschnitt $= 0$ ist (§. 56.), so hat man, wenn x denselben vorstellt,

$ABCD \cdot DQ = ABC \cdot DX + ACD \cdot DR$ (§. 21.) oder

$$r^2 \alpha \cdot \frac{2}{3} r \frac{\operatorname{Sin}\alpha}{\alpha}$$

$$= [r^2 \alpha - r^2 \operatorname{Sin}\alpha \operatorname{Cos}\alpha] \cdot DX + r^2 \operatorname{Sin}\alpha \operatorname{Cos}\alpha \cdot \frac{2}{3} r \operatorname{Cos}\alpha,$$

und hieraus

$$DX = \frac{\frac{2}{3} r^3 [1 - \operatorname{Cos}\alpha^2] \operatorname{Sin}\alpha}{r^2 [\alpha - \operatorname{Sin}\alpha \operatorname{Cos}\alpha]} = \frac{2}{3} r \cdot \frac{\operatorname{Sin}\alpha^3}{\alpha - \operatorname{Sin}\alpha \operatorname{Cos}\alpha}.$$

Bezeichnet man den Inhalt der Kreisabschnittsebene ABC durch a^2; die Sehne AC durch b, so ist

$a^2 = r^2 [\alpha - \operatorname{Sin}\alpha \operatorname{Cos}\alpha]$ und $b = 2 r \operatorname{Sin}\alpha$; also

$\alpha - \operatorname{Sin}\alpha \operatorname{Cos}\alpha = \frac{a^2}{r^2}$ und $\operatorname{Sin}\alpha^3 = \frac{b^3}{8r^3}$; folglich, wenn man diese Werthe substituirt,

$$DX = \frac{b^3}{12 a^2}.$$

§. 67. **Aufgabe.** Den Schwerpunct des concentrischen Ringstücks (Fig. 23.) zu bestimmen.

Auflösung. Ist der Halbmesser $EA = ED = r$; der innere $EB = EC = \varrho$; $\angle DEA = 2\alpha$ halbirt, und auf dieser Halbirungslinie $EF = \frac{2}{3} r \frac{\text{Sin}\,\alpha}{\alpha}$; $EG = \frac{2}{3} \varrho \frac{\text{Sin}\,\alpha}{\alpha}$ (§. 65.), so liegt der gesuchte Schwerpunct H ebenfalls in dieser Linie, und es ist wie im vorigen §.

$$ADE\,.\,EF = ABCD\,.\,EH + EBC\,.\,EG; \text{ oder}$$

$$r^2 \alpha\,.\,\tfrac{2}{3} r \frac{\text{Sin}\,\alpha}{\alpha} = (r^2 - \varrho^2)\alpha\,.\,EH + \varrho^2 \alpha\,.\,\tfrac{2}{3} \varrho \frac{\text{Sin}\,\alpha}{\alpha};$$

und hieraus

$$EH = \tfrac{2}{3} \frac{r^3 - \varrho^3}{r^2 - \varrho^2}\,.\,\frac{\text{Sin}\,\alpha}{\alpha}.$$

§. 68. Zusatz. Ist HK normal auf ED, so ist $EK = EH\,\text{Cos}\,\alpha$; folglich 2α durch β ausgedrückt, weil $\text{Sin}\,\beta = \text{Sin}\,2\alpha = 2\,\text{Sin}\,\alpha\,\text{Cos}\,\alpha$ ist,

$$EK = \tfrac{2}{3}\,.\,\frac{r^3 - \varrho^3}{r^2 - \varrho^2}\,.\,\frac{\text{Sin}\,\beta}{\beta},$$

unter β wie unter α den Bogen-Winkel verstanden.

§. 69. Aufgabe. Des Prismens Schwerpunct zu finden.

Auflösung. Er liegt, wie man sogleich erkennt, in der Mitte der geraden Verbindungslinie der Schwerpuncte beider Grundebenen desselben.

§. 70. Aufgabe. Der Pyramide Schwerpunct anzugeben.

Auflösung. 1stens für die dreiseitige (Fig. 24.). In einer der Grundebenen, etwa in BCD, nehme man $CE = DE$, ziehe BE und mache $EF = \frac{1}{3} EB$, so ist F der Schwerpunct der Grundebene BCD (§. 57.), und die gerade Linie FA trifft die Schwerpuncte aller mit BCD parallelen Durchschnittsebenen der Pyramide, ist also eine Schwerlinie derselben, insofern man sich das Gewicht jedes Durchschnitts in seinem Schwerpunct vereint denken kann. Aus demselben Grunde ist BG eine Schwerlinie, wenn man $EG = \frac{1}{3} EA$ macht, und BG zieht. Der Durchschnittspunct P beider Schwerlinien ist folglich der gesuchte Schwerpunct.

Weil nun $EF:EB = EG:EA = 1:3$, so ist $FG \parallel BA$, also $\triangle FPG \sim APB$; daher $FP:PA = FG:AB = FE:BE = 1:3$ und folglich $FA:PA = 4:3$; demnach $AP = \frac{3}{4} FA$ und also auch $FP = \frac{1}{4} FA$; $GP = \frac{1}{4} GB$ und $BP = \frac{3}{4} BG$. Ist also eine der Höhen der 3seitigen Pyramide $= h$, so liegt der Schwerpunct derselben $\frac{1}{4} h$ von der zugehörigen Grundebene.

2tens für die vielseitige und den Kegel.

Denkt man sich die Grundebene in Dreiecke, und die Pyramide in lauter 3seitige Pyramiden (mit der gemeinschaftlichen Spitze) zerlegt, deren Grundebenen diese Dreiecke sind, so liegen die Schwerpuncte aller dieser Pyramiden in der mit der ganzen Grundebene parallelen Durchschnittsebene, deren Entfernung von derselben gleich $\frac{1}{4}$ der Höhe ist, und diese Durchschnittsebene ist daher eine Schwerebene (§. 53.). Bestimmt man nun noch den Schwerpunct der Grundebene (§. 62.), und verbindet ihn mit der Spitze durch eine gerade Linie, so ist diese eine Schwerlinie der Pyramide, und also der Durchschnittspunct dieser Schwerlinie, mit der zuerst construirten Schwerebene, der verlangte Schwerpunct.

Die Entfernung des Schwerpuncts von der Grundebene ist also für jede Pyramide gleich $\frac{1}{4}$ der Höhe; von der Spitze daher $= \frac{3}{4}$ der Höhe.

§. 71. Aufgabe. Den Schwerpunct der (parallel mit der Grundebene) abgekürzten Pyramide zu bestimmen.

Auflösung. Die gerade Verbindungslinie der Schwerpuncte beider parallelen Grundebenen ist eine Schwerlinie.

Um nun noch eine Schwerebene, und zwar ihre Entfernung x von der Grundebene bestimmen zu können, bezeichne a^2 den Inhalt dieser Grundebene, b^2 den Inhalt der ihr parallelen begrenzenden Ebene, h die Entfernung beider, also die Höhe der abgekürzten Pyramide, y die Höhe der Ergänzungs-Pyramide, so hat man, wie in §. 66. und 67., weil $\frac{1}{3}h[a^2+b^2+ab]$ der Inhalt der abgekürzten Pyramide (§. 240. Geom. I. Bd.), $\frac{a^2(h+y)}{3}$ der der Ganzen und $\frac{b^2y}{3}$ der der Ergänzungs-Pyramide ist (§. 239. Geom. I. Bd.), in Beziehung auf eine Drehachse in a^2, durch den Schwerpunct von a^2

$$\frac{a^2(h+y)}{3}\cdot\frac{h+y}{4}=\frac{1}{3}h[a^2+b^2+ab]\cdot x+\frac{b^2y}{3}\cdot\left[h+\frac{y}{4}\right];$$

oder

$$4h[a^2+b^2+ab]x=[(a+b)(a-b)y+2a^2h-4b^2h]y+a^2h^2.$$

Es verhält sich aber $a^2:b^2=(h+y)^2:y^2$ (§. 219. Geom. I. Bd.), und hieraus ist

$$a-b:b=b:h, \text{ also } (a-b)y=bh.$$

Substituirt man diesen Werth, so entsteht

$$4(a^2+b^2+ab)x$$
$$=\frac{h.[ab+2a^2-3b^2]b}{a-b}+a^2h=h[(2a+3b)b+a^2],$$

und folglich ist

$$x=\frac{h}{4}\cdot\frac{a^2+2ab+3b^2}{a^2+ab+b^2}.$$

§. 72. **Zusatz.** Bezeichnen r, ϱ die Halbmesser der Grundebenen eines abgekürzten Kegels, h seine Höhe, so giebt die Formel des vorigen §. die Entfernung des Schwerpuncts des abgekürzten Kegels von der Grundebene $r^2\pi$,

=

$$= \frac{h}{4} \cdot \frac{r^2 + 2r\varrho + 3\varrho^2}{r^2 + r\varrho + \varrho^2},$$

und die Entfernung desselben von der Grundebene $\varrho^2 \pi$,

$$= \frac{h}{4} \cdot \frac{\varrho^2 + 2r\varrho + 3r^2}{\varrho^2 + r\varrho + r^2}.$$

§. 73. Zusatz. Ist der abgekürzte Kegel durch einen Cylinder ausgehöhlt (wie bei einer Kanone), und bezeichnet a den Halbmesser der Grundebene dieses Cylinders, so erhält man die Entfernung z des Schwerpunctes vom übrigbleibenden Körper, von der Grundebene $r^2 . \pi$ aus der Gleichung:

$$\frac{h\pi}{3}[r^2 + r\varrho + \varrho^2] \cdot \frac{h}{4} \cdot \frac{r^2 + 2r\varrho + 3\varrho^2}{r^2 + r\varrho + \varrho^2}$$

$$= \left[\frac{h\pi}{3}(r^2 + r\varrho + \varrho^2) - a^2 \pi h\right] . z + a^2 \pi . h . \frac{h}{2} \text{ (§. 69.)};$$

nemlich

$$z = \frac{h}{4} \cdot \frac{r^2 + 2r\varrho + 3\varrho^2 - 6a^2}{r^2 + r\varrho + \varrho^2 - 3a^2}.$$

§. 74. Zusatz. Der Ort des Schwerpuncts einer dreiseitigen Pyramide läßt sich auch noch auf eine andere Weise, als in §. 70. angeben. Ist nemlich nach §. 70. P (Fig. 24.) der gefundene Schwerpunct, und man denkt sich durch E und P die in der Ebene AEB liegende Linie EP verlängert, bis sie AB in H schneidet, so ist im Dreieck AEB (nach §. 84. Geom. I. Bd.), BF . EG . AH = FE . AG . BH; also weil BF : FE = AG : GE, daher auch BF.GE = FE.AG ist, nothwendig AH = HB. Ferner ist

△BFA : AFE = BF : FE = 2 : 1, und auch
BFP : PFE = BF : FE = 2 : 1; folglich
BPA : APE = 2 : 1; da nun aber AH = HB, so ist
BPA : APH = AB : AH = 2 : 1; demnach
APE = APH und also EP = PH.

Aus AH = HB und EP = PH folgt aber, daß der Schwerpunct P der dreiseitigen Pyramide in der Mitte der geraden Verbindungslinie der Mittelpuncte zweier gegenüberliegender Kanten liegt.

§. 75. Aufgabe. Die Entfernungen der vier Ecken A, B, C, D einer dreiseitigen Pyramide von irgend einer Ebene K seien = a, b, c, d; man soll die Entfernung x des Schwerpuncts derselben von dieser Ebene durch a, b, c, d bestimmen.

Auflösung. Es ist (Fig. 24.) die Entfernung des Punctes H von K = $\frac{a+b}{2}$, weil AH = HB, und die Entfernung des Punctes E von K = $\frac{c+d}{2}$, weil CE = ED, folglich da HP = PE ist (§. 74.), die Entfernung x des Punctes P von K = $\left[\frac{a+b}{2}+\frac{c+d}{2}\right]:2$, oder

$$x = \frac{a+b+c+d}{2}.$$

§. 76. Aufgabe. Es sei $ABFA^1B^1F^1$ (Fig. 22.) ein schief abgeschnittenes dreiseitiges Prismen, für welches die Seitenkanten $AA^1 = a$; $BB^1 = b$; $FF^1 = c$ normal auf der Ebene $A^1B^1F^1 = G$ stehen, man soll die Entfernung x des Schwerpunctes dieses schief abgeschnittenen Prismens von G bestimmen.

Auflösung. Aus der Formel für den Inhalt P dieses schief abgeschnittenen Prismens, nemlich $P = G\frac{a+b+c}{3}$ (§. 247. Geom. I. Bd.) erhellet, daß dasselbe in drei dreiseitige Pyramiden zerlegbar ist, von welchen jede G zur Grundebene hat, deren 3 Spitzen aber A, B und F sind. Die erste dieser Pyramiden ist $A^1B^1F^1A$, und die Entfernung ihres Schwerpunctes von G ist $= \frac{a}{4}$; die 2te ist $ABFB^1$, und die Entfernung ihres Schwerpunctes von G ist $= \frac{a+b+c}{4}$ (§. 75.); die dritte ist B^1F^1FA, und die Entfernung ihres Schwerpunctes von G ist $= \frac{a+c}{4}$ (§. 75.). Man hat demnach die Gleichung

$$G.\frac{a+b+c}{3}.x = G.\frac{a}{3}.\frac{a}{4} + G.\frac{b}{3}.\frac{a+b+c}{4} + G.\frac{c}{3}.\frac{a+c}{4},$$

und hieraus

$$x = \frac{a^2+b^2+c^2+ab+ac+bc}{4(a+b+c)}.$$

§. 77. Zusatz. Soll der Schwerpunct des mehrseitigen schief abgeschnittenen Prismens in Hinsicht seiner Entfernung von der Grundebene bestimmt werden, so zerlege man dasselbe durch Diagonalebenen in schief abgeschnittene Dreiseitige, bestimme für jedes einzelne nach §. 76. den Abstand seines Schwerpunctes, und dividire die Summe der Momente durch den ganzen Inhalt, so erhält man den verlangten Abstand.

§. 78. Aufgabe. Die Entfernung x des Schwerpuncts eines Obelisk von seiner größeren Grundebene anzugeben.

Auflösung. Bei der Bezeichnung in (§. 244. Geom. I. Bd.) erhält man sogleich die Gleichung:

$$\frac{h}{6}[2AB+2ab+Ab+aB]x = abh.\frac{h}{2} + \frac{a(B-b)h}{2}.\frac{h}{3}$$
$$+ \frac{b(A-a)h}{2}.\frac{h}{3} + \frac{(A-a)(B-b)h}{3}.\frac{h}{4};$$ und hieraus

$$x = \frac{h}{2}.\frac{AB+3ab+Ab+aB}{2AB+2ab+Ab+aB}.$$

§. 79. Aufgabe. Den Schwerpunct der Zone und der Calotte zu bestimmen.

Auflösung. Bezeichnet h die Höhe, r den Halbmesser der Kugel, und man denkt sich h in gleiche, sehr kleine Theile getheilt, und durch jeden Theilpunct eine Durchschnittsebene normal auf h gelegt, so wird die Zone, so wie die Calotte in eben so viele unendlich schmale Zonen getheilt, von welchen jede als ein Cylinder-Mantel zu betrachten ist, und welche alle gleich groß sind (§. 250. Geom. I. Bd.). Es liegt aber der Schwerpunct eines Cylinder-Mantels in der Mitte der zugehörigen Achse, und man kann sich daher von jeder solchen schmalen Zone den Schwerpunct in h denken, so daß h als eine in allen ihren Puncten von gleich großen parallel thätigen Kräften ergriffene gerade Linie erscheint, deren Schwerpunct also in ihrer Mitte liegt. Der Mittelpunct der Höhe giebt also bei der Calotte, Zone und Halbkugelfläche den Ort des Schwerpunctes an.

§. 80. Aufgabe. Den Schwerpunct eines Kugelausschnitts zu bestimmen.

Auflösung. Denkt man sich die den Kugelausschnitt begrenzende Calotte in allen ihren Puncten durch Halbmesser $= r$ mit dem Mittelpunct der Kugel verbunden, so erscheint derselbe als eine Summe von unendlich vielen Pyramiden, und da der Schwerpunct jeder auf $\frac{3}{4}$ der Höhe liegt (§. 70.), so nimmt die mit $\frac{3}{4}r$ beschriebene Calotte die Schwerpuncte aller dieser Pyramiden in sich auf und ihr Schwerpunct ist also zugleich der Schwerpunct des Kugelausschnitts; er liegt daher nach §. 79. in der Mitte ihrer Höhe. Da nun, wenn die Höhe des dem Kugelausschnitt zugehörigen Kugelabschnitts $= h$ ist, die erwähnte Höhe der schweren Calotte $\frac{3}{4}h$ beträgt, so ist also die Entfernung des gesuchten Schwerpuncts vom Mittelpunct der zugehörigen Kugel $= \frac{3}{4} r - \frac{3}{8} h$ oder auch $= \frac{3}{8}(2r - h)$.

Für die Halbkugel ist daher diese Entfernung $= \frac{3}{8} . r$.

§. 81. **Aufgabe.** Den Schwerpunct jedes Kugel-Abschnitts zu bestimmen.

Auflösung. Stellt BDC (Fig. 25.) den Kugel-Abschnitt vor, ist $BE = EC = b$; seine Höhe $ED = h$; A der Mittelpunct der zugehörigen Kugel; der Halbmesser $AB = AD = AC = r$; k der Schwerpunct des Kegels ABC, also $AK = \frac{3}{4} AE = \frac{3}{4}(r - h)$; F der Schwerpunct des Kugel-Ausschnitts ABDC, also $AF = \frac{3}{8}(2r - h)$ (§. 80.); und betrachtet man G als den Schwerpunct des Kugel-Abschnitts BDC (er muß in ED liegen, weil ED die Schwerpuncte aller mit der Kreis-Ebene BC parallelen Durchschnitts-Ebenen des Kugel-Abschnitts in sich aufnimmt, also eine Schwerlinie desselben ist), so ist (§. 21.)

$$ABDC . AF = BDC . AG + ABC . AK;$$

oder (nach §. 254. 255. 239. I. Bd. Geom.)

$$\frac{2}{3} r^2 \pi h . \frac{3}{8}(2r - h) = \frac{1}{3} \pi h^2 (3r - h) . AG + \frac{1}{3} \pi b^2 (r - h) . \frac{3}{4}(r - h),$$

und hieraus, weil $h : b = b : 2r - h$ ist, durch r und h ausgedrückt

$$AG = \frac{3}{4} . \frac{(2r - h)^2}{3r - h};$$

und, durch b und h ausgedrückt,

$$AG = \frac{3 b^4}{2h(3b^2 + h^2)}.$$

Aus diesen Formeln erhält man nun noch leicht

$$EG = \frac{h}{4} . \frac{4r - h}{3r - h} = \frac{h}{2} . \frac{2b^2 + h^2}{3b^2 + h^2};$$

$$DG = \frac{h}{4} . \frac{8r - 3h}{3r - h} = \frac{h}{2} . \frac{4b^2 + h^2}{3b^2 + h^2}.$$

§. 82. **Aufgabe.** Den Schwerpunct der körperlichen Zone zu bestimmen.

Auflösung. Es sei ABCD (Fig. 26.) der Durchschnitt der körperlichen Zone durch seine Höhe $EF = h$; $FA = FD = a$ der Halbmesser der einen, $EB = EC = b$ der der andern begrenzenden Kreis-Ebene, so liegt der gesuchte Schwerpunct in FE, weil FE die Schwerpuncte aller mit den Grund-Ebenen parallelen Durchschnitts-Ebenen in sich aufnimmt, also eine Schwerlinie ist. Es sei K dieser Schwerpunct, und $FK = z$, so hat man, wenn L der Schwerpunct des ganzen Kugel-Abschnitts AGD und N der des Ergänzungs-Kugelabschnitts BGC ist (nach §. 21.),

$$AGD \cdot FL = ABCD \cdot z + BGC \cdot FN.$$

Es ist aber, unter x die Höhe EG des Ergänzungs-Kugelabschnitts verstanden,

$$AGD = \tfrac{1}{6}\pi(h+x)[3a^2+(h+x)^2] \text{ (§. 255. Geom. I. Bd.)};$$

$$FL = \frac{h+x}{2} \cdot \frac{2a^2+(h+x)^2}{3a^2+(h+x)^2} \text{ (§. 81)};$$

$$ABCD = \tfrac{1}{6}\pi h(3a^2+3b^2+h^2) \text{ (§. 256. Geom. I. Bd.)};$$

$$BGC = \tfrac{1}{6}\pi . x(3b^2+x^2) \text{ (§. 255. Geom. I. Bd.)};$$

$$FN = h + \frac{x}{2} \cdot \frac{2b^2+x^2}{3b^2+x^2} \text{ (§. 81.)};$$

und substituirt man diese Werthe, so entsteht

$$\frac{(h+x)^2}{2} . [2a^2+(h+x)^2]$$

$$= h(3a^2+3b^2+h^2)z + hx(3b^2+x^2) + \frac{x^2}{2}(2b^2+x^2);$$

und hieraus

$$2h(3a^2+3b^2+h^2)z =$$

$$2hx^3+2(a^2+3h^2-b^2)x^2+2h(2a^2+2h^2-3b^2)x+2a^2h^2+h^4.$$

Es ist aber, den Halbmesser der Kugel durch y ausgedrückt,

$$x : b = b : 2y - x \text{ und } x+h : a = a : 2y - x - h;$$

oder, den Werth für $2y - x$ aus der ersten in die 2te Gleichung geschrieben,

$$x + h : a = a : \frac{b^2}{x} - h, \text{ und hieraus}$$

$a^2x = b^2x + b^2h - hx^2 - h^2x$; also
$hx^2 = b^2h + (h^2 - a^2 - h^2)x$; folglich, mit $2x$ multiplicirt,
$2hx^3 = 2b^2hx + 2(b^2 - a^2 - h^2)x^2$, und setzt man diesen Werth für $2hx^3$ in obige Gleichung, so entsteht

$$\begin{aligned} 2h(3a^2+3b^2+h^2)z &= 2b^2hx + 2(b^2-a^2-h^2)x^2 \\ &\quad + 2(a^2+3h^2-b^2)x^2 + 2h(2a^2+2h^2-3b^2)x \\ &\quad + 2a^2h^2 + h^4 \\ &= 4h^2x^2 + 4h(a^2+h^2-b^2)x + 2a^2h^2 + h^4. \end{aligned}$$

Schreibt man nun abermals $b^2h + (b^2 - a^2 - h^2)x$ für hx^2, so erhält man

$$\begin{aligned} 2h(3a^2+3b^2+h^2)z &= 4h[b^2h + (b^2-a^2-h^2)x] \\ &\quad + 4h(a^2+h^2-b^2)x + 2a^2h^2 + h^4 \\ &= 4b^2h^2 + 2a^2h^2 + h^4; \end{aligned}$$

und hieraus

$$z = \frac{h}{2} \cdot \frac{2a^2+4b^2+h^2}{3a^2+3b^2+h^2}.$$

§. 83. Zusatz. Für Körper, die aus mehreren andern zusammengesetzt sind, erhält man, sobald die Schwerpuncte der einzelnen Theile als bekannt vorausgesetzt werden können, den Schwerpunct des ganzen Körpers auf den bisherigen Weg ohne Schwierigkeit. Ist z. B. (Fig. 27.) ein Körper, der aus einem Cylinder, von welchem jede Cubic-Einheit das Gewicht p, aus einem abgekürzten Kegel, von welchen jede das Gewicht q, und aus einer Halbkugel, von welcher jede das Gewicht w hat, zusammengesetzt ist, und sind die Abmessungen des Cylinders r, a, des abgekürzten Kegels r, ϱ, b, der Halbkugel ϱ, so erhält man zu Bestimmung der Entfernung x des Schwerpuncts des ganzen Körpers von der Grund-Ebene AB, die Gleichung:

$$\begin{aligned} &[r^2\pi ap + \tfrac{1}{3}\pi b(r^2+\varrho^2+r\varrho)q + \tfrac{2}{3}\varrho^3\pi w]\,.\,x \\ &= r^2\pi\,.\,ap\,.\,\frac{a}{2} + \tfrac{1}{3}\pi b[r^2+\varrho^2+r\varrho]q\,.\left[a + \frac{b}{4}\,.\,\frac{r^2+2r\varrho+3\varrho^2}{r^2+r\varrho+\varrho^2}\right] \\ &+ \tfrac{2}{3}\varrho^3\pi\,.\,w\,.\,[a+b+\tfrac{3}{8}\varrho]; \end{aligned}$$

woraus sich x sogleich ergiebt.

Des zweiten Abschnitts zweites Kapitel.

Die Guldinische Regel.

§. 84. Aufgabe. Es sei (Fig. 28.) ein normaler hohler Cylinder den Halbmessern r, ϱ und der Höhe h zugehörig, MN seine Achse, also zugleich auch seine Höhe; in einer der Grund-Ebenen denke man sich das concentrische Ringstück EFHG dem Mittelpuncts-Bogenwinkel α zugehörig, und durch die 4 Puncte E, F, G, H Parallelen mit der Achse NM, so daß ein zwischen den Grund-Ebenen EFHG und ABCD liegender prismatische Körper entsteht. Man soll seinen Cubic-Inhalt K bestimmen.

Auflösung. Die Grund-Ebene ist $=\frac{1}{2}r^2\alpha-\frac{1}{2}\varrho^2\alpha$; die Höhe $=h$; also $K=\frac{1}{2}h(r^2-\varrho^2)\alpha$. Weil nun aber $r^2-\varrho^2=(r+\varrho)(r-\varrho)$; $r-\varrho=AB$ und $(r-\varrho)h=$ dem Parallelogramm ABFE ist, so hat man

$$K=\frac{r+\varrho}{2}.\alpha.ABFE.$$

Es ist aber ferner, wenn P den Schwerpunct des Parallelogramms ABEF, also den Durchschnittspunct seiner Diagonalen darstellt, und PQ normal auf NM gedacht wird,

$$QP=\varrho+\frac{r-\varrho}{2}=\frac{r+\varrho}{2};\text{ folglich}$$

$$K=QP.\alpha.ABFE.$$

Versteht man nun unter W den Schwerpunct des Parallelogramms CDGH, und denkt sich aus Q mit $QP=QW$ den Bogen PW beschrieben, so ist $PW=QP.\alpha$, und also

$$K=ABEF.PW.$$

Man kann sich aber den Körper K dadurch erzeugt denken, daß sich die Ebene ABEF um MN in gleich bleibender Entfernung dreht und den Bogenwinkel α beschreibt, und bei dieser Ansicht drückt die Formel

$$K = ABEF . PW$$

folgendes Gesetz aus:

Dreht sich ein Rechteck um eine in derselben Ebene liegende Achse, parallel mit zwei seiner Seiten gedacht, so ist der Inhalt des von diesem Rechteck durchlaufenen Raums gleich dem Inhalt des Rechtecks, multiplicirt mit dem Bogen, welchen sein Schwerpunct durchläuft.

§. 85. Zusatz. Dieses Gesetz, welches zuerst im 15ten Jahrhundert von einem Jesuiter Pater, Guldin, entdeckt wurde, heißt daher die Guldinische Regel, und ist ganz allgemein für jede Form der erzeugenden Ebene gültig.

§. 86. Lehrsatz. Der körperliche Inhalt K jedes Körpers, welcher durch Drehung irgend einer begrenzten Ebene um eine in ihr oder ihrer Verbreitung liegende Achse erzeugt wird, ist gleich der erzeugenden Ebene multiplicirt mit dem Bogen, welchen der Schwerpunct dieser Ebene bei der erwähnten Drehung beschreibt.

Beweis. Es drehe sich die Ebene ABCD (Fig. 29.), deren Quadrat-Inhalt $= F$ sein mag, um die Linie NM in bleibender Entfernung von derselben, und zwar bezeichne E den Abstand des Schwerpuncts der Ebene F von der Achse NM; der dem Drehungswinkel zugehörige Bogen für den Halbmesser $= 1$ sei durch φ ausgedrückt, und w bezeichne den Weg, welchen der Schwerpunct der Ebene F bei dieser Drehung durchläuft, so daß also $w = E . \varphi$ ist. Man denke sich, parallel mit NM die Ebene F in lauter unendlich schmale, also als Rechtecke zu betrachtende Streifen zerlegt, verstehe unter a, b, c u. s. w. die Inhalte dieser aufeinander folgenden Streifen, und unter α, β, γ u. s. w. die Entfernung ihrer Schwerpuncte von NM, so ist nach §. 84.

$$K = a.\alpha\varphi + b.\beta\varphi + c.\gamma\varphi \text{ u. s. w.}$$
$$= \varphi(a\alpha + b\beta + c\gamma + \ldots).$$

Es ist aber, die Gewichts-Einheit $= 1$ gesetzt,

$$F.E = a\alpha + b\beta + c\gamma + \ldots \text{ (§. 27.), und also}$$
$$K = \varphi FE, \text{ oder, weil } E\varphi = w \text{ ist,}$$
$$K = w.F, \text{ wie zu beweisen war.}$$

§. 87. Zusatz. Die im vor. §. bewiesene Guldinische Regel dient sowohl zur Bestimmung der Inhalte von Körpern, die durch Umdrehung als erzeugt zu betrachten sind, wenn man den Schwerpunct der erzeugenden Ebene kennt, als auch zur Bestimmung des Schwerpuncts jeder Ebene, wenn der Inhalt des durch Umdrehung dieser Ebene erzeugten Körpers schon bekannt ist.

Die folgenden §§. 88. bis 99. enthalten Aufgaben der ersten, die §§. 100. bis 102. aber Aufgaben der 2ten Art.

§. 88. Aufgabe. Den Inhalt K eines Rundstabes zu berechnen.

Auflösung. Ist ABCD ein Rechteck (Fig. 30.), CED ein Halbkreis, und dreht sich die ganze Ebene ACEDB um AB ganz herum, so beschreibt sie einen Rundstab (eine häufige Verzierung an alten Geschützen). Ist $AC = a$; $AB = CD = h$, so erzeugt das Rechteck ABCD einen Cylinder, dessen Inhalt $= a^2\pi.h$ ist; der Halbkreis DCE aber beschreibt einen Körper, dessen Inhalt, in F den Schwerpunct des Kreises angenommen, $=$ Ebene DCE.2.GF.π ist (§. 86.). Es ist aber Ebene DCE $= \frac{h^2\pi}{8}$; und $GF = a + \frac{4}{3\pi}\cdot\frac{h}{2}$ (§. 65.), und folglich

$$K = a^2 \pi h + \frac{h^2 \pi}{8} . 2\pi \left[a + \frac{2h}{3\pi}\right];\text{ oder}$$

$$K = \frac{\pi h}{12} [12 a^2 + 2h^2 + 3 a h \pi].$$

§. 89. **Aufgabe.** Den Inhalt K eines zum Ring gebogenen Cylinders, d. h. des Körpers zu bestimmen, der entsteht, wenn sich eine Kreisebene, um eine außerhalb derselben aber in derselben Ebene liegende Achse ganz herumdreht.

Auflösung. Ist ϱ der Halbmesser der erzeugenden Kreisebene, r die Entfernung ihres Mittelpuncts, also auch Schwerpuncts von der Achse, so ist

$$K = 2 r \pi . \varrho^2 \pi = 2 r \varrho^2 \pi^2.$$

§. 90. **Aufgabe.** Es sei ABC (Fig. 31.) ein rechter Winkel, AB = a, BC = b; also $AC = \sqrt{a^2 + b^2}$, wofür r geschrieben werden soll, ACD sei ein gleichseitiges Dreieck und aus D sei mit r der Bogen AGC beschrieben, die ganze Ebene ABCG drehe sich um AB ganz herum. Es soll der Inhalt K des entstehenden Körpers (Traube ganz alter Geschütze) ausgemittelt werden.

Auflösung. Bezeichnet c^2 den Inhalt des Kreisabschnitts AGC, so ist, weil $\angle ADC = 60°$ ist,

$c^2 = \frac{1}{6} r^2 \pi - \frac{r^2 \sqrt{3}}{4} = \frac{r^2}{12} . [2\pi - 3\sqrt{3}]$; folglich, wenn F den Schwerpunct dieses Abschnitts vorstellt, $DF = \frac{r^3}{12 c^2}$ (§. 66.), also $EF = \frac{r^3}{12 c^2} - DE = \frac{r^3}{12 c^2} - \frac{r\sqrt{3}}{2}$; daher, wenn man FH normal auf AB, EK normal auf FH fällt, und EL ∦ FH ∦ CB zieht, FH = FK + KH $= FK + EL = \frac{AB . FE}{AC} + \frac{BC}{2} = \frac{a}{r} . \left[\frac{r^3}{12 c^2} - \frac{r\sqrt{3}}{2}\right] + \frac{b}{2}$; oder

$$FH = \frac{ar^2 - 6c^2 . (a\sqrt{3} - b)}{12 c^2} = \frac{2a - (2\pi - 3\sqrt{3})(a\sqrt{3} - b)}{24 c^2} (a^2 + b^2);$$

demnach der Inhalt des Körpers, welchen der Kreisabschnitt c^2 bei der Umdrehung um AB erzeugt,

$$= c^2 . 2\pi . FH = \frac{2a-(2\pi-3\sqrt{3})(a\sqrt{3}-b)}{12}(a^2+b^2)\pi.$$

Es ist aber der Körper, welchen das Dreieck ABC beschreibt $= \frac{b^2\pi a}{3}$; folglich

$$K = \frac{\pi}{12} . \left[4ab^2 + [2a-(2\pi-3\sqrt{3})(a\sqrt{3}-b)](a^2+b^2)\right].$$

Ist (wie gewöhnlich) $a = 6''$; $b = 2''$; so erhält man $K = 57,88\,C''$.

§. 91. **Aufgabe.** Es sei ABCD ein bei B und C rechtwinkliges Trapez (Fig. 32.), $BC = h$; $CD = a$; $BA = b$; also $AD = \sqrt{h^2+(a-b)^2}$ wofür d geschrieben werden soll; ferner sei $EA = ED = r$, und mit r aus E der Bogen AFD beschrieben; die Ebene BAFDC drehe sich um BC ganz herum, man soll den Cubic-Inhalt K des entstehenden Körpers (der Hohlkehle) berechnen.

Auflösung. Ist H der Schwerpunct des Kreisabschnitts AFDG, c^2 der Inhalt desselben, HM normal auf BC, so ist der Inhalt P des Körpers, den dieser Kreisabschnitt bei der Umdrehung um BC erzeugt, $= c^2 . 2\pi . HM$; bezeichnet nun α den halben Bogen-Winkel AED, so ist $c^2 = r^2(\alpha - \operatorname{Sin}\alpha \operatorname{Cos}\alpha)$; ferner $EH = \frac{2}{3} r \frac{\operatorname{Sin}\alpha^3}{\alpha - \operatorname{Sin}\alpha \operatorname{Cos}\alpha}$ (§. 66.); $EG = r \operatorname{Cos}\alpha$; also

$GH = \frac{2}{3} r \frac{\operatorname{Sin}\alpha^3}{\alpha - \operatorname{Sin}\alpha \operatorname{Cos}\alpha} - r \operatorname{Cos}\alpha$; und, wenn GN normal auf BC; HL normal auf GN genommen wird,

$GN = \frac{a+b}{2}$; $GL = \frac{GH . h}{d}$; folglich $HM = GN - GL$

$= \frac{a+b}{2} - \frac{h}{d} . \left[\frac{2}{3} r \frac{\operatorname{Sin}\alpha^3}{\alpha - \operatorname{Sin}\alpha \operatorname{Cos}\alpha} - r \operatorname{Cos}\alpha\right]$; daher

$$P = 2\pi . r^2 [\alpha - \mathrm{Sin}\,\alpha\,\mathrm{Cos}\,\alpha]\left[\frac{a+b}{2} - \frac{h}{d}\left(\frac{2r\,\mathrm{Sin}\,\alpha^3}{3[\alpha - \mathrm{Sin}\,\alpha\,\mathrm{Cos}\,\alpha]} - r\,\mathrm{Cos}\,\alpha\right)\right], \text{ oder}$$

$$P = 2\pi r^2 \left[\frac{a+b}{2} + \frac{hr}{d}\mathrm{Cos}\,\alpha\right][\alpha - \mathrm{Sin}\,\alpha\,\mathrm{Cos}\,\alpha] - \tfrac{4}{3}\pi\frac{h}{d}r^3\,\mathrm{Sin}\,\alpha^3;$$

in welcher Formel unter α der Bogen-Winkel zu verstehen ist, für welchen $r\,\mathrm{Sin}\,\alpha = \frac{d}{2}$ ist.

Weil nun das Trapez ABCD bei der Umdrehung um BC einen abgekürzten Kegel erzeugt, dessen Inhalt

$= \frac{\pi h}{3}[a^2 + b^2 + ab]$ ist, so hat man also

$$K = \frac{\pi h}{3}[a^2 + b^2 + ab] - P.$$

§. 92. Zusatz. Ist $r = d$; also $\alpha = \frac{30}{360}.2\pi = \frac{\pi}{6}$; $\mathrm{Sin}\,\alpha = \frac{1}{2}$; $\mathrm{Cos}\,\alpha = \frac{\sqrt{3}}{2}$; so erhält man

$$P = \frac{\pi}{12}[h^2 + (a-b)^2][(2\pi - 3\sqrt{3})(a+b) - (11 - 2\pi\sqrt{3})h],$$

und folglich

$$K = \frac{\pi h}{3}[a^2 + b^2 + ab]$$
$$- \frac{\pi}{12}[h^2 + (a-b)^2][(2\pi - 3\sqrt{3})(a+b) - (11 - 2\pi\sqrt{3})h].$$

§. 93. Aufgabe. Es sei ABCD (Fig. 33.) ein Trapez, die Winkel bei A und B rechte, CE = ED, CEG wie auch FED ein gleichseitiges Dreieck und Bogen CHE aus G, Bogen EID aus F beschrieben. Die Ebene ACHEIDB drehe sich um AB ganz herum; man soll den Inhalt K des entstehenden Körpers (Karnieß) bestimmen.

Auflösung. Ist X der Schwerpunct des Kreisabschnitts CHE, L der des Kreisabschnitts EID und XQ, so wie LW normal auf AB, so ist der Inhalt K des entstehenden Körpers = dem, des vom Trapez ABCD beschriebenen abgekürzten Kegels + CHE . 2π . XQ — EID . 2π . LW. Es sei AB = h; BD = a; AC = b; also CD $= \sqrt{h^2 + (a-b)^2}$, wofür 2r geschrieben werden soll, so ist der Kreisabschnitt CHE $= \left[\frac{\pi}{6} - \frac{\sqrt{3}}{4}\right] r^2 = \frac{2\pi - 3\sqrt{3}}{12} r^2$, und eben so groß ist der Kreisabschnitt EID; weil nun GX = FL $= \frac{2}{3} r . \frac{\text{Sin } 30^0}{\frac{\pi}{6} - \frac{\sqrt{3}}{4}} = \frac{r}{2\pi - 3\sqrt{3}}$; und GN = FM $= r \text{ Cos } 30^0 = r . \frac{\sqrt{3}}{2}$ ist, so hat man NX = ML $= \frac{r}{2\pi - 3\sqrt{3}} - \frac{r\sqrt{3}}{2} = \frac{11 - 2\pi\sqrt{3}}{2(2\pi - 3\sqrt{3})} . r$, folglich NR, MV normal auf AB und NS, LY normal auf XQ und MV gedacht, XS = MY = NX . $\frac{h}{2r} = \frac{h}{4} . \frac{11 - 2\pi\sqrt{3}}{2\pi - 3\sqrt{3}}$. Da ferner XQ = NR + XS und LW = MV — MY, so ist LW — XQ = MV — NR — 2MY, oder, da MV — NR $= \frac{a-b}{2}$ ist,

$$LW - XQ = \frac{a-b}{2} - \frac{h}{2} . \frac{11 - 2\pi\sqrt{3}}{2\pi - 3\sqrt{3}}.$$

Es ist also

$$K = \tfrac{1}{3}\pi h [a^2 + b^2 + ab] + CHE . 2\pi XQ - CHE . 2\pi LW$$
$$= \tfrac{1}{3}\pi h [a^2 + b^2 + ab] - 2\pi . CHE . [LW - XQ].$$
$$= \tfrac{1}{3}\pi h [a^2 + b^2 + ab]$$
$$- 2\pi . \frac{2\pi - 3\sqrt{3}}{12} . r^2 . \left[\frac{a-b}{2} - \frac{h}{2} . \frac{11 - 2\pi\sqrt{3}}{2\pi - 3\sqrt{3}}\right],$$

oder auch

$$K = \tfrac{1}{3}\pi h [a^2 + b^2 + ab] -$$
$$\frac{\pi}{48} [h^2 + (a-b)^2] . [(2\pi - 3\sqrt{3})(a-b) - (11 - 2\pi\sqrt{3}) h].$$

§. 94. **Aufgabe.** Es sei ABCE (Fig. 34.) ein Trapez, die Winkel bei B und C rechte, CED ein Quadrant, die ganze Ebene ABDE drehe sich um AB herum, man soll den Inhalt K des entstehenden Körpers bestimmen.

Auflösung. Ist AB=a; BC=b; CE=CD=c; N der Schwerpunct des Trapezes ABCE; F der des Quadranten ECD; so ist, FG normal auf EC, NM normal auf AB gedacht,

$$K = ABCE.2\pi.MN + ECD.2\pi[BC+FG]$$

$$= \frac{a+c}{2}.b.2\pi.\frac{b}{3}.\frac{a+2c}{a+c} + \frac{c^2\pi}{4}.2\pi.\left[b+\tfrac{2}{3}.\frac{2c}{\pi}\right];$$ oder

$$K = \frac{\pi}{6}.[2b^2(a+2c)+3bc^2\pi+4c^3].$$

Ist etwa c=a; b=2a; wie bei dem Boden der Seele, so entsteht

$$K = \frac{14+3\pi}{3}.\pi.a^3.$$

Für die sechspfündige Kanone ist a = 0,6″, und also K = 5,298 C″.

§. 95. Aufgabe. Es sei CAB (Fig. 35.) ein bei A rechtwinkliges Dreieck; ∠ ABD ein rechter und CBD ein Kreisausschnitt; die Ebene ABDC drehe sich um AB ganz herum; es soll der Inhalt K des entstehenden Körpers (Kessel einer Haubitze) ausgemittelt werden.

Auflösung. Ist AB = a; AC = b; E der Schwerpunct des Kreisausschnitts CBD, EF normal auf AB, so ist $K = \frac{b^2\pi a}{3} + CBD.2\pi.EF$. Es ist aber, wenn β den Winkel CBA; α den halben Bogenwinkel des Ausschnitts bezeichnet und r für $BC = \sqrt{a^2+b^2}$ geschrieben wird, $CBD = r^2\alpha$; $EB = \frac{2}{3}.r\frac{\sin\alpha}{\alpha}$; also $EF = EB\sin(\alpha+\beta) = \frac{2}{3}r\frac{\sin\alpha}{\alpha}\sin(\alpha+\beta)$; folglich

$$K = \frac{b^2\pi a}{3} + r^2\alpha . 2\pi . \tfrac{2}{3} r \frac{\mathrm{Sin}\,\alpha}{\alpha} . \mathrm{Sin}(\alpha+\beta)$$

$= \frac{\pi}{3}[ab^2 + 4r^3 \mathrm{Sin}\,\alpha\, \mathrm{Sin}(\alpha+\beta)]$. Da nun aber

$$4r^3 \mathrm{Sin}\,\alpha\, \mathrm{Sin}(\alpha+\beta)$$
$$= 4r^2 \mathrm{Sin}\,\alpha [\mathrm{Sin}\,\alpha . r\,\mathrm{Cos}\,\beta + \mathrm{Cos}\,\alpha . r\,\mathrm{Sin}\,\beta]$$
$$= 4r^2 \mathrm{Sin}\,\alpha [a\,\mathrm{Sin}\,\alpha + b\,\mathrm{Cos}\,\alpha]$$
$$= 2r^2 [a . 2\,\mathrm{Sin}\,\alpha^2 + b . 2\,\mathrm{Sin}\,\alpha\,\mathrm{Cos}\,\alpha]$$
$$= 2r^2 [a . (1 - \mathrm{Cos}\,2\alpha) + b\,\mathrm{Sin}\,2\alpha]$$
$$= 2r [ar - ar\,\mathrm{Cos}\,2\alpha + br\,\mathrm{Sin}\,2\alpha]$$
$$= 2r [ar - ar\,\mathrm{Sin}\,\beta + br\,\mathrm{Cos}\,\beta] = 2r[ar - ab + ab]$$

$= 2ar^2 = 2a[a^2 + b^2]$ ist, so folgt

$$K = \frac{\pi}{3}[ab^2 + 2a^3 + 2ab^2] = \frac{\pi a}{3}[2a^2 + 3b^2].$$

Anmerk. Man erhält die letzte Formel unmittelbar, also viel leichter, wenn man den Körper als körperliche Zone betrachtet. Die gewählte Darstellung ist bloß zur Uebung hier aufgenommen.

§. 96 Aufgabe. Die Seele oder innere Höhlung der Haubitze zu berechnen.

Auflösung. Es sei (Fig. 36.) die Tiefe der Kammer $AD = a$; ihr Halbmesser $NC = DE = r$; und die Abrundung von B bis C ein Quadrant, dem Halbmesser $\frac{r}{3}$ zugehörig; die Tiefe des Kessels $DF = b$; der Halbmesser $FE = FG = c$; der konische Theil an denselben habe die Tiefe $FI = d$; und den größeren Halbmesser $IH = k$; die Länge des Flugs IL sei $= h$; $LK = IH = k$; so ist der Cubic-Inhalt der Kammer nach §. 94.

$= \frac{14\varkappa + 3\pi}{3} . \pi . \left(\frac{r}{3}\right)^3 + r^2\pi . (a - \tfrac{1}{3}r)$; der des Kessels (nach §. 95.) $= \frac{\pi b}{3}[2b^2 + 3r^2]$; der des konischen Theils

=

$= \frac{1}{3}\pi . d[c^2 + k^2 + ck]$; und der des Flugs $= k^2\pi . h$; folglich der ganze Inhalt =

$$\frac{\pi}{27} \cdot [r^3\pi + 27ar^2 - \tfrac{13}{3}r^3 + 18b^3 + 27br^2 + 9d(c^2+k^2+ck) + 27k^2h].$$

Beispiel. Ist die Haubitze 7pfündig, so ist $a = 7{,}5''$; $r = 1{,}5''$; $b = 2{,}26''$; $c = 2{,}77''$; $d = 2''$; $k = 2{,}82''$; $h = 20{,}99''$; und man erhält den Inhalt $= 666{,}18\,C''$.

§. 97. Zusatz. Bei manchen Mörsern hat die Seele eine konische Kammer, wie Fig. 37., wenn man sich die Ebene um AB gedreht denkt. Bei der angedeuteten Bezeichnung ist der körperliche Inhalt =

$$\frac{14 + 3\pi}{3}\pi . \left(\frac{r}{3}\right)^3 + \tfrac{1}{3}\pi a[b^2 + r^2 + br] + \pi c . b^2.$$

Bei alten Mörsern ist das Mittelstück zuweilen nach Fig. 38. construirt, in welcher M der Mittelpunct zum Bogen CD ist. Ist nun $MC = MD = r$ gegeben, so wie die Längen a, b, h, c, so ist $CD = \sqrt{h^2 + (a+b-c)^2} = 2d$; und hieraus ergiebt sich dann auch der Bogenwinkel CMD $= 2\alpha$, aus $\mathrm{Sin}\,\alpha = \frac{d}{r}$; dreht sich nun die ganze Ebene ABCFDE um AE, so beschreibt das Rechteck ABLN einen Cylinder, dessen Inhalt $= b^2\pi . a$; der Quadrant BCL einen Körper, dessen Inhalt $= \frac{a^2\pi}{4} . 2\pi\left[b + \frac{2}{\pi} . \frac{2}{3}a\right]$; das bei N und E rechtwinklige Trapez NCDE einen abgekürzten Kegel, dessen Inhalt $= \frac{\pi h}{3}[(a+b)^2 + c^2 + (a+b)c]$; und der Kreisabschnitt CFD $= r^2(\alpha - \mathrm{Sin}\,\alpha\,\mathrm{Cos}\,\alpha)$, dessen Schwerpunct G in der Entfernung

$$\frac{a+b+c}{2} + \frac{h}{2d} . \left[\tfrac{2}{3}r\frac{\mathrm{Sin}\,\alpha^3}{\alpha - \mathrm{Sin}\,\alpha\,\mathrm{Cos}\,\alpha} - r\,\mathrm{Cos}\,\alpha\right]$$

von der Drehachse AE liegt, einen Körper, dessen Inhalt =

$$r^2[\alpha - \mathrm{Sin}\alpha\mathrm{Cos}\alpha].2\pi\left[\frac{a+b+c}{2} + \frac{hr}{2d}\left(\tfrac{2}{3}\frac{\mathrm{Sin}\,\alpha^3}{\alpha - \mathrm{Sin}\alpha\mathrm{Cos}\alpha} - \mathrm{Cos}\alpha\right)\right]$$

ist, und die Summe dieser 4 Körper giebt den gesammten Inhalt.

Ist wie gewöhnlich $MC = MD = r$ gleich $CD = 2d = \sqrt{h^2 + (a+b-c)^2}$; also der Winkel zum Bogen α gleich $30°$; so erhält man den gesammten Inhalt =

$$b^2 \pi a + \frac{a^2 \pi^2}{2}\left[b + \frac{4a}{3\pi}\right] + \frac{\pi h}{3}[(a+b)^2 + c^2 + (a+b)c] + \frac{\pi[h^2+(a+b-c)^2]}{12}.[(2\pi - 3\sqrt{3})(a+b+c)(11 - 2\pi\sqrt{3})h].$$

§. 98. **Aufgabe.** Den Inhalt des Kopfs einer Kanone zu berechnen.

Auflösung. Es sei (Fig. 39.) AE die Achse, $AB = a$; $BC = c$; $CD = d$; $DE = e$; die Halbmesser $AF = BG = b$; die Rundung über FG ein Halbkreis; $CH = DI = EK = h$; aus H mit $HI = d$ der Bogen IML; und aus dem in der Richtung von BG zu bestimmenden Punct N der Bogen GL beschrieben, so ist durch a, b, c, h, d und e der Inhalt des Kopfs, den die Ebene AFLKE bei der Umdrehung um AE erzeugt, zu bestimmen. Es bezeichne r den zuvörderst aufzusuchenden Halbmesser $NG = NL$; α den Bogenwinkel $GNL = LHM$; so ergiebt sich, wenn man sich die Normale aus H auf GN denkt, $[r+d]^2 = c^2 + (r+b-h)^2$; und hieraus

$$r = \frac{c^2 + (h-b)^2 - d^2}{2.[d+h-b]};$$ ferner, aus

$(r+d)\,\mathrm{Sin}\,\alpha = c$, $\mathrm{Sin}\,\alpha = \frac{c}{r+d}$; ist nun P der Schwerpunct des Kreisausschnitts GLN, PQ normal auf GN, so hat man $NP = \frac{2}{3} r . \frac{2.\,\mathrm{Sin}\,\frac{\alpha}{2}}{\alpha}$; also $NQ = NP\,\mathrm{Cos}\,\frac{\alpha}{2} = \frac{2}{3} r . \frac{\mathrm{Sin}\,\alpha}{\alpha}$; den Inhalt des Kreisausschnitts $= \frac{1}{2} r^2 \alpha$; folglich den Inhalt des Körpers, welchen der Kreisaus-

schnitt GNL bei der Umdrehung um AE beschreiben würde,
$= GLN \,.\, 2\pi \,.\, BQ = \frac{1}{2} r^2 \alpha \,.\, 2\pi \,.\left[b + r - \frac{2}{3} r \frac{\text{Sin}\,\alpha}{\alpha}\right]$
$= \pi r^2 [b+r]\alpha - \frac{2}{3}\pi r^3 \text{Sin}\,\alpha = \pi r^2 [b+r]\alpha - \frac{2}{3}\pi r^3 \,.\, \frac{c}{r+d}$;
und den des Körpers, welchen der Kreisausschnitt LHM bei der Umdrehung um AE erzeugt, eben so bestimmt, $=$
$\frac{1}{2} d^2 \alpha \,.\, 2\pi \,.\left[h + \frac{2}{3} d \frac{\text{Sin}\,\alpha}{\alpha}\right] = \pi d^2 h \alpha + \frac{2}{3}\pi d^3 \frac{c}{r+d}$;
folglich, weil der Körper, den das bei B und C rechtwinklige Trapez BCHN bei der Umdrehung um AE beschreiben würde, $= \frac{1}{3}\pi c[(b+r)^2 + h^2 + (b+r)h]$ ist, den Körper, welchen BGLMC drehend um BC hervorbringt,

$$= \frac{1}{3}\pi c[(b+r)^2 + h^2 + (b+r)h] + \pi d^2 h \alpha + \frac{2}{3}\pi d^3 \,.\, \frac{c}{r+d} - \left[\pi r^2 (b+r)\alpha - \frac{2}{3}\pi r^3 \frac{c}{r+d}\right]$$

$$= \frac{\pi c}{3}[(b+r)^2 + h^2 + (b+r)h + 2r^2 - 2rd + 2d^2] - \pi\alpha[r^2(b+r) - d^2 h].$$

Es ist aber der Körper, welchen AFRGB drehend um AB erzeugt,
$= \pi b^2 a + \frac{a^2 \pi}{8} \,.\, 2\pi\left[b + \frac{2}{3\pi} a\right] = \pi b^2 a + \frac{\pi^2 a^2 b}{4} + \frac{a^3 \pi}{6}$;
der, welchen CHKE beschreibt, $= \pi h^2 [d+e]$; und der, welchen der Quadrant IHM bildet, $=$

$$\frac{d^2 \pi}{4} \,.\, 2\pi \,.\left[h + \frac{4}{3\pi} d\right] = \frac{\pi^2 d^2 h}{2} + \frac{2 d^3 \pi}{2};$$

folglich, der Inhalt des ganzen Kopfes, wenn man die Summe bildet $=$

$$\frac{\pi}{12} \,.\left[12ab^2 + 2a^3 + 12h^2(d+e) + 8d^3 + 3\pi(a^2 b + 2d^2 h) + 4c[(b+r)^2 + h^2 + (b+r)h + 2r^2 - 2rd + 2d^2] - 12\alpha[r^2(b+r) - d^2 h]\right].$$

Beispiel. Für die 6pfündige Kanone ist $a = 0,5''$; $c = 5,8''$; $d = 0,5''$; $e = 0,2''$; $b = 3,15''$; $h = 3,5''$; also

$r = \frac{33,5125}{1,7} = 19,713''$; $\text{Sin}\,\alpha = \frac{5,8}{19,713 + 0,5} = 0,286944\ldots$ und hierzu der Winkel $= 16^\circ\,40'$; folglich $\alpha = \frac{16\frac{2}{3}}{360} . 2 . \pi$ $= \frac{5\pi}{54} = 0,29088\ldots$, und nun giebt die Formel den Inhalt $= 270,07\,\text{C}''$.

§. 99. Zusatz. Bei älteren Geschützen ist GM eine gerade Linie, und für diesen einfachen Fall, der Inhalt

$$= \frac{\pi}{12} . \left[12ab^2 + 2a^3 + 12h^2(d+e) + 8d^3 + 3\pi(a^2b + 2d^2h) + 4c[(h+d)^2 + b^2 + (h+d)b]\right].$$

§. 100. Aufgabe. Es sei ABCD ein rechtwinkliges Parallelogramm (Fig. 40.), AC ein parabolischer Bogen, A sein Scheitelpunct, AB $= b$ seine Achse, BC $= h$; man soll die Schwerpuncte E, F der beiden Ebenen ACB und ACD bestimmen.

Auflösung. Ist EG normal auf AB, EH auf AD, FK auf CD und FI auf AD, so hat man:

1) den Körper, welchen ABC bei der ganzen Umdrehung um AB beschreibt, = dem Inhalt der Ebene ABC multiplicirt mit 2π.GE; oder (§. 75. und 76. II. Bd.)

$$\frac{h^2\pi . b}{2} = \tfrac{2}{3}bh . 2\pi . \text{GE}; \text{ also } \text{GE} = \tfrac{3}{8} . \text{BC}.$$

2) Den Körper, welchen ADC drehend um CD erzeugt, gleich der Ebene ACD multiplicirt mit 2π.KF; oder (§. 75. und 77. II. Bd.)

$$\frac{h^2\pi b}{6} = \tfrac{1}{3}bh . 2\pi . \text{KF}; \text{ also } \text{KF} = \tfrac{1}{4}\text{DA}.$$

3) Den Körper, welchen ACD bei der Drehung um AD hervorbringt, = Ebene ACD mal 2π.IF; oder (§. 75. und 78. II. Bd.)

$$\frac{b^2\pi h}{5} = \frac{bh}{3} . 2\pi . \text{IF} \text{ und hieraus } \text{IF} = \tfrac{3}{10} . \text{DC}.$$

4) Zur Bestimmung von EH die statische Gleichung $ABCD.\frac{b}{2} = ABC.EH + ACD.IF$; oder $bh.\frac{b}{2} = \frac{2}{3}bh.EH + \frac{1}{3}bh.\frac{3}{10}b$ und hieraus $EH = \frac{3}{5}AB$.

§. 101. Zusatz. Ist L der Schwerpunct des von dem Bogen AC und der Sehne AC begrenzten parabolischen Abschnitts, LM normal auf AB, LN auf BC, so bestimmen sich LM und LN aus den statischen Gleichungen,

$\frac{2}{3}bh.EG = (\frac{2}{3}bh - \frac{1}{2}bh).LM + \frac{1}{2}bh.\frac{h}{3}$; und

$\frac{2}{3}bh.(b - EH) = (\frac{2}{3}bh - \frac{1}{2}bh).LN + \frac{1}{2}bh.\frac{b}{3}$; nemlich

$$LM = \frac{1}{2}BC;\ LN = \frac{3}{5}.BA.$$

Soll der Körper bestimmt werden, den die parabolische Ebene ABC bei der Umdrehung um BC erzeugt, so hat man denselben nun auch $= \frac{2}{3}bh.2\pi.\frac{2}{5}.b = \frac{8}{15}b^2\pi h$.

§. 102. Aufgabe. Es sei BAC (Fig. 41.) ein elliptischer Quadrant, $AB = a$; $AC = c$; E der Schwerpunct dieses Quadranten, EF normal auf a, EG auf c, man soll EF und EG bestimmen.

Auflösung. Nach (§. 99. II. Bd.) hat man

$$\frac{ac\pi}{4}.2\pi.EF = \frac{2}{3}ac^2\pi \text{ und}$$

$$\frac{ac\pi}{4}.2\pi.EG = \frac{2}{3}ca^2\pi; \text{ also}$$

$$EF = \frac{4}{3\pi}c;\ EG = \frac{4}{3\pi}a.$$

Des zweiten Abschnitts drittes Kapitel.

Vom materiellen Hebel.

§. 103. Erklärung. Wirken Kräfte auf einen schweren Körper, der ihren Einwirkungen gemäß eine dre=

hende Bewegung annehmen könnte, so heißt derselbe ein **materieller Hebel**. Die Lage der Kräfte bestimmt, in welches Kapitel der Statik die Aufgabe gehört, und der einzige Unterschied zwischen dem mathematischen und materiellen Hebel liegt darinnen, daß **letzterer vermöge seines Gewichts selbst zugleich eine Kraft darstellt**, die in den Gleichungen mit aufzunehmen ist. Diese Aufnahme erfolgt ganz nach dem Kapitel vom Schwerpunct, als Durchschnittspunct der Richtungen aller mittleren Kräfte für jede Lage des schweren Hebels, **indem man sich denselben als mathematisch vorstellt, und sein Gewicht sich in seinem Schwerpunct vereint denkt.** Hieraus erhellet die Wichtigkeit der Lehre vom Schwerpunct.

§. 104. **Aufgabe.** Ein prismatischer Körper, etwa ein normales Parallelepipedum (ein Balken), wiegt P Pfunde und liegt in horizontaler Lage seiner Seitenkanten an seinen beiden Enden auf Unterlagen. Er wird von den lothrecht thätigen Kräften Q, R in bestimmten Puncten ergriffen; man soll bestimmen, welchen Druck jede der beiden Unterlagen auszuhalten hat.

Auflösung. Ist (Fig. 42.) AB der Balken, AB $=2a$; also AD$=a$ (§. 69.); ferner AC$=b$; AE$=c$; und bezeichnen x, y die gesuchten Drucke auf A und B, so denke man sich die gleichgroßen Gegenwirkungen in A und B thätig, so daß also die Kräfte Q, P, R, x, y als in einer Ebene parallel untereinander Gleichgewicht erhaltende Kräfte erscheinen, so hat man nach dem 1sten Kap. des ersten Abschnitts die beiden Gleichungen

$$x + y = Q + P + R \text{ und}$$

$$Qb + Pa + Rc = y.2a; \text{ woraus}$$

$$y = \frac{Qb + Pa + Rc}{2a} \text{ und } x = \frac{R(2a-c) + Pa + Q(2a-b)}{2a}$$

folgt.

§. 105. Aufgabe. Wenn in der vorigen Aufgabe die Unterlagen in A und B weggenommen werden, an welcher Stelle muß dann ein Unterzug angebracht werden, um das Gleichgewicht zu erhalten?

Auflösung. Setzt man die Entfernung von A bis zur gesuchten Stelle $= x$; die Einwirkung auf den Unterzug $= y$, und denkt sich die Gegenwirkung y, so hat man

$$y = P + Q + R \text{ und}$$

$$yx = Q.b + Pa + Rc; \text{ also}$$

$$x = \frac{Qb + Pa + Rc}{P + Q + R}.$$

§. 106. Aufgabe. Ein Balken liegt in horizontaler Lage an seinem einen Ende auf einer Unterlage, und wird in der Entfernung a von derselben, durch eine Kraft Q lothrecht niederwirkend, ergriffen; jeder laufende Fuß des Balkens wiege p Pfunde, wie lang muß derselbe sein, damit die an seinem andern Endpunct lothrecht nach oben thätige Kraft R mit seinem Gewicht und mit Q Gleichgewicht erhält.

Auflösung. Es bezeichne x die gesuchte Länge, y die Einwirkung auf die Unterlage, so sind a und x in Fußen, Q, p und R in Pfunden verstanden, die Gleichungen

$$R + y = Q + px \text{ und}$$

$$Qa + px.\frac{x}{2} = Rx; \text{ man erhält aus ihnen}$$

$$x = \frac{R \pm \sqrt{R^2 - 2apQ}}{p} \text{ und}$$

$$y = Q \pm \sqrt{R^2 - 2apQ}.$$

§. 107. Zusatz. Die Resultate der vorigen Aufgabe sind nur möglich, wenn $R^2 > 2apQ$ mindestens

$R^2 = 2apQ$ ist. Ist $R^2 > 2apQ$, so erhält man zwei Werthe für x, welche beide der Aufgabe genügen, ist $R^2 = 2apQ$, so wird $x = \frac{R}{p}$, $y = Q$.

§. 108. **Aufgabe.** Ein dreiseitiges gleichförmig dichtes normales Prismen hat das Gewicht Q; es ruht mit den 3 Eckpuncten seiner einen Grundebene auf dreien in einer horizontalen Ebene liegenden Unterlagen; welchen Druck hat jede derselben auszuhalten, wenn dies Prismen an einer gegebenen Stelle noch von einem Gewicht R belastet ist.

Auflösung. Ist (Fig. 43.) D der Punct in der untern Grundebene ABC, in welchem sie von der lothrechten Linie durch den Schwerpunct des Prismens geschnitten wird, F derjenige Punct in ABC, in welchem ABC von der lothrechten Richtung durch den Schwerpunct von R durchschnitten wird; DK, FG normal auf AB; FH, DN normal auf BC; $FG = d$; $FH = h$; die Einwirkungen auf A, B, C gleich x, y, z; die Höhe von A auf $BC = k$; von C auf $AB = n$; so hat man unter x, y, z die ihnen gleichen, fürs Gleichgewicht erforderlichen Gegenwirkungen verstanden, nach dem 2ten Kapitel des 1sten Abschnitts, die 3 Gleichungen:

$$x + y + z = Q + R,$$

$$x.k = Q.\frac{k}{3} + R.h,$$

$$z.n = Q.\frac{n}{3} + R.d \text{ und hieraus}$$

$$x = \frac{Q}{3} + \frac{h}{k}R; \; z = \frac{Q}{3} + \frac{d}{n}.R;$$

$$y = Q + R - x - z.$$

§. 109. **Aufgabe.** Ein prismatischer Körper AB (Fig. 44.) vom Gewicht Q hat gegen den Horizont die

Neigung α, und ist in **A** unterstützt; in **C** wird er durch eine Strebe nach der Richtung **FC** gehalten. Welche Wirkungen entspringen aus Q, und wie groß sind sie?

Auflösung. Aus Q entspringt eine Wirkung z nach der Richtung CF; ein horizontaler Schub x in **A** und ebenfalls in **A** eine lothrechte Wirkung y; denkt man sich die Gegenwirkungen angebracht, so sollen x, y, z mit Q Gleichgewicht halten. Wird **AD** durch a; **AC** durch b; $\angle$ BCF durch β ausgedrückt, so liefert das 3te Kapitel des ersten Abschnitts die 3 Gleichungen

$$x = z \operatorname{Cos}(\beta - \alpha),$$

$$y + z \operatorname{Sin}(\beta - \alpha) = Q, \text{ und}$$

$$Q a \operatorname{Cos} \alpha = z . b \operatorname{Sin} \beta.$$

Die ersten beiden sind nach dem Prinzip der virtuellen Geschwindigkeiten in Beziehung auf ein gedachtes horizontales und dann ein lothrechtes Fortschreiten gebildet, wobei der bequemeren Ansicht wegen z in seine lothrechte und horizontale Seitenkräfte zerlegt angesehen werden kann. Die 3te enthält die Momente in Beziehung auf **A**, und bei ihrer Bildung ist es leichter, die Mittelkraft z selbst als thätig zu betrachten.

Aus diesen Gleichungen erhält man

$$z = \frac{Q a \operatorname{Cos} \alpha}{b \operatorname{Sin} \beta}; \quad x = \frac{Q a \operatorname{Cos} \alpha \operatorname{Cos}(\beta - \alpha)}{b \operatorname{Sin} \beta};$$

$$y = Q - \frac{Q a \operatorname{Cos} \alpha \operatorname{Sin}(\beta - \alpha)}{b \operatorname{Sin} \beta}.$$

Ist $\beta = 90°$, so wird $z = \frac{Q a \operatorname{Cos} \alpha}{b}$; $x = \frac{Q a \operatorname{Cos} \alpha \operatorname{Sin} \alpha}{b}$; $y = Q - \frac{Q a \operatorname{Cos} \alpha^2}{b}$.

Ist $\beta = 90°$ und $b = a$, so wird $z = Q \operatorname{Cos} \alpha$; $x = \frac{1}{2} Q \operatorname{Sin} 2\alpha$; $y = Q \operatorname{Sin} \alpha^2$.

Ist $\beta = \alpha$; $b = 2a$; so entsteht $z = x = \frac{1}{2} Q \operatorname{Cotg} \alpha$ und $y = Q$ (wie in §. 49.).

§. 110. Aufgabe. Zwischen zweien sich in einer Horizontallinie schneidenden Ebenen, von welchen die eine unverrückbar fest, die andere aber um die erwähnte Horizontallinie drehend beweglich ist, liegt eine Kugel vom Gewicht Q; man soll die Größe x der Kraft bestimmen, welche die bewegliche Ebene, in gegebener Lage beider, halten muß.

Auflösung. Durch den Mittelpunct, also auch Schwerpunct der Kugel, lege man eine Vertical-Ebene normal durch die erwähnte Drehachse. Es stelle Fig. 45. diese Ebene vor; A ihren Durchschnittspunct mit der Drehachse; M den Mittelpunct der Kugel; AB die Durchschnittslinie mit der festen, AC die mit der um A beweglichen Ebene; jene bilde mit der Verticale AD durch A den Winkel α, diese den β; AC sei $= a$; C der Angriffspunct der Kraft x; und ihre in dieser Ebene der Figur liegende Richtung CG bilde mit AC in C den Winkel γ; der Halbmesser der Kugel sei $= r$, und F, K sollen ihre Berührungspuncte mit den Ebenen AC und AB also die Stellen sein, in welche die aus Q entspringenden Seitenwirkungen sich äußern.

Man bilde das Parallelogramm der Kräfte MLHN, so verhält sich, weil $\angle \mathrm{HMN} = 90 - \alpha$; $\mathrm{HML} = 90 - \beta$; also $\mathrm{MLH} = \alpha + \beta$ ist, $\mathrm{MH} : \mathrm{ML} = \operatorname{Sin}(\alpha + \beta) : \operatorname{Cos} \alpha$; und daher, wenn die Wirkung aus Q auf AC nach der Richtung MF durch y ausgedrückt wird,

$$Q : y = \operatorname{Sin}(\alpha + \beta) : \operatorname{Cos} \alpha; \text{ woraus}$$

$$y = \frac{Q \operatorname{Cos} \alpha}{\operatorname{Sin}(\alpha + \beta)} \text{ folgt.}$$

Die bewegliche Ebene kann nun, der Voraussetzung gemäß, nur die drehende Bewegung um die Achse durch A, aber keine andere annehmen, und man hat daher nach §. 29., weil Winkel MFA ein rechter, folglich AF der Hebelsarm von y ist, die Gleichung

$$x \cdot a \operatorname{Sin}\gamma = \frac{Q \operatorname{Cos}\alpha}{\operatorname{Sin}(\alpha+\beta)} \cdot AF;$$

oder, da $AF = r \operatorname{Cotg}\frac{\alpha+\beta}{2}$ ist,

$$x\, a \operatorname{Sin}\gamma = \frac{Q \operatorname{Cos}\alpha}{\operatorname{Sin}(\alpha+\beta)} \cdot r \operatorname{Cotg}\frac{\alpha+\beta}{2};$$ und hieraus

$$x = \frac{Qr}{2a} \cdot \frac{\operatorname{Cos}\alpha}{\operatorname{Sin}\gamma \cdot \left(\operatorname{Sin}\frac{\alpha+\beta}{2}\right)^2}.$$

Beispiele. 1) Ist $\beta = \alpha$, so entsteht

$$x = \frac{Qr}{2a} \cdot \frac{\operatorname{Cos}\alpha}{\operatorname{Sin}\gamma \operatorname{Sin}\alpha^2}.$$

2) Ist $\beta = \alpha$ und $\gamma = 90 - \beta = 90 - \alpha$, also CG horizontal, so wird

$$x = \frac{Qr}{2a \operatorname{Sin}\alpha^2}.$$

3) Ist $\beta = \alpha$ und $\gamma = 90°$, so wird

$$x = \frac{Qr}{2a} \cdot \frac{\operatorname{Cos}\alpha}{\operatorname{Sin}\alpha^2}.$$

§. 111. Aufgabe. Es stelle AB (Fig. 46.) den lothrechten Durchschnitt eines Körpers durch seinen Schwerpunct C vor, und lothrecht über denselben befinde sich, wenn AB horizontal gedacht wird, in der Entfernung CD = e, in D eine horizontale, normal durch AB zu denkende Achse, um welche AB drehbar ist; D sei zugleich die Mitte von AB und AD = DB = a; in F und G lothrecht unter A und B, in gleichen Entfernungen AF = BG = b stelle man sich Aufhängepuncte vor, und in diesen gleiche Gewichte R angehängt. Wenn nun in einem dieser Puncte, etwa in

G, noch eine Gewichtszulage Q angehängt wird, so soll bestimmt werden, für welche Lage des schweren Körpers AB ein Gleichgewicht unter den Kräften eintritt.

Auflösung. Bezeichnet $F^1A^1B^1G^1$ die gesuchte Lage, x den Winkel $BDB^1 = CDC^1$, W das Gewicht des Körpers AB, so ist derjenige Winkel x der gesuchte, für welchen in Beziehung auf die Drehachse durch D die Summe der Momente von R in F^1 und W in C^1 dem Moment von R + Q in G^1 gleich wird. Es ist aber der Hebelsarm von R in F^1 gleich $a \operatorname{Cos} x + b \operatorname{Sin} x$; der von W in $C^1 = e \operatorname{Sin} x$ und der von R + Q in $G^1 = a \operatorname{Cos} x - b \operatorname{Sin} x$, folglich die Bedingungsgleichung

$$R[a \operatorname{Cos} x + b \operatorname{Sin} x] + W . e \operatorname{Sin} x = [R + Q][a \operatorname{Cos} x - b \operatorname{Sin} x],$$

und hieraus folgt, wenn man diese Gleichung zuvor mit Cos x dividirt,

$$\operatorname{Tg} x = \frac{aQ}{(2R + Q)b + We}.$$

§. 112. Zusatz. Der vorige §. enthält die ganze Theorie der sogenannten Krämer-Wage. Es erhellet aus der Endformel $\operatorname{Tg} x = \frac{aQ}{(2R + Q)b + We}$, daß eine solche Wage an Empfindlichkeit gewinnt, wenn a möglichst groß, W möglichst klein, und auch b und e möglichst klein gemacht werden. Man kann auch b oder e, aber nicht beide zugleich, gleich Null nehmen, denn für $b = 0$ und zugleich auch $e = 0$ würde für jeden Werth von Q; $x = 90°$ werden. Für $b = 0$ wird $\operatorname{Tg} x = \frac{aQ}{We}$, und eine so eingerichtete Wage bleibt gleich empfindlich, d. h. sie giebt zum Uebergewicht Q immer denselben Ausschlag, es mögen schon große oder nur geringe gleiche Lasten R in beiden Wagschalen liegen.

§. 113. Aufgabe. Eine Krämer-Wage, welche unbelastet richtig einspielt, ist dadurch unrichtig, daß die Drehachse nicht in der Mitte des Wagebalkens liegt. Man soll durch sie dennoch das richtige Gewicht y eines Körpers A bestimmen.

Auflösung. Bezeichnen a, b die nicht wohl meßbaren Längen der Arme des Wagebalkens rechts und links der Drehachse, und bedarf man rechts das Gegengewicht Q, wenn A in der Wageschale links liegt; links aber das Gegengewicht P, wenn A in der Wageschale rechts liegt; um jedesmal für eine horizontale Lage des Wagebalken das Gleichgewicht herzustellen, so ist im ersten Fall $y.b = Qa$, im zweiten aber $y.a = Pb$, und das Product beider Gleichungen giebt

$$y^2 = PQ; \text{ also } y = \sqrt{PQ}.$$

§. 114. Aufgabe. Es sei AB (Fig. 47.) der lothrechte Durchschnitt eines Körpers durch seinen Schwerpunct, welcher in der Entfernung b von A liegen mag; die Linie AB sei horizontal; in dem Punct D dieser Linie, für welchen $AD = c$ ist, befinde sich eine horizontale, normal durch D zu denkende Achse, um welche der Körper AB drehbar ist; in A hänge lothrecht herab ein Gewicht Q; das Gewicht des Körpers AB selbst sei $= R$; in welcher Entfernung x von A muß ein bestimmtes Gewicht P angebracht werden, damit keine Drehung erfolgt, sondern Gleichgewicht statt findet.

Auflösung. Die nöthige Gegenwirkung in D ist $= Q + R + P$, und nimmt man die Momente nun in Beziehung auf A, so entsteht die Gleichung:

$$Px + Rb = [Q + R + P]c, \text{ und hieraus}$$

$$x = c + \frac{c - b}{P}.R + \frac{c}{P}Q.$$

§. 115. Zusatz. Aus der gefundenen Formel

$$x = c + \frac{(c - b R)}{P} + \frac{c Q}{P}$$

folgt, wenn $x' \, x'' \, x'''$ u. s. w. die erforderlichen Entfernungen bezeichnen, welche genommen werden müssen, wenn 2 Q, 3 Q, 4 Q u. s. w. in A hängen,

$$x' = c + \frac{(c - b) R}{P} + \frac{2 c Q}{P},$$

$$x'' = c + \frac{(c - b) R}{P} + \frac{3 c Q}{P},$$

$$x''' = c + \frac{(c - b) R}{P} + \frac{4 c Q}{P}$$

u. s. w.

und folglich ist $x' - x = x'' - x' = x''' - x'' =$ u. s. w. $= \frac{c Q}{P}$.

§. 116. Zusatz. Die beiden vorigen §§. enthalten die Theorie der Schnellwage, und es erhellet insbesondere aus §. 115., daß die Theile auf DB zu den Lasten Q, 2Q, 3Q u. s. w. in A, alle einander gleich werden müssen. Ist z. B. N die Stelle, wo P hängen muß, wenn in A ein Pfund; M die, wo P fürs Gleichgewicht anzubringen ist, wenn in A ein Gewicht von 50 Pfund wirkt, so theile man die gerade Linie NM in 49 gleiche Theile, bemerke die Zahl 1 in N, die 2 im folgenden Theilpunct u. s. w., so wird, wenn P im 28sten Theilpunct hängen muß, um Gleichgewicht mit einer dem Gewicht nach unbekannten Last in A, für die horizontale Lage des Wagebalkens AB zu halten, das Gewicht dieser Last = 28 Pfund sein.

Des zweiten Abschnitts viertes Kapitel.

Von der Stabilität und der Stärke der Widerlager.

§. 117. Erklärung. Wenn ein schwerer fester Körper auf einer Fläche ruht, und es wirken Kräfte oder auch nur eine Kraft auf ihn, mit dem Bestreben, diesen Körper um irgend eine Achse zu drehen, welchem Bestreben das Gewicht des Körpers entgegenwirkt, so heißt das Moment dieses Gewichts in Beziehung auf die erwähnte Achse, die Stabilität des Körpers in Beziehung auf diese Achse. Ruht z. B. ein normales Parallelepipedum vom Gewicht Q und den Abmessungen a, b, c, mit einer seiner Begrenzungsebenen a . b auf einer Horizontalebene E, so ist seine Stabilität in Beziehung auf die Kante a, die auf E aufliegt $= Q \cdot \frac{b}{2}$, und in Beziehung auf die auf E liegende Kante b als Achse, $= Q \cdot \frac{a}{2}$, liegt er mit der Ebene bc auf E, und wollen ihn Kräfte drehend um die in E liegende Kante b drehen, so ist seine Stabilität $= Q \cdot \frac{c}{2}$ u. s. w.

§. 118. Aufgabe. Die Stabilitäten verschiedener auf einer horizontalen Ebene stehender Körper anzugeben.

Auflösung. In allen folgenden Fällen bezeichne p das Gewicht der Cubic-Einheit.

I) Der Körper sei ein normales 3seitiges Prismen, dessen Grundebenen rechtwinklige Dreiecke sind, a und h bezeichnen die Catheten desselben, b die Höhe des Prismens, dasselbe stehe auf dem rechtwinkligen Parallelogramm ab

(Fig. 48.), und werde zu drehender Bewegung um die Kante AB gereizt, man soll die Stabilität desselben in Beziehung auf AB = b bestimmen. Es ist das Gewicht des Körpers $= \frac{abh}{2} p$, der Hebelsarm desselben $= \frac{2}{3} a$, also die Stabilität $= \frac{a^2 bhp}{3}$.

II) In Beziehung auf die Kante CD als Drehachse erhält man die Stabilität $= \frac{abh}{2} p \cdot \frac{a}{3} = \frac{a^2 bhp}{6}$, also nur halb so groß.

III) Die Stabilität einer Mauer anzugeben, welche auf der dem Druck entgegengesetzten Seite dossirt ist (Fig. 49.). Stellt (Fig. 49.) den Durchschnitt der Mauer, normal auf die Längenkanten, durch den Schwerpunct derselben vor, so ist die Kante durch A diejenige, um welche der Druck die Mauer drehend zu bewegen strebt. Bezeichnet nun h ihre Höhe, b ihre Stärke, a die Auslage und c die Länge, so ist, in Beziehung auf die Kante durch A, die Stabilität der Dossirung $= \frac{ach}{2} p \cdot \frac{2}{3} a$, und die des parallelepipedischen Theils BCDE $= bhcp \cdot \left[a + \frac{b}{2}\right]$, folglich die verlangte Stabilität $= \frac{bcp}{6} [2a^2 + 6ab + 3b^2]$.

IV) Wirkt der Druck so, daß er Bestreben zum Umwerfen um die Kante durch C äußert, so ist die Stabilität der Dossirung $= \frac{ach}{2} p \cdot \left[\frac{a}{3} + b\right]$, die von BCDE $=$ $bhcp \cdot \frac{b}{2}$, also die gesammte Stabilität $=$ $\frac{hcp}{6} [a^2 + 3ab + 3b^2]$.

V) Ist die Mauer auf beiden Seiten dossirt, wie in Fig. 50., welche den lothrechten Durchschnitt durch ihren Schwerpunct normal auf die Längenkanten c darstellt, so

ist

ist in Beziehung auf die Kante c durch A die Stabilität

$$=\frac{ahc}{2}p\,.\,\tfrac{2}{3}a+bhcp\,.\left[a+\frac{b}{2}\right]+\frac{ehc}{2}p\,.\left[a+b+\frac{e}{3}\right].$$

VI) Ist die Stabilität eines normalen Pfeilers von der Höhe h, dessen Grundebene ein Trapez ist, von den parallelen Seiten a, b und der Höhe c, in Beziehung auf die Umdrehungskante a zu bestimmen, so hat man

das Gewicht $=\frac{a+b}{2}\,.\,c\,.\,hp$;

den Hebelsarm $=\frac{c}{3}\,.\,\frac{a+2b}{a+b}$ (§. 61.); folglich

die Stabilität $=\frac{c^2hp}{6}(a+2b)$.

In Beziehung auf die Kante b ist sie $=\frac{c^2hp}{6}\,.\,[b+2a]$.

§. 119. Aufgabe. Mauern von einerlei Matérial bei einerlei Höhe und Länge widerstehen denselben Druck, haben also dasselbe Widerstands=Moment oder dieselbe Stabilität, sind aber der Form nach verschieden, zu beiden Seiten lothrecht, dossirt, mit Banquets versehen, oder auch mit Pfeilern u. s. w., die Verstärkungen durchaus auf der Seite gedacht, auf welcher der Druck, welcher auf Umwerfung wirkt, thätig ist (wie dies bei Festungswerken der Fall ist). Man soll das Verhältniß des Volumens bestimmen, also angeben, welche dieser Formen bei einerlei Stabilität mehr oder weniger Material erfordert.

Auflösung. Bezeichnet p das Gewicht der Cubic-Einheit der Materie, h die Höhe, l die Länge, W die Stabilität, so ist:

I) für eine zu beiden Seiten lothrechte Mauer, wenn b ihre Stärke ausdrückt,

$$W=bhlp\,.\,\frac{b}{2};\ \text{das Volumen}=bhl;$$

II) für eine auf der Seite des Drucks dossirte Mauer, die Stärke = a, die Auslage = $\frac{1}{n}$ der Höhe genommen, wenn g das Gewicht einer Cubic-Einheit der drückenden Erde bezeichnet,

$$W = ahlp.\frac{a}{2} + \frac{h^2}{2n} lp.\left[a + \frac{h}{3n}\right] + \frac{h^2}{2n} lg\left[a + \frac{2h}{3n}\right];$$

das Volumen $= ahl + \frac{h^2}{2n}.l.$

III) für eine Mauer mit etwa 2 Banquets auf der Seite des Drucks, das erste von der Höhe $\frac{2}{3}h$, das 2te $\frac{1}{3}h$ hoch, jedes von der Stärke c, die Stärke der Mauer selbst = d,

$$W = dhlp.\frac{d}{2} + \tfrac{2}{3}hclp.\left[d + \frac{c}{2}\right] + \tfrac{1}{3}hclp[d + \tfrac{3}{2}c]$$

$$+ \tfrac{1}{3}hclg\left[d + \frac{c}{2}\right] + \tfrac{2}{3}hclg.[d + \tfrac{3}{2}c];$$

das Volumen $= dhl + \frac{2}{3}hcl + \frac{1}{3}hcl = (d + c)hl.$

IV) für eine Mauer mit Pfeilern von der Gestalt normaler Parallelepipeden auf der Seite des Drucks, die Pfeiler von Mitte zu Mitte in der Entfernung l, ihre Stärke = k, ihre Breite = e, die Stärke der Mauer selbst = r gesetzt,

$$W = rhlp.\frac{r}{2} + ekhp.\left[r + \frac{k}{2}\right];$$

das Volumen $= rlh + ekh.$

Nimmt man nun für b in I. einen den Erfahrungen oder der Theorie des Erddrucks entsprechenden Werth an, wählt für jeden der übrigen zu vergleichende Fälle sämmtliche Abmessungen bis auf eine, zwar willkührlich, aber doch Erfahrungen angemessen, bestimmt dann die eine fehlende aus der Bedingung der gleichen Stabilität, und setzt den gefundenen Werth, so wie die gewählten in dem Ausdruck fürs Volumen, so erhält man das verlangte Verhältniß, und kann dann beurtheilen, welche Form bei derselben Stabilität das wenigste Material erfordert.

Es sei z. B. $h = 12$ Fuß, $l = 24'$, $p = 120$ Pfund, $g = 80$ Pfund, $b = \frac{1}{2}h = 6$ Fuß, so ist

für I) $W = 6 . 12 . 24 . 120 . 3$; und das Volumen

$$= 6 . 12 . 24 = 1728 \text{ Cubicfuß.}$$

Wird nun

für II) $n = 6$ festgesetzt, so ist

$$W = a . 12 . 24 . 120 . \frac{a}{2} + \frac{12^2}{2.6} . 24 . 120 \left[a + \frac{12}{3.6}\right] + \frac{12^2}{2.6} . 24 . 80 . \left[a + \frac{2.12}{3.6}\right],$$

und setzt man nun diesen Ausdruck $= 6 . 12 . 24 . 120 . 3$ als Größe der Stabilität in I., so erhält man aus dieser Gleichung

$$a = \frac{-5 + \sqrt{321}}{3} = 4{,}3055;$$

und dann das zugehörige Volumen $= 1528\,C'$ beinahe.

Setzt man dann

für III) $c = 2$ Fuß, so erhält man aus der Gleichsetzung der Werthe von W in I. und III.

$$d = \frac{-10 + \sqrt{308}}{3} = 2{,}5166,$$

und dann das zugehörige Volumen $= 1300{,}78\,C'$.

Wird endlich

für IV) $k = 5'$, $e = 4'$ gewählt, so ergiebt sich aus der Gleichsetzung der Stabilität mit der in I.

$$r = \frac{-5 + \sqrt{1171}}{6} = 4{,}87$$

beinahe, und dann das zugehörige Volumen $= 1642{,}56\,C'$. Hier wäre also die Mauer III. die zweckmäßigste.

Solche Vergleichungen lassen sich noch viele ohne weitere Schwierigkeiten aufsuchen.

§. 120. Aufgabe. Eine zu beiden Seiten lothrechte Mauer, deren verticalen Querschnitt ABCD (Fig. 51.) darstellt, wird von einer Kraft P in C unter dem Winkel α gegen den Horizont, mit dem Bestreben, die Mauer um die Kante durch A umzuwerfen, ergriffen; die Richtungslinie dieser Kraft liegt in der Vertical-Ebene ABCD, man soll das Moment dieser Kraft, in Beziehung auf die Drehachse, durch A bestimmen.

1ste Auflösung. Ist die Breite der Mauer AB $= b$, ihre Höhe BC $= h$, AE normal auf die Richtung von P, also der Hebelsarm von P, so hat man DF $=$ $b\,Tg\,\alpha$, folglich AF $= h - b\,Tg\,\alpha$, und also

$$AE = AF . Cos\,\alpha = [h - b\,Tg\,\alpha]\,Cos\,\alpha = h\,Cos\,\alpha - b\,Sin\,\alpha;$$

daher das verlangte Moment $= P . [h\,Cos\,\alpha - b\,Sin\,\alpha]$.

2te Auflösung. Man denke sich den Angriffspunct von P in irgend einem Punct seiner Richtungslinie, etwa in C und zerlege C in zwei Seitenkräfte nach beliebigen Richtungen, etwa in die Richtungen CD und CB, so erhält man erstere $= P\,Cos\,\alpha$, letztere $= P\,Sin\,\alpha$, erstere hat den Hebelsarm h und wirkt auf Umwerfung, letztere den b und kommt der Stabilität zu Hülfe. Es ist daher der Ueberschuß der Momente für Umwerfung

$$= P\,Cos\,\alpha . h - P\,Sin\,\alpha . b = [h\,Cos\,\alpha - b\,Sin\,\alpha].$$

§. 121. Aufgabe. Die Stärke der Widerlager beim freistehenden scheidrechten Gewölbe zu bestimmen.

Auflösung. Ist (Fig. 52.) der lothrechte Querschnitt durch die Mitte der Länge l; ABCDE, LFGHK die Querschnitte der lothrechten Mauern; CDGF der des scheidrechten Gewölbes; DG $= a$, CF $= b$, der Abstand dieser beiden Parallellinien $= h$; CB $=$ FL $= H$, die zu bestimmende Stärke DE $=$ GH $= x$; die Gewichtseinheit des Materials der Mauern $= q$; des scheidrechten Bogens $= p$; so ist das Gewicht P desselben $= \frac{a+b}{2} . hlp$, und da dieses auf die Fugen CD und FG seine Wirkung hier äußern muß, so erhält man durch Zerlegung von P in die gleichen Seitenkräfte Q, Q normal auf CD und FG, wenn α den spitzen Winkel bezeichnet, welchen FG und CD mit der Horizontale bilden, $Q = \frac{1}{2} P \operatorname{Sec} \alpha$ und dem Momente von Q in Beziehung auf eine der Drehachsen durch A oder K muß die Stabilität der zugehörigen Mauer fürs Gleichgewicht gleich sein.

Da nun, im Fall die Stabilität zu klein gemacht würde, wenn der Körper CDGF sich senkt, die Puncte C und F der Mauern die einzigen Berührungspuncte zwischen Kraft und Widerstand sind, so sind die Gewalten Q, Q in C und F als vereint zu betrachten, und zerlegt man sie nach der 2ten Auflösung des vorigen §. in die horizontale R und lothrechte Wirkung T, so erhält man $R = Q \operatorname{Sin} \alpha$; $T = Q \operatorname{Cos} \alpha$; oder $R = \frac{1}{2} P \operatorname{Tg} \alpha$; $T = \frac{1}{2} P$. Es ist aber der Hebelsarm von R gleich H und der von $T = x + \frac{a-b}{2}$; folglich das Moment von Q

$$= \frac{1}{2} P \operatorname{Tg} \alpha . H - \frac{1}{2} P . \left[x + \frac{a-b}{2}\right].$$

Nach §. 118. erhält man aber die Stabilität jeder Mauer

$$= (H+h) x l q . \frac{x}{2} + H . \frac{a-b}{2} l q . \left[x + \frac{a-b}{4}\right]$$
$$+ \frac{a-b}{4} . h l . q \left[x + \frac{a-b}{6}\right],$$

und dieser Summe muß also $\frac{1}{2} P \operatorname{Tg} \alpha . H - \frac{1}{2} P \left[x + \frac{a-b}{2}\right]$ gleich werden.

Schreibt man in diese Gleichung $\frac{a+b}{2} hlp$ für P, a für $\frac{p}{q}$ und $\frac{2h}{a-b}$ für $\operatorname{Tg} \alpha$, und ordnet dann, so erhält man

$$x^2 + \frac{(a-b)(2H+h)+(a+b)hn}{2(H+h)}x$$
$$+ \frac{(a-b)^2.(3H+h)+3n(a^2-b^2)h-12.\frac{a+b}{a-b}nh^2H}{12(H+h)} = 0.$$

Beispiele. 1) Ist $a=110$; $b=100$; $h=24$; $H=80$; $p=q$; also $n=1$; so entsteht

$x^2 + \frac{430}{13}x - \frac{119110}{13} = 0$; und hieraus

$x = 80{,}6$.

2) Ist $a=120$; $b=100$; $h=24$; $H=140$; $p=q$; also $n=1$; so entsteht

$x^2 + \frac{1420}{41}x - \frac{211460}{41} = 0$, und hieraus

$x = 56{,}5$.

§. 122. Aufgabe. Die Stärke der Widerlager fürs Gleichgewicht bei einem freistehenden kreisförmigen Gewölbe zu bestimmen.

Auflösung. Es sei (Fig. 53.) ABCD der concentrisch ringförmige normale Querschnitt des Gewölbes durch seinen Schwerpunct; M der zugehörige Mittelpunct; MA $=$ MD $= r$; MB $=$ MC $= \varrho$; der Bogenwinkel AMD $= 2\alpha$; die Länge des Gewölbes $= 1$; die Gewichtseinheit des Materials desselben $= p$; die Höhe CG der Widerlager $= h$; die Gewichtseinheit des Materials der Widerlager $= q$; die erforderliche Stärke GF $= x$. Man ziehe unter dem unbestimmten Bogenwinkel $\beta < \alpha$ rechts und links der Verticallinie durch M, die Halbmesser ML, MK, und bestimme zuvörderst die Stärke $x =$ GF der Widerlager der Bedingung gemäß, daß Gleichgewicht statt findet zwischen dem Bestreben des aus dem Gewicht P des ringförmigen Körpers vom Querschnitt KINL entspringenden Seitendrucks und dem Widerstand der aus dem Gewicht des übrigen Gewölbtheils auf dieser Seite und dem Gewicht des zugehörigen Widerlagers entsteht.

Zu dem Ende zerlege man P in die Wirkungen Q, Q auf die Fugen, also in die Seitenkräfte normal auf KI und LN, und denke sich diese in I und N, als den einzigen Berührungsstellen zwischen Kraft und Widerstand, im Fall eine Senkung des Körpers vom Querschnitt KINL erfolgte, thätig, so muß das Moment von Q, in Beziehung auf die Drehachse durch F, fürs Gleichgewicht gleich sein der Stabilität des Körpers, dessen Querschnitt FGCNLDE ist, in Beziehung auf dieselbe Achse. Bezeichnet daher Q^{I} das Moment von Q, R^{I} das vom Körper zum Querschnitt CNLD und T^{I} die Stabilität der Mauer, alle 3 Momente in Beziehung auf die Achse durch F verstanden, so ist die Bedingungsgleichung $Q^{I} = R^{I} + T^{I}$.

Es ist aber $P = (r^2 - \varrho^2)\beta l p$ und $Q \operatorname{Sin}\beta = \frac{P}{2}$; also $Q = \frac{(r^2-\varrho^2)\beta l p}{2 \operatorname{Sin}\beta}$; folglich wenn man, zur bequemeren Bestimmung von Q^{I}, Q in die lothrechte Seitenwirkung T und in die horizontale R zerlegt, $T = Q \operatorname{Sin}\beta$; $R = Q \operatorname{Cos}\beta$; oder $T = \frac{(r^2-\varrho^2)\beta l p}{2}$; $R = \frac{(r^2-\varrho^2)\beta l p}{2} \operatorname{Cotg}\beta$. Weil nun der Hebelsarm von $T = x + \varrho \operatorname{Sin}\alpha - \varrho \operatorname{Sin}\beta$, und der von $R = h - \varrho \operatorname{Cos}\alpha + \varrho \operatorname{Cos}\beta$ ist, so hat man also

$$Q^{I} = \frac{(r^2-\varrho^2)\beta l p \operatorname{Cotg}\beta}{2}[h + \varrho \operatorname{Cos}\beta - \varrho \operatorname{Cos}\alpha]$$
$$- \frac{(r^2-\varrho^2) l \beta p}{2}[x + \varrho \operatorname{Sin}\alpha - \varrho \operatorname{Sin}\beta],$$

oder, $r^2 - \varrho^2$ durch b^2 ausgedrückt,

$$Q^{I} = \frac{p l b^2}{2} \cdot [\beta \operatorname{Cotg}\beta (h + \varrho \operatorname{Cos}\beta - \varrho \operatorname{Cos}\alpha)$$
$$- \beta(x + \varrho \operatorname{Sin}\alpha - \varrho \operatorname{Sin}\beta)].$$

Nun ist ferner das Gewicht des Körpers vom Querschnitt

$CNLD = \frac{b^2(\alpha-\beta)lp}{2}$; und, wenn H sein Schwerpunct ist,

$MH = \frac{2}{3}\frac{\mathrm{Sin}\frac{\alpha-\beta}{2}}{\frac{\alpha-\beta}{2}}\cdot\frac{r^3-\varrho^3}{r^2-\varrho^2}$ (§. 67.); oder, $r^3-\varrho^3$ durch a^3 ausgedrückt,

$MH = \frac{4}{3}\cdot\frac{\mathrm{Sin}\frac{\alpha-\beta}{2}}{\alpha-\beta}\cdot\frac{a^3}{b^2}$, folglich die horizontale Projection von MH

$$= \frac{4}{3}\cdot\frac{\mathrm{Sin}\frac{\alpha-\beta}{2}}{\alpha-\beta}\cdot\frac{a^3}{b^2}\cdot\mathrm{Sin}\frac{\alpha+\beta}{2} = \frac{2}{3}\frac{\mathrm{Cos}\,\beta-\mathrm{Cos}\,\alpha}{\alpha-\beta}\cdot\frac{a^3}{b^2},$$

weil $\mathrm{Sin}\frac{\alpha+\beta}{2}\cdot\mathrm{Sin}\frac{\alpha-\beta}{2} = \frac{\mathrm{Cos}\,\beta-\mathrm{Cos}\,\alpha}{2}$ ist, und also der Hebelsarm von $\frac{b^2(\alpha-\beta)lp}{2}$, =

$x+\varrho\,\mathrm{Sin}\,\alpha-\frac{2}{3}\frac{\mathrm{Cos}\,\beta-\mathrm{Cos}\,\alpha}{\alpha-\beta}\cdot\frac{a^3}{b^2}$; folglich

$$R^1 = \frac{b^2(\alpha-\beta)lp}{2}\left[x+\varrho\,\mathrm{Sin}\,\alpha-\frac{2}{3}\frac{\mathrm{Cos}\,\beta-\mathrm{Cos}\,\alpha}{\alpha-\beta}\cdot\frac{a^3}{b^2}\right]$$
$$= \frac{plb^2}{2}\cdot\left[(\alpha-\beta)x+\varrho(\alpha-\beta)\mathrm{Sin}\,\alpha-\frac{2}{3}\frac{a^3}{b^2}(\mathrm{Cos}\,\beta-\mathrm{Cos}\,\alpha)\right].$$

Die Größe von T^1 erhält man ganz nach §. 118., nemlich

$$T^1 = [h+(r-\varrho)\mathrm{Cos}\,\alpha][x-(r-\varrho)\mathrm{Sin}\,\alpha]lq\,.\frac{x-(r-\varrho)\,\mathrm{Sin}\,\alpha}{2}$$
$$+h.(r-\varrho)\,\mathrm{Sin}\,\alpha\,l\,q\,.\left[x-\frac{(r-\varrho)\,\mathrm{Sin}\,\alpha}{2}\right]$$
$$+\tfrac{1}{2}(r-\varrho)^2\,\mathrm{Sin}\,\alpha\,\mathrm{Cos}\,\alpha\,.\,l.\,q\left[x-\tfrac{2}{3}(r-\varrho)\,\mathrm{Sin}\,\alpha\right].$$

Setzt man nun diese Werthe in die Bedingungs-Gleichung $Q^1 = R^1+T^1$, so erhält man, nachdem mit $\frac{pl}{2}$ dividirt ist, $\frac{p}{q}$ unter n verstanden,

$$b^2[\beta\mathrm{Cotg}\,\beta(h+\varrho\mathrm{Cos}\,\beta-\varrho\mathrm{Cos}\,\alpha)-\beta(x+\varrho\mathrm{Sin}\,\alpha-\varrho\mathrm{Sin}\,\beta)] =$$
$$b^2\left[(\alpha-\beta)\,x+\varrho\,(\alpha-\beta)\,\mathrm{Sin}\,\alpha-\tfrac{2}{3}\cdot\frac{a^3}{b^2}(\mathrm{Cos}\,\beta-\mathrm{Cos}\,\alpha)\right]+$$

$n[h+(r-\varrho)\operatorname{Cos}\alpha][x-(r-\varrho)\operatorname{Sin}\alpha]^2$
$+nh(r-\varrho)\operatorname{Sin}\alpha[2x-(r-\varrho)\operatorname{Sin}\alpha]$
$+n(r-\varrho)^2\operatorname{Sin}\alpha\operatorname{Cos}\alpha[x-\frac{2}{3}(r-\varrho)\operatorname{Sin}\alpha]$; und ordnet man, so entsteht

$$n[h+(r-\varrho)\operatorname{Cos}\alpha]x^2+[b^2\alpha-n(r-\varrho)^2\operatorname{Sin}\alpha\operatorname{Cos}\alpha]x$$
$$+\tfrac{2}{3}a^3\operatorname{Cos}\alpha+b^2\varrho\alpha\operatorname{Sin}\alpha+\tfrac{1}{3}n(r-\varrho)^3\operatorname{Sin}\alpha^2\operatorname{Cos}\alpha$$
$$=\tfrac{2}{3}a^3\operatorname{Cos}\beta+b^2\varrho\beta\operatorname{Cosec}\beta+b^2[h-\varrho\operatorname{Cos}\alpha]\beta\operatorname{Cotg}\beta.$$

Berechnet man nun, wenn r, ϱ, α, p, h, q in Zahlen gegeben sind, für verschiedene Werthe von β, von $\beta=0$ an, bis $\beta=\alpha$, die zugehörigen Werthe für x, so findet sich für x ein desto größeres Resultat, je kleiner β zwischen obigen Grenzen gewählt wird, woraus erhellet, daß der größte Werth für x, also der, welcher im nachtheiligsten Falle, wenn eine Trennung der Gewölbsteine nahe am Schlußstein erfolgen würde, erforderlich ist, gefunden wird, wenn man in obiger Gleichung β unendlich klein, d. h. $=0$ setzt. (Die höhere Analysis zeigt dies rein theoretisch.) Es wird aber, wenn $\beta=0$ ist, $\operatorname{Cos}\beta=1$ und $\beta\operatorname{Cosec}\beta=\frac{\beta}{\operatorname{Sin}\beta}=1$, so wie auch $\beta\operatorname{Cotg}\beta=\frac{\beta}{\operatorname{Tg}\beta}=\frac{\beta}{\operatorname{Sin}\beta}.\operatorname{Cos}\beta=1$ (§. 43. II. Bd.), und man erhält daher den für alle Fälle genügenden Werth von x aus der Gleichung:

$$\frac{p}{q}[h+(r-\varrho)\operatorname{Cos}\alpha]x^2$$
$$+\left[(r^2-\varrho^2)\alpha-\frac{p}{3q}(r-\varrho)^2\operatorname{Sin}\alpha\operatorname{Cos}\alpha\right].x+\tfrac{2}{3}(r^3-\varrho^3)\operatorname{Cos}\alpha$$
$$+(r^2-\varrho^2)\varrho\alpha\operatorname{Sin}\alpha+\frac{p}{3q}(r-\varrho)^3\operatorname{Sin}\alpha^2\operatorname{Cos}\alpha$$
$$=\tfrac{2}{3}(r^3-\varrho^3)+(r^2-\varrho^2)\varrho+(r^2-\varrho^2)[h-\varrho\operatorname{Cos}\alpha].$$

Beispiel. Ist die Höhe im Lichten $=2'$; die Weite im Lichten $=12'$; so erhält man $\varrho=10'$; ist ferner die Höhe der Gewölbsteine $=1'$, so hat man $r=11'$; es sei außerdem $p=q$ und $h=8'$, so findet man $\text{Sin}\,\alpha=0{,}6$; $\text{Cos}\,\alpha=0{,}8$; und $\alpha=0{,}6435$; dann aus der Gleichung $x=3\frac{3}{4}$ Fuß.

§. 123. Zusatz. Bildet das Gewölbe einen Halbkreis, so ist $\alpha=\frac{90}{360}.2\pi=\frac{\pi}{2}$; folglich $\text{Cos}\,\alpha=0$; $\text{Sin}\,\alpha=1$; und die Gleichung wird

$$\frac{ph}{q}x^2+\frac{(r^2-\varrho^2)\pi}{2}x=\tfrac{2}{3}(r^3-\varrho^3)+(r^2-\varrho^2)\left[h+\varrho-\frac{\pi}{2}\varrho\right].$$

Beispiel. Ist $p=q$; $h=10'$; $r=12'$; $\varrho=10'$; so erhält man $x=5{,}45'$.

Des zweiten Abschnitts fünftes Kapitel.

Vom den Nebenhindernissen der Reibung und der Steifheit der Seile.

§. 124. Erklärung. Denkt man sich einen Körper A zur Bewegung gereizt, oder schon in Bewegung, und zugleich diesen Körper A fortwährend einen andern ruhenden oder nach einer anderen Richtung bewegten Körper B berührend, und durch Kräfte auf ihn gepreßt, so daß für schon statt findende Bewegung des einen oder auch beider, jeden Augenblick die Körper A und B sich in andern Puncten berühren müßten, so widersetzt sich diesem Abgleiten der Körper A und B von einander, das Ineinandergreifen der Unebenheiten beider an den berührenden Stellen, und dieser Widerstand gegen Bewegung nach jeder Richtung, sobald der zu bewegende oder schon bewegte Körper A zugleich einen andern B berührt, und auf ihn gepreßt wird, ohne daß der andere gerade dieselbe Bewegung annehmen würde oder schon angenommen hat, heißt der Widerstand der Reibung.

Liegen bei erfolgender Bewegung die berührenden Puncte in einer Ebene, so heißt die Reibung gleitend, liegen sie im Mantel eines Cylinders, der sich um seine Achse dreht, so heißt sie Zapfen-Reibung, liegen sie im Mantel eines Cylinders, der sich um seine Achse dreht und dessen Achse zugleich selbst sich fortgehend bewegt, so heißt sie Walzen-Reibung. Der Reibungswiderstand beim Beginnen einer Bewegung heißt Reibung der Ruhe, bei schon stattfindender Bewegung heißt er: Reibung während der Bewegung.

Die Größe des Reibungswiderstandes ist abhängig von der Materie beider Körper, von dem Grad ihrer Politur, der Adhäsion oder Cohäsion, der Pressung aufeinander oder dem Normaldruck, der etwa angebrachten Schmiere, der Temperatur, der Größe der sich berührenden Flächen oder der Menge der Berührungspuncte, dem Zustand der Ruhe oder dem der Bewegung, und im letzteren Fall der Geschwindigkeit derselben, im ersteren aber der Länge der Zeit, während welcher die Körper sich berührend und aufeinander gepreßt vorher ruhten, ehe der eine oder beide zu einer Bewegung, wodurch sie in eine andere Lage gegeneinander kommen würden, gereizt wird, ferner davon, ob im Fall einer entstehenden Bewegung die Fibern beider Körper in paralleler Lage erhalten werden, oder sich kreuzen, und unter welchen Winkel u. s. w. Da nun insbesondere der Grad der Politur und die Art der Schmiere nicht wohl einer mathematischen Bestimmung unterworfen werden können, so ist es nicht denkbar, daß je eine theoretische Formel zu Bestimmung des Widerstandes der Reibung, mit Rücksicht auf alle Einflüsse, wird hergeleitet werden, und man ist daher gezwungen, sich mit Erfahrungen und Zahlen, die aus wirklich angestellten Versuchen entnommen sind, zu begnügen. Insofern nun, den Erfahrungen gemäß, unter übrigens ganz gleichen Umständen, der Reibungswiderstand so ziemlich im directen Verhältniß des aus den Pressungen entspringenden Normaldrucks steht, so muß man für die vorzüglich vorkommenden Materien, Schmieren und Arten der Reibung, dieses Verhältniß durch Versuche auszumitteln suchen. Die genauesten und mannigfaltigsten hat Coulomb angestellt, und die Tabellen in §. 126. entsprechen denselben. Aus den Versuchen erhellet auch, daß die Größen der reibenden Flächen, so wie die verschiedenen Geschwindigkeiten, von äußerst geringem Einfluß auf die Größe der Reibung sind.

§. 125. Aufgabe. Für einen bestimmten gegebenen Fall die Größe der Zahl auszumitteln, womit der Normaldruck multiplicirt werden muß, damit das Product die Größe des Reibungs-Widerstandes angiebt.

Auflösung. Es bezeichne N den Normaldruck und F den zugehörigen Reibungs-Widerstand oder die Friction; unter übrigens ganz gleichen Umständen sei bei einem andern Normaldruck $= n$ die zugehörige Friction $= f$, und sowohl n als f sei in Zahlen ausgemittelt, so hat man $N : n = F : f$ (§. 124.), und hieraus

$$F = \frac{f}{n} . N;$$

oder, die Zahl $\frac{f}{n}$ durch μ ausgedrückt,

$$F = \mu . N.$$

§. 126. Man nennt μ den Reibungs=Coefficienten, und die folgenden Tabellen enthalten die Zahlenwerthe für μ, nach Coulomb, in denen am häufigsten vorkommenden Fällen, in Mittelwerthen.

I. Tafel.

Gleitende Reibung der Ruhe.

Reibende Körper	trocken	geschmiert
Eichen auf Eichen	$\frac{3}{7}$	$\frac{1}{4}$
Kiefern auf Kiefern	$\frac{7}{12}$	
Ulmen auf Ulmen	$\frac{6}{13}$	
Eichen auf Kiefern	$\frac{2}{3}$	
Eisen auf Eisen	$\frac{2}{7}$	
Kupfer auf Eisen	$\frac{3}{17}$	$\frac{1}{7}$
Eisen auf Eichen	$\frac{1}{5}$	
Kupfer auf Eichen	$\frac{2}{11}$	
Messing auf Eisen	$\frac{4}{15}$	

II. Tafel.

Zapfen=Reibung der Ruhe.

Reibende Körper	trocken	geschmiert
Stein=Eichen auf Guajac		$\frac{1}{16}$
Kupfer auf Eisen	$\frac{2}{11}$	$\frac{1}{8}$
Eisen auf Guajac	$\frac{1}{13}$	$\frac{1}{20}$

III. Tafel.

Gleitende Reibung der Bewegung.

Reibende Körper	trocken	geschmiert
Eichen auf Eichen	$\frac{1}{9}$	$\frac{1}{13}$
Kiefern auf Kiefern	$\frac{1}{6}$	
Ulmen auf Ulmen	$\frac{1}{10}$	
Eichen auf Kiefern	$\frac{3}{19}$	
Eisen auf Eisen	$\frac{2}{7}$	$\frac{1}{10}$
Kupfer auf Eisen	$\frac{1}{6}$	$\frac{1}{11}$
Eisen auf Eichen	$\frac{1}{7}$	$\frac{1}{15}$
Kupfer auf Eichen	$\frac{1}{12}$	$\frac{1}{18}$

IV. Tafel.

Zapfen-Reibung der Bewegung.

Reibende Körper	trocken	geschmiert
Stein-Eichen auf Guajac		$\frac{1}{20}$
Stein-Eichen auf Ulmen		$\frac{1}{24}$
Kupfer auf Eisen	$\frac{2}{13}$	$\frac{1}{8}$

§. 127. Für Walzen-Reibung geht aus Coulomb's Versuchen hervor, daß dieselbe im directen Verhältniß des Normaldrucks und im indirecten der Halbmesser der Walzen steht. Bezeichnen daher Q, q die Normalpressungen;

R, r die Halbmesser der zugehörigen Walzen; und F, f die zugehörigen Reibungswiderstände, so ist

$$F : f = \begin{Bmatrix} Q : q \\ r : R \end{Bmatrix}; \text{ also}$$

$$F = \frac{f \cdot r}{q} \cdot \frac{Q}{R}.$$

Werden die Normalpressungen, so wie die Reibungswiderstände in Pfunden, die Halbmesser der Walzen aber in Zollen verstanden, so ist, im Mittel $\frac{f \cdot r}{q} = \frac{1}{40}$, also

$$F = \frac{1}{40} \cdot \frac{Q}{R} \text{ zu setzen.}$$

§. 128. Es ist insbesondere zu bemerken, daß μ, oder der Reibungs-Coefficient nicht im Allgemeinen die Zahl ausdrückt, welche mit dem Druck multiplicirt den Widerstand gegen Bewegung bestimmt, sondern nur die Zahl, die mit dem Normal-Druck multiplicirt, die Größe dieses Widerstandes angiebt. Deswegen ist es nothwendig, wenn Kräfte einen Körper auf einen andern pressen, jede derselben, deren Richtung nicht schon an und für sich normal auf der Berührungsstelle ist, in zwei Seitenkräfte zu zerlegen, von welchen die eine normal auf dieselbe ist, die andere aber parallel mit derselben läuft, so daß aus der letzteren weder ein Aufpressen des zu bewegenden oder schon bewegten Körpers auf den andern, noch ein Erheben, also ein Vermindern des Normal-Drucks, erfolgen kann. Die Summe aller Normalpressungen mit μ multiplicirt giebt dann den Reibungs-Widerstand, also den Widerstand gegen Bewegung nach jeder Richtung parallel mit der Berührungsebene. Liegt z. B. ein Körper vom Gewicht Q mit einer seiner Begrenzungsebenen auf einer festen Horizontalebene, und wird derselbe zugleich noch nach einer niederwärts gehenden Richtung unter dem Winkel α gegen den Horizont auf dieselbe mit einer Kraft P aufgedrückt, so entspringt aus P eine verticale Wirkung $P \operatorname{Sin} \alpha$ und eine horizontale $= P \operatorname{Cos} \alpha$, und es ist folglich der gesammte Normal-Druck $= Q + P \operatorname{Sin} \alpha$, und die aus ihm entspringende Reibung als Widerstand gegen jede Bewegung nach horizontaler Richtung $= \mu [Q + P \operatorname{Sin} \alpha]$.

Ist nun $P \operatorname{Cos} \alpha > \mu [Q + P \operatorname{Sin} \alpha]$, so wird dem Uebergewicht $P \operatorname{Cos} \alpha - \mu [Q + P \operatorname{Sin} \alpha]$ entsprechend, nach der Richtung von $P \operatorname{Cos} \alpha$ Bewegung erfolgen; ist aber blos $P \operatorname{Cos} \alpha = \mu . [Q + P \operatorname{Sin} \alpha]$, so wird ein Gleichgewicht zwischen P und der Richtung statt finden, dergestalt, daß die geringste Vermehrung der horizontalen Wirkung $P \operatorname{Cos} \alpha$ eine Bewegung nach dieser Richtung zur Folge haben würde. In diesem Sinne ist das Gleichgewicht, wenn Reibung mit in Betrachtung kommt, allemal zu verstehen, denn im Allgemeinen könnte man auch sagen, alle die Werthe der Kraft P, für welche $P \operatorname{Cos} \alpha < \mu [Q + P \operatorname{Sin} \alpha]$ ist, bewegen den Körper nicht, stehen also wenigstens in sofern mit der Reibung im Gleichgewicht, als sie dieselbe noch nicht überwinden.

§. 129. **Aufgabe.** Eine Welle (normaler Cylinder) befindet sich in horizontaler Lage ihrer Achse und ruht mit ihren beiden Zapfen auf Zapfenlagern; in der Entfernung a von der Achse in einer auf dieselbe normalen Ebene wirkt eine Kraft P nach einer Richtung, welche mit dem Horizont den Winkel α bildet, auf drehende Bewegung dieser Welle um ihre Achse; wie groß muß P sein, um mit der Reibung der Zapfen in den beiden Zapfenlagern im Gleichgewicht zu sein?

Auflösung. Bezeichnet Q das Gewicht der Welle nebst den Zapfen; ϱ die Halbmesser beider gleichen Zapfen, so ist der lothrechte Druck beider auf ihre Zapfenlager $= Q + P \operatorname{Sin} \alpha$; der horizontale $= P \operatorname{Cos} \alpha$, und also der Normaldruck, mit welchen beide Zapfen vereint auf ihre Unterlager gepreßt werden, $= \sqrt{[Q + P \operatorname{Sin} \alpha]^2 + [P \operatorname{Cos} \alpha]^2}$; oder auch: der lothrechte Druck $= Q$ und mit seiner Richtung den Winkel $90 - \alpha^\circ$ bildend, noch ein Druck $= P$; folglich der mittlere Druck aus beiden $= \sqrt{Q^2 + P^2 + 2 P Q \operatorname{Cos}(90 - \alpha)}$, welcher Ausdruck mit dem vorigen nothwendig übereinstimmt. Die aus diesem Druck (in den Berührungsstellen normal auf die Zapfenlager wirkend) entspringende Reibung ist also $= \mu . \sqrt{P^2 + Q^2 + 2 P Q \operatorname{Sin} \alpha}$; und da dieser tangentiale Widerstand in Beziehung auf Drehung um die Achse der Welle den Hebelsarm ϱ hat, so ist das Widerstands-Moment der Reibung =

$$\varrho . \mu . \sqrt{P^2 + Q^2 + 2 P Q \operatorname{Sin} \alpha}.$$

Die das Gleichgewicht (in dem §. 128. angegebenen Sinn) bedingende Gleichung ist daher:

$$P . a = \varrho \mu \sqrt{P^2 + Q^2 + 2 P Q \operatorname{Sin} \alpha};$$

woraus P der Bedingung gemäß sich ergiebt.

Beispiel. Ist $Q = 500$ Pfund; $\alpha = 30^\circ$; $\varrho = 2''$; $a = 4'$; $\mu = \frac{1}{8}$; so hat man

$$P . 48 = 2 . \tfrac{1}{8} . \sqrt{P^2 + 500^2 + 500 . P}; \text{ und hieraus}$$

$$P = 250 . \frac{1 + \sqrt{147453}}{36863} = 2{,}6110 \text{ Pfunde.}$$

Anmerk. Gewöhnlich ist es hinreichend, bei Bestimmung der Reibung nur den aus der Kraft entspringenden lothrechten Druck zu berücksichtigen, und dann hat man hier denselben $= Q + P \operatorname{Sin} \alpha$; folglich die Reibung $= \mu [Q + P \operatorname{Sin} \alpha]$, und also die Gleichung

$$P a = \varrho \mu [Q + P \operatorname{Sin} \alpha].$$

Aus ihr entspringt in unserm Zahlenfall $P = 2{,}6109$ Pfunde, welche Verschiedenheit hier nur 0,0001 beträgt.

§. 130. **Aufgabe.** Eine Welle vom Gewicht Q steht mit lothrechter Achse auf der Grundebene seines einen Zapfens; wie groß ist in Beziehung auf Drehung der Welle um ihre Achse das Widerstands-Moment der Reibung auf dieser Kreisebene?

Auflösung. Ist r der Halbmesser derselben, so ist der Reibungswiderstand μQ, und dieser äußert sich in allen Puncten der Kreisebenen $r^2 \pi$. Denkt man sich nun diese Kreis-Ebenen in n Kreisausschnitte zertheilt und n unendlich groß, so ist jeder solcher Kreisausschnitt als ein Dreieck zu betrachten, und der Mittelpunct der Reibungs-Widerstände in jedem solchen Dreieck liegt also in der Entfernung $\frac{2}{3} r$ von der Achse, so daß das Moment $= \frac{\mu Q}{n} . \frac{2}{3} r$ ist. Für alle Kreisausschnitte ist demnach das gesammte verlangte Moment $= n . \frac{\mu Q}{n} . \frac{2}{3} r = \mu Q . \frac{2}{3} r$.

Ist die Grundebene ein Kreis-Ring, den Halbmessern r und ϱ zugehörig, so ist der mittlere Hebelsarm der Reibung $= \frac{2}{3} . \frac{r^3 - \varrho^3}{r^2 - \varrho^2}$ (wie leicht aus §. 67. erhellet), und folglich das Widerstands-Moment der Reibung

$$= \mu Q . \frac{2}{3} . \frac{r^3 - \varrho^3}{r^2 - \varrho^2}.$$

§. 131. **Aufgabe.** Um einen festliegenden, nicht um seine Achse drehbaren Cylinder, in einem auf seine Achse normalen Querschnitt, liegt ein Seil, welches den Cylinder=Mantel in einem Bogen von gegebener Länge berührt. Es ist an seinem einen Ende von einer Gewalt Q tangential angespannt; welche tangentiale Gewalt P ist am andern Ende erforderlich, um mit Q und der Reibung im Gleichgewicht zu stehen, d. h. wie groß muß P sein, damit die geringste Vermehrung dieser gefundenen Kraft P ein Fortrutschen des Seils auf dem Cylinder=Mantel, dem Bestreben von P gemäß, zur Folge hat.

Auflösung. Man denke sich zuvörderst zwei Ebenen unter dem Winkel 2β, und in einem auf die Kante, welche sie bilden, normalen Querschnitt ein umgelegtes Seil nach den Richtungen der Schenkel von β durch die gleichen Kräfte p, p angespannt, so werden diese Spannungen das Seil auf die Ebenen AB, AC (Fig. 54.) nicht aufdrücken, wohl aber auf die Kante in A, und dieser Druck ist $= 2 p \cos\beta$; dem Fortrutschen des Seils auf den festen Ebenen widersteht daher nur die Reibung in A, welche $= \mu . 2 p \cos\beta$ ist. Soll daher die Kraft p nach der Richtung AB um so viel vermehrt werden, daß sie im Gleichgewicht mit der Kraft p nach der Richtung AC und der Reibung in A steht, so muß die Vermehrung $= 2 \mu p \cos\beta$, also die gesammte Kraft R nach der Richtung $AB = p + 2 \mu p \cos\beta$; oder $R = p(1 + 2\mu \cos\beta)$ sein.

Ist nun das Seil zum Bogenwinkel α um einen Cylinder gelegt (Fig. 55.), und man denkt sich α in n gleiche Theile getheilt, und betrachtet DE als den Bogen zum ersten Theil, so ist der Bogenwinkel $DME = \frac{\alpha}{n}$; folglich der Winkel, welchen die Tangente in E mit der in D bildet, $= \pi - \frac{\alpha}{n}$, und also, wenn DE als unendlich klein betrachtet wird, die Kraft P^{1}, welche in E tangential, der

Gewalt Q entgegen, fürs Gleichgewicht angebracht werden müßte, $= Q.\left[1+2\mu \mathrm{Cos}\left(\frac{\pi}{2}-\frac{\alpha}{2n}\right)\right]$; oder

$$P' = \left(1+2\mu \,\mathrm{Sin}\,\frac{\alpha}{2n}\right]Q.$$

Eben so ist, EF = ED gedacht, die in F erforderliche tangentiale Kraft $P'' = \left[1+2\mu \,\mathrm{Sin}\,\frac{\alpha}{2n}\right]P'$; oder

$$P'' = \left[1+2\mu \,\mathrm{Sin}\,\frac{\alpha}{2n}\right]^2 . Q;$$

dann die am Endpunct des 3ten Theilchens, oder

$$P''' = \left[1+2\mu \,\mathrm{Sin}\,\frac{\alpha}{2n}\right].P'' = \left[1+2\mu \,\mathrm{Sin}\,\frac{\alpha}{2n}\right]^3 . Q \text{ etc.,}$$

endlich die am Endpunct des nten Theilchens, oder

$$\text{(I)} \quad P = \left[1+2\mu \,\mathrm{Sin}\,\frac{\alpha}{2n}\right]^n . Q$$

welcher Ausdruck der Wahrheit um so näher kommt, je größer man n wählt, die Wahrheit vollkommen erreicht, wenn n unendlich groß gemacht wird. Es ist also nur noch zu beurtheilen, was aus der Formel I. wird, wenn $n = \infty$ ist. Nach (§. 43. II. Bd.) ist, wenn x einen unendlich kleinen Bogenwinkel bezeichnet, $\frac{\mathrm{Sin}\, x}{x} = 1$, also $\mathrm{Sin}\, x = x$; folglich, da hier $\frac{\alpha}{2n}$ einen unendlich kleinen Bogenwinkel vorstellt, $\mathrm{Sin}\,\frac{\alpha}{2n} = \frac{\alpha}{2n}$, und daher

$$P = \left[1+2\mu . \frac{\alpha}{2n}\right]^n . Q \text{ oder}$$

$$P = \left[1+\frac{\mu\alpha}{n}\right]^n . Q.$$

Nach dem binomischen Satz ist aber

$$\left[1+\frac{\mu\alpha}{n}\right]^n = 1 + n.\frac{\mu\alpha}{n} + \frac{n.(n-1)}{2}.\frac{\mu^2\alpha^2}{n^2} + \frac{n(n-1)(n-2)}{2.3}.\frac{\mu^3\alpha^3}{n^3} \text{ u. s. w.}$$

oder

$$\left[1+\frac{\mu\alpha}{n}\right]^n = 1+\mu\alpha+\left[1-\frac{1}{n}\right].\frac{\mu^2\alpha^2}{2}$$
$$+\left[1-\frac{1}{n}\right]\left[1-2\frac{1}{n}\right].\frac{\mu^3\alpha^3}{(3)} \text{ u. s. w.,}$$

also, wenn $n = \infty$, folglich $\frac{1}{n} =$ Null ist,

$$\left[1+\frac{\mu\alpha}{n}\right]^n = 1+\mu\alpha+\frac{(\mu\alpha)^2}{(2)}+\frac{(\mu\alpha)^3}{(3)}+ \text{ u. s. w.,}$$

oder [nach §. 37. (IV) II. Bd.]

$$\left[1+\frac{\mu\alpha}{n}\right]^n = e^{\mu\alpha}.$$

Substituirt man diesen Werth in (I), so hat man also die verlangte Formel

$$\text{(II)} \quad P = e^{\mu\alpha}.Q.$$

Ist das Seil mmal um den Cylinder gewickelt, so ist $\alpha = m.2\pi$, also

$$\text{(III)} \quad P = e^{2\mu\pi m}.Q.$$

Beispiele. 1) Ist $\alpha=\pi$; $\mu=\frac{1}{3}$; so giebt die Formel (I), wenn $n = 360$ gewählt wird, $P = 1{,}24.Q$, und, wenn $n = 5400$ gesetzt wird, $P = 2{,}84.Q$; die Formel (II) aber giebt $P = 2{,}85.Q$.

2) Ist $m = 1$; $\mu = \frac{1}{3}$; so wird nach (III)

$$P = 8{,}121.Q.$$

3) Ist $m = 6$; $\mu = \frac{1}{3}$; so wird nach (III)

$$P = 286789.Q.$$

§. 132. Erklärung. Ist an einem, um seine horizontale Achse drehbaren Cylinder, in einem auf die Achse normalen Querschnitt ein Seil befestigt, welches an dem einen Ende von einer Gewalt Q tangential angespannt wird, und man denkt sich diesen Cylinder, dem Bestreben von Q entgegengesetzt, um seine Achse gedreht, so muß das Seil, indem es sich auf den Cylinder legt, aus der geraden Richtung in eine Krümmung übergehen, und diesem

Biegen widersteht das Seil vermöge seiner Steifigkeit, so daß es an der Uebergangsstelle ein Knie bildet, wodurch der Hebelsarm von Q in Beziehung auf die Achse des Cylinders sich vergrößert, also Q ein größeres Moment erhält, als statt finden würde, wenn das Seil vollkommen biegsam wäre. Wenn aber das Moment von Q sich hiedurch vergrößert, so ist auch zu Hervorbringung dieser drehenden Bewegung, der Steifigkeit des Seiles wegen, mehr Kraft erforderlich, und diese Kraft-Vermehrung entspringt also aus dem Widerstand der Steifheit des Seiles. Nimmt man eine Kette, statt eines Seiles, so erzeugt die Reibung zwischen den Kettenschaken ebenfalls eine Vergrößerung des Hebelsarms von Q.

§. 133. Aufgabe. Die Vergrößerung des Hebelsarms von Q, welche aus der Steifigkeit des Seils entspringt, annähernd zu bestimmen.

Auflösung. Denkt man sich zwei Seile von den Durchmessern Δ, δ, und bezeichnet die zugehörigen Vergrößerungen der Hebelsarme durch x, y, so verhält sich, da der Widerstand gegen das Biegen mit der Menge der einzelnen Fäden des Seils, also mit dem Querschnitt desselben wächst, die Querschnitte sich aber wie $\Delta^2 : \delta^2$ verhalten, nothwendig

$$x : y = \Delta^2 : \delta^2, \text{ und also ist}$$

$$y = \frac{x}{\Delta^2} \cdot \delta^2.$$

Nach einem Mittelwerth aus Eytelweins Angaben ist, wenn alle Abmessungen in Zollen verstanden werden,

$$\frac{x}{\Delta^2} = \frac{1}{2}; \text{ und folglich}$$

$$y = \frac{1}{2} \delta^2 \text{ Zolle.}$$

Bezeichnet daher r den Hebelsarm von Q, wenn das Seil

vollkommen biegsam wäre, so ist der Hebelsarm mit Rücksicht des Widerstandes der Steifheit des Seils

$= r + \frac{1}{2}\delta^2$, und folglich das Moment von Q

$= [r + \frac{1}{2}\delta^2]Q$, in welcher Formel nothwendig r auch in Zollen ausgedrückt werden muß.

§. 134. Aufgabe. Die Vergrößerung des Hebelsarms von Q, welche aus der Reibung zwischen den Kettenschaken entspringt (§. 132.), annähernd zu bestimmen.

Auflösung. Bezeichnet d die Dicke der Kettenschaken, A, B zwei aufeinander folgende Schaken, so fallen die Richtungen von A und B in einander, so lange beide noch frei herabhängen, im Fall etwa Q lothrecht wirkt, sobald sich aber bei statt findender Drehung des Cylinders, um den die Kette geleitet ist, dem Bestreben von Q entgegen, die Schake A auf den Cylinder legt, so bilden A und B einen Winkel, und wegen der Reibung zwischen A und B gelangt die Schake nicht ganz in die Richtung, nach welcher Q wirkt, sondern nur soweit, bis, wenn e die kleinste Abweichung ausdrückt, $Qe = \mu Q . \frac{d}{2}$ ist; und aus dieser Gleichung erhält man $e = \frac{\mu d}{2}$. Bezeichnet daher r den Hebelsarm von Q in Beziehung auf die Achse des Cylinders, für den Fall, wenn zwischen den Kettenschaken keine Reibung wäre, so ist der wirkliche Hebelsarm

$$= r + \frac{\mu}{2} d.$$

Als Mittelwerth ist $\mu = \frac{2}{7}$ zu setzen, und also der Hebelsarm $= r + \frac{1}{7} d$ anzunehmen.

Des zweiten Abschnitts sechstes Kapitel.

Von der schiefen Ebene, dem Keil und der Schraube.

I. Von der schiefen Ebene.

§. 135. Erklärung. Bildet eine Ebene E mit der Horizontalebene H den Winkel α, so nennt man E eine schiefe Ebene, und α ihren Winkel mit dem Horizont. Legt man auf eine schiefe Ebene einen schweren Körper, und setzt voraus, daß dieselbe so aufgelegt ist, daß er durch sein eigenes Gewicht nicht umgeworfen wird, so kann er, wenn die Reibung zwischen ihn und der Ebene E es nicht hindert, abgleiten, und dieses Abgleitenwollen nach der Richtung, die auf der Durchschnittslinie von E und H normal ist, heißt das abgleitende Bestreben.

§. 136. Aufgabe. Auf einer schiefen Ebene, welche mit dem Horizont den Winkel α bildet, liegt ein (nicht umfallender) Körper vom Gewicht Q, man soll sein abgleitendes Bestreben und die gegenwirkende Reibung bestimmen.

Auflösung. Ist (Fig. 56.) eine Verticalebene durch den Schwerpunct M des Körpers vom Gewicht Q, normal auf die Durchschnittslinie der schiefen Ebene mit dem Horizont, AB die Durchschnittslinie dieser Verticalebene mit der schiefen Ebene, BC mit dem Horizont, also $ABC = \alpha$, ferner $ME \nparallel AB$, MD normal auf AB, so zerlegt sich das lothrechte Bestreben $Q = MN$, da die schiefe Ebene den unmittelbaren Erfolg desselben nicht gestattet, in das Bestreben nach der Richtung ME abzuleiten, und in die, die Größe der Reibung allein bestimmende, Normalpressung auf

AB. Durch das Parallelogramm der Kräfte MEND, worinnen $\angle NMD = \alpha$ ist, erhält man sogleich das abgleitende Bestreben $ME = Q \, Sin \, \alpha$ und den Normaldruck MD auf die schiefe Ebene $= Q \, Cos \, \alpha$, also den Reibungswiderstand $= \mu Q \, Cos \, \alpha$.

§. 137. Zusatz. Ist $Q \, Sin \, \alpha > \mu Q \, Cos \, \alpha$; so bewirkt der Ueberschuß $Q \, Sin \, \alpha - \mu Q \, Cos \, \alpha$ ein wirkliches Abgleiten. Ist $Q \, Sin \, \alpha < \mu Q \, Cos \, \alpha$, so bleibt der Körper an seinem Ort, er bewegt sich nicht, dem Ueberschuß $\mu Q \, Cos \, \alpha - Q \, Sin \, \alpha$ entsprechend nach der Richtung BA, indem die Reibung nicht eine selbstthätige Kraft ist, sondern nur ein Widerstand gegen Bewegung nach ihrer Richtung. Ist $Q \, Sin \, \alpha = \mu Q \, Cos \, \alpha$, so bleibt der Körper auch an seinem Ort, und man sagt: das abgleitende Bestreben steht im Gleichgewicht mit der Reibung (§. 128.). Sucht man den Winkel α durch Beobachtung, für welchen $Q \, Sin \, \alpha = \mu Q \, Cos \, \alpha$ ist, so erhält man aus dieser Gleichung $\mu = Tg \, \alpha$, und auf diesen Weg lassen sich die Werthe von μ für gleitende Reibung der Ruhe leicht durch Versuche ausmitteln.

§. 138. Aufgabe. Nach einer durch den Schwerpunct M des auf der schiefen Ebene (Fig. 56.) BA liegenden Körpers vom Gewicht Q gehenden Richtung MK, in der Vertical-Ebene durch M normal auf die Durchschnittslinie der schiefen Ebene mit dem Horizont, wirkt eine Kraft P; wie groß muß P sein, um mit der Reibung und dem abgleitenden Bestreben Gleichgewicht zu halten (§. 128.)?

Auflösung. Aus P entspringt durch Zerlegung ein auf Vermehrung oder Verminderung der Reibung wirkender positiver oder negativer Normaldruck auf die schiefe Ebene, je nachdem der Winkel DMK (MD normal auf

AB verstanden) $= \beta$, kleiner oder größer wie $\frac{1}{2}\pi$ oder 90° ist, und eine dem abgleitenden Bestreben entgegen arbeitende Thätigkeit parallel mit BA. Das Paranelogramm MFKG giebt sogleich erstere Wirkung $= P \operatorname{Cos} \beta$; letztere $= P \operatorname{Sin} \beta$. Da nun nach §. 136. das aus Q entspringende, abgleitende Bestreben $= Q \operatorname{Sin} \alpha$ und der Normaldruck $= Q \operatorname{Cos} \alpha$ ist, so hat man also den gesammten Normaldruck $= P \operatorname{Cos} \beta + Q \operatorname{Cos} \alpha$; und folglich den Reibungs-Widerstand $= \mu (P \operatorname{Cos} \beta + Q \operatorname{Cos} \alpha)$. Fürs Gleichgewicht muß daher $P \operatorname{Sin} \beta = Q \operatorname{Sin} \alpha + \mu [P \operatorname{Cos} \beta + Q \operatorname{Cos} \alpha]$ sein, und aus dieser Gleichung folgt:

$$P = \frac{\operatorname{Sin} \alpha + \mu \operatorname{Cos} \alpha}{\operatorname{Sin} \beta - \mu \operatorname{Cos} \beta} . Q.$$

§. 139. Zusatz. 1) Ist $\beta = 90°$, d. h. wirkt die Kraft P parallel mit der schiefen Ebene, so wird

$$P = [\operatorname{Sin} \alpha + \mu \operatorname{Cos} \alpha];$$

oder, AC lothrecht gedacht und AB durch a, AC durch h und BC durch b ausgedrückt,

$$P = \frac{h + \mu b}{a} . Q.$$

Fände keine Reibung statt, so wäre bloß $P = \frac{h}{a} Q$ oder $P : Q = h : a$, welches Gesetz auch unmittelbar aus §. 50. abzuleiten ist.

2) Ist $\beta = 90 - \alpha$, d. h. wirkt P horizontal, so folgt

$$P = \frac{\operatorname{Sin} \alpha + \mu \operatorname{Cos} \alpha}{\operatorname{Cos} \alpha - \mu \operatorname{Sin} \alpha} . Q \text{ oder}$$

$$P = \frac{h + \mu b}{b - \mu h} .$$

Wäre keine Reibung, so hätte man also in diesem Falle $P = \frac{h}{b} Q$ oder $P : Q = h : b$, welche Proportion auch sogleich aus §. 50. folgt.

3) Soll die Kraft P der Bedingung gemäß bestimmt werden, daß sie den Körper vom Gewicht Q bloß abhält herunterzugleiten, so widersteht diesem Abgleitenwollen $Q \operatorname{Sin} \alpha$, schon die Reibung $\mu [P \operatorname{Cos} \beta + Q \operatorname{Cos} \alpha]$ und dem Ueberschuß $Q \operatorname{Sin} \alpha - \mu [P \operatorname{Cos} \beta + Q \operatorname{Cos} \alpha]$ muß $P \operatorname{Sin} \beta$ fürs Gleichgewicht gleich sein, aus welcher Gleichung:

$$P = \frac{\operatorname{Sin} \alpha - \mu \operatorname{Cos} \alpha}{\operatorname{Sin} \beta + \mu \operatorname{Cos} \beta} Q \text{ folgt.}$$

Alle Werthe von P kleiner wie $\frac{\operatorname{Sin} \alpha + \mu \operatorname{Cos} \alpha}{\operatorname{Sin} \beta - \mu \operatorname{Cos} \beta} . Q$ und größer wie $\frac{\operatorname{Sin} \alpha - \mu \operatorname{Cos} \alpha}{\operatorname{Sin} \beta + \mu \operatorname{Cos} \beta} Q$ verhindern ebenfalls das Abgleiten, aber nur von dem kleinsten Werth der Kraft, von $\frac{\operatorname{Sin} \alpha - \mu \operatorname{Cos} \alpha}{\operatorname{Sin} \beta + \mu \operatorname{Cos} \beta} Q$ sagt man: er steht mit dem Bestreben abzugleiten im Gleichgewicht.

II. Vom Keil.

§. 140. Erklärung. Ein dreiseitiges normales Prismen, dessen Grundebenen gleichschenklige Dreiecke sind, heißt ein Keil; die den gleichen Schenkeln zugehörigen Seitenebenen heißen seine Seiten, und die den 3ten Seiten oder Grundlinien der gleichschenkligen Dreiecke zugehörige Seitenebene heißt der Rücken des Keils. Unter Höhe des Keils versteht man die Höhe jeder seiner Grundebenen auf die 3te Seite.

§. 141. Aufgabe. Nach Richtungen, welche in Querschnitten des Keils auf die Seitenkanten normal genommen liegen, wirken auf beide Seiten des Keils, in gleichen Lagen unter gleichen Winkeln mit ihnen, Kräfte; wie groß muß die normal auf den Rücken des Keils wirkende gleichförmig vertheilte Kraft 2P sein, um mit jenen

Kräften und den Reibungswiderständen auf beiden Seiten im Gleichgewicht zu stehen?

Auflösung. Die mittlere der parallelen Kräfte auf jeder Seite sei $=Q$, ihr Angriffspunct rechts in E, links in D (Fig. 57.), so daß $BE=AD$ ist, der Winkel der Richtung von Q mit der Seite sei $=\beta$, der Winkel welchen die Seiten des Keils mit einander bilden $=2\alpha$. Auf jeder Seite entspringt aus Q eine Normalpressung $Q\,\text{Sin}\,\beta$, aus welcher das Nebenhinderniß der Reibung $=\mu\,Q\,\text{Sin}\,\beta$ entsteht, so daß also die Kraft 2P nach der Richtung der Höhe des Keils $=FC$ mit denen, Q nach der Richtung GE, Q nach der HD, $\mu Q\,\text{Sin}\,\beta$ nach der EB und $\mu Q\,\text{Sin}\,\beta$ nach der DA Gleichgewicht zu erhalten hat. Denkt man sich das System nach der Richtung von 2P um den Weg FF^1 fortbewegt, so wäre der gleichzeitige Weg von $Q= EE^1=DD^1$, und der Reibungswiderstand, der anfänglich in E, also in der Entfernung EB von B sich äußerte, wirkte jetzt in E^1, also in der Entfernung E^1B^1 von demselben Punct B^1, so daß also die reibenden Puncte rechts den Weg $EB-E^1B^1$, links den gleichen $DA-D^1A^1$ durchlaufen haben müßten. Man hat daher nach dem Prinzip der virtuellen Geschwindigkeiten die Gleichung

$$2P.FF^1=Q.EE^1+Q.DD^1+\mu\,Q\,\text{Sin}\,\beta.[EB-E^1B^1] +\mu\,Q\,\text{Sin}\,\beta[DA-D^1A^1];\text{ oder}$$

$$P=Q.\frac{EE^1}{FF^1}+\mu\,Q\,\text{Sin}\,\beta.\frac{EB-E^1B^1}{FF^1}.$$

Es verhält sich aber, da $FF^1=BB^1$ ist, wenn man sich $B^1K \mathrel{\#}$ mit E^1E denkt, $EE^1:FF^1$ oder $B^1K:BB^1= \text{Sin}\,\alpha:\text{Sin}\,\beta$, und $EB-E^1B^1:FF^1$ oder $BK:BB^1= \text{Sin}\,(\beta-\alpha):\text{Sin}\,\beta$, und also ist $\frac{EE^1}{FF^1}=\frac{\text{Sin}\,\alpha}{\text{Sin}\,\beta}$ und $\frac{EB-E^1B^1}{FF^1}=\frac{\text{Sin}\,(\beta-\alpha)}{\text{Sin}\,\beta}$; folglich, wenn man diese Werthe substituirt

$$P = Q \cdot \frac{\operatorname{Sin} \alpha}{\operatorname{Sin} \beta} + \mu Q \operatorname{Sin} \beta \frac{\operatorname{Sin}(\beta - \alpha)}{\operatorname{Sin} \beta}; \text{ also}$$

$$P = \left[\frac{\operatorname{Sin} \alpha}{\operatorname{Sin} \beta} + \mu \operatorname{Sin}(\beta - \alpha)\right] \cdot Q.$$

§. 142. Zusatz. 1) $\beta = 90°$, so wird

$$P = [\operatorname{Sin} \alpha + \mu \operatorname{Cos} \alpha] Q,$$

und wäre für diese Lage keine Reibung, so hätte man $P = Q \operatorname{Sin} \alpha = Q \cdot \frac{BF}{BC}$; also $P : Q = BF : BC$.

2) Ist $\beta = 90° + \alpha$, also die Richtungen von Q normal auf die Höhe, so wird

$$P = [\operatorname{Tg} \alpha + \mu] \cdot Q,$$

und wäre keine Reibung, so hätte man für diese Lage

$$P = Q \operatorname{Tg} \alpha = Q \cdot \frac{BF}{BC}; \text{ also } P : Q = BF : FC.$$

3) Ist $\beta < \alpha$, so ist der Weg der Reibung $= \frac{BB^1 \operatorname{Sin}(\alpha - \beta)}{\operatorname{Sin} \beta}$; und die Gleichung also

$$P = \left[\frac{\operatorname{Sin} \alpha}{\operatorname{Sin} \beta} + \mu \operatorname{Sin}(\alpha - \beta)\right] Q,$$

d. h. das 2te Glied der Gleichung, welches sich auf die Reibung bezieht, kann nie negativ werden, da die Reibung immer als Hinderniß gegen Bewegung, nie als Bewegung bewirkend, erscheint.

Wäre die Thätigkeit $\mu Q \operatorname{Sin} \beta$ nach der Richtung EB [der entstehenden Bewegung entgegen arbeitend] eine selbstthätige Kraft in E, so wäre ihr Weg, wenn 2P den FF^1 durchliefe, $= BB^1 \operatorname{Cos} \alpha$, also ein ganz anderer als der, den die reibenden Puncte durchlaufen.

III. Von der Schraube.

§. 143. Erklärung. Der Halbmesser der Grundebenen eines normalen Cylinders sei $= r$, die Höhe desselben $=$ H, man denke sich den Mantel desselben abgewickelt und dieses rechtwinkligte Parallelogramm in eine Ebene gelegt, dann die parallelen Seiten $H_1 H$ desselben, jede nach derselben Richtung, in n gleiche Theile $= h$ getheilt, den Anfangspunct der einen Seite H mit dem ersten Theilpunct der 2ten Seite H, dann den 1sten, 2ten, 3ten u. s. w. Theilungspunct der ersten Seite H mit dem 2ten, 3ten, 4ten u. s. w. der zweiten Seite H durch gerade Linien a, verbunden, so daß jede solche Linie $a = \sqrt{(2r\pi)^2 + h^2}$ wird, dann dieses Parallelogramm wieder als Mantel um den Cylinder gelegt, wo dann der Endpunct jeder Linie a mit dem Anfangspunct der folgenden Linie a zusammenfällt, und beide Linien stetig in einander übergehen, und eine Curve von doppelter Krümmung auf dem Cylinder-Mantel bilden, so heißt diese Curve eine Schraubenlinie, jede einzelne Länge a ein Schraubengang, h die Höhe eines Schraubengangs, und der Winkel α, welchen in jedem der construirten rechtwinkligen Dreiecke, von den Seiten $2r\pi$, h und a, die Hypotenuse a mit der Cathete $2r\pi$ bildet, die Neigung der Schraubenlinie. Denkt man sich jeden Punct der Schraubenlinie durch eine auf die Achse des Cylinders normale Linie mit dieser Achse verbunden, und alle diese Linien außerhalb des Cylinder-Mantels um eine gleiche Länge e verlängert, so bilden diese Verlängerungen eine aus dem Cylinder hervorragende, aufsteigende Fläche. Stellt man sich diese körperlich vor, so daß der Querschnitt in einer Ebene durch die Achse des Cylinders, als Rechteck oder als gleichschenkligtes Dreieck erscheint, so heißt dieser um den Cylinder gelegte Körper ein Schraubengewinde, der Cylinder selbst eine Schraubenspindel und $r + \frac{1}{2}e$

der mittlere Halbmesser der Spindel. Ein cylindrisch ausgehöhlter Körper mit Vertiefungen von der Gestalt des Schraubengewindes, in welchen die Spindel mit ihrem Gewinde genau einpaßt, heißt eine Schraubenmutter, die ganze Verbindung eine Schraube. Die Verbindung einer Schraubenspindel mit einem verzahnten Rad, dessen Zähne eine dem Gewinde der Spindel angemessene schiefe Stellung haben, heißt eine Schraube ohne Ende.

§. 144. Aufgabe. Eine Schraube mit lothrechter Spindel wird lothrecht herab von einer Last Q ergriffen; der mittlere Halbmesser der Spindel sei $= r$, die Höhe eines Schraubengangs $= h$, normal durch die Achse der Spindel, also in einer horizontalen Ebene gehe ein Hebel, und an denselben wirke in der Entfernung b von der Achse der Spindel eine Kraft P normal auf b tangential, also nach horizontaler Richtung; wie groß muß P sein, um mit Q und der Reibung zwischen den Schraubengewinden der Spindel und Schraubenmutter im Gleichgewicht zu stehen?

Auflösung. Bezeichnet α die mittlere Neigung des Schraubengewindes, also den Winkel, welcher im rechtwinkligen Dreieck, dessen Catheten h und $2r\pi$ sind, der Cathete h gegenüber liegt, und a die zugehörige Hypotenuse, so ist die Reibung erzeugende Normalpressung auf das Gewinde der Mutter $= Q \operatorname{Cos} \alpha + P \operatorname{Sin} \alpha$ (wie in §. 139. 2.); folglich der Reibungswiderstand selbst
$= \mu . [Q \operatorname{Cos} \alpha + P \operatorname{Sin} \alpha]$.

Durchliefe nun P den Weg $2 b \pi$, so wäre der gleichzeitige Weg von Q gleich h, und der des Reibungswiderstandes $= a$, und man hat daher, nach dem Princip der virtuellen Geschwindigkeiten, die Gleichung

$$P.2b\pi - Qh - \mu[Q\,Cos\,\alpha + P\,Sin\,\alpha].a = 0;$$

oder, weil $a\,Cos\,\alpha = 2r\pi$ und $a\,Sin\,\alpha = h$ ist,

$$P.2b\pi = Qh + \mu.[Q2r\pi + Ph],$$

woraus (I) $P = \frac{h + 2\mu\pi r}{2b\pi - \mu h}.Q$ folgt.

Gewöhnlich ist μh gegen $2b\pi$ als Null zu betrachten, und also für solche Fälle

$$\text{(II)}\ P = \left[\frac{h}{2b\pi} + \mu\frac{r}{b}\right]Q.$$

Ohne Rücksicht auf Reibung hat man

$$\text{(III)}\ P = \frac{h}{2b\pi}.Q \text{ oder } P:Q = h:2b\pi,$$

welche Proportion auch unmittelbar aus dem Cartesischen Grundsatz folgt.

Beispiel. Ist $r = 4''$, $h = 1''$, $\mu = \frac{7}{22}$, $b = 112''$, $Q = 2816$ Pfd., so erhält man
aus (I) $P = 36{,}016$ Pfd.,
aus (II) $P = 36$, aber ohne Berücksichtigung der Reibung, aus (III) $P = 4$ Pfd.

§. 145. Zusatz. Die Vergleichung zwischen Widerstand und Kraft ist bei der Schraube ohne Ende eben so, wie bei der gewöhnlichen Schraube. Insofern aber bei letzterer, wegen des Rades an der Welle, auch noch anderweitige Bestimmungen vorkommen, so folgt die Aufgabe selbst erst im 8ten Kapitel.

Des

Des zweiten Abschnitts siebentes Kapitel.

Von den Seil-Maschinen, der festen Rolle, der losen Rolle, den Rollenzügen und den Flaschenzügen.

§. 146. **Erklärung.** Wenn an einem oder mehreren durch Knoten verbundenen Seilen Kräfte angebracht sind, so heißt diese Verbindung eine **Seil-Maschine.** Ist ein Seil um eine Kreisscheibe geleitet, an welchem Kräfte auf drehende Bewegung derselben um ihre Achse wirken, bei welcher Drehung aber die Achse selbst ihren Ort nicht ändert, so heißt die Kreisscheibe eine **feste Rolle**; ändert aber die Achse zugleich ihren Ort, so heißt sie eine **lose Rolle.** Die Verbindung von mehreren losen und einer festen Rolle heißt ein **Rollenzug**, die Verbindung mehrer losen und mehrer festen Rollen, jene sowohl wie diese unter sich in ein festes System (**die Flasche**) gebracht, heißt ein **Flaschenzug.**

I. Von den Seil-Maschinen.

§. 147. **Aufgabe.** In zwei festen Puncten A, B (Fig. 58.), deren horizontaler Abstand $AC = b$ und verticaler $BC = h$ ist, ist ein sehr dünnes Seil (als vollkommen biegsam und gewichtlos anzusehen) von der Länge 2a, ($2a > AB$) mit seinen Endpuncten befestigt, und hängt in der Verticalebene durch A und B frei herab. An dasselbe wird ein Gewicht P so angehangen, daß es an dem Seil frei heruntergleiten kann; man soll bestimmen, bis zu welchem Punct des Seils es sich senken wird.

Auflösung. Für jeden Punct, in welchem P sich auf dem Seil befinden mag, liegt es zugleich auf zwei schiefen Ebenen, und es wird also nur an der Stelle in Ruhe sein, wo das abgleitende Bestreben von P auf beiden schiefen Ebenen gleich groß ist, wo also beide gleiche Winkel mit der Verticallinie bilden. Stellt D diesen Punct vor, bezeichnet y die gleichen Winkel der beiden Seilstücke AD, BD mit der Verticale, ferner $a + x$ die Länge AD, also $a - x$ die BD, so hat man zur Bestimmung von x und y die Gleichungen

$$(a + x) \operatorname{Sin} y + (a - x) \operatorname{Sin} y = b \text{ und}$$

$$h + (a - x) \operatorname{Cos} y = (a + x) \operatorname{Cos} y.$$

Aus beiden entspringt $\operatorname{Sin} y = \frac{b}{2a}$ und $x = \frac{ah}{\sqrt{4a^2 - b^2}}$, welche Resultate, vorzüglich das erste, zu einer leichten Construction führen.

§. 148. Zusatz. Ist das Seil vollkommen biegsam, aber schwer, sein Gewicht = Q, seine Länge = 4 a, so kann man das Gewicht Q bei gleichförmiger Dichtigkeit des Seils in seinem Mittelpunct E als vereint betrachten, und man erhält bei den in Fig. 59. angedeuteten Bedeutungen der Buchstaben, b, h, x, y, z, die aus P entspringende Spannung nach der Richtung ED $= \frac{P}{2 \operatorname{Cos} y}$, und die aus Q entspringende nach der Richtung DE $= \frac{Q \operatorname{Sin} z}{\operatorname{Sin}(y - z)}$, so daß also das Gleichgewicht dann eintritt, wenn y und z der Gleichung $\frac{P}{2 \operatorname{Cos} y} = \frac{Q \operatorname{Sin} z}{\operatorname{Sin}(y - z)}$ entsprechen.

Außer dieser Bedingungsgleichung ergeben sich nun noch die beiden Hülfsgleichungen

$$2a \operatorname{Sin} z + (a - x) \operatorname{Sin} y + (a + x) \operatorname{Sin} y = b \text{ und}$$
$$h + (a + x) \operatorname{Cos} y = (a - x) \operatorname{Cos} y + 2a \operatorname{Cos} z; \text{ oder}$$
$$\operatorname{Sin} z + \operatorname{Sin} y = \frac{b}{2a} \text{ und}$$
$h + 2x \operatorname{Cos} y = 2a \operatorname{Cos} z$, die Entwicklung führt aber auf höhere Gleichungen.

§. 149. **Aufgabe.** Ein vollkommen biegsames als gewichtlos anzusehendes Seil ist in den Puncten N, M, deren horizontaler Abstand NW = h und verticaler WM = v ist, aufgehangen; in Puncten desselben, deren Abstände von N ab = a, b, c u. s. w. bis r sind, befinden sich n Knoten, und in diesen wirken in der Vertical-Ebene durch NM die Gewichte A, B, C u. s. w. bis R (Fig. 60.), man soll die Lage des Systems fürs Gleichgewicht bestimmen, d. h. man soll n + 1 Gleichungen auffinden, aus welchen die n + 1 unbekannten Winkel α, β, γ u. s. w. ϱ, φ zu entwickeln sind, wenn a, b, c u. s. w. r, s, so wie h, v und A, B, C u. s. w. bis R als gegeben betrachtet werden.

Auflösung. Aus A entspringt eine Spannung in b, welche $= \frac{A \operatorname{Sin} \alpha}{\operatorname{Sin}(\beta - \alpha)}$ ist, und aus B in dieselbe Richtung, aber entgegengesetzt, eine, welche $= \frac{B \operatorname{Sin} \gamma}{\operatorname{Sin}(\gamma - \beta)}$ ist, und es kann also nur dann Gleichgewicht eintreten, wenn

$$\frac{A \operatorname{Sin} \alpha}{\operatorname{Sin}(\beta - \alpha)} = \frac{B \operatorname{Sin} \gamma}{\operatorname{Sin}(\gamma - \beta)} \text{ wird.}$$

Sucht man eben so die Spannungen in c, so entsteht

$$\frac{B \operatorname{Sin} \beta}{\operatorname{Sin}(\gamma - \beta)} = \frac{C \operatorname{Sin} \delta}{\operatorname{Sin}(\delta - \gamma)}$$

u. s. w. Außer diesen auf einerlei Weg gebildeten n − 1 Gleichungen ergeben sich dann noch, nach Lehren der Goniometrie, die Zweie:

$$a \operatorname{Sin} \alpha + b \operatorname{Sin} \beta + \ldots + r \operatorname{Sin} \varrho + s . \operatorname{Sin} \varphi = h \text{ und}$$
$$a \operatorname{Cos} \alpha + b \operatorname{Cos} \beta + \ldots + r \operatorname{Cos} \varrho + s \operatorname{Cos} \varphi = v,$$

durch welche n+1 Gleichungen die Werthe der n+1 Winkel α, β u. s. w. bis φ bestimmt sind.

§. 150. Zusatz. Sollen auch die Wirkungen N, M, welche die Puncte N, M nach den Richtungen a und s auszuhalten haben, bestimmt werden, so hat man die aus N und M in N und M entspringenden verticalen Wirkungen nach oben $= N \operatorname{Cos} \alpha$ und $- M \operatorname{Cos} \varphi$, und die horizontalen $= N \operatorname{Sin} \alpha$ und $M \operatorname{Sin} \varphi$; also die beiden Gleichungen:

$N \operatorname{Cos} \alpha - M \operatorname{Cos} \varphi = A + B + \ldots + R$ und

$N \operatorname{Sin} \alpha = M \operatorname{Sin} \varphi$, woraus, wenn $A + B + \ldots + R$ durch P ausgedrückt wird

$$M = \frac{P \operatorname{Sin} \alpha}{\operatorname{Sin}(\varphi - \alpha)};\ N = \frac{P \operatorname{Sin} \varphi}{\operatorname{Sin}(\varphi - \alpha)} \text{ entsteht.}$$

Ist $\varphi = 90°$, so hat man $M = P \operatorname{Tg} \alpha$; $N = \frac{P}{\operatorname{Cos} \alpha}$; also auch $M = N \operatorname{Sin} \alpha$.

§. 151. Zusatz. Wirken nur 2 Kräfte A, B in den Knoten F, G (Fig. 61.), so folgt aus der Gleichung $\frac{A \operatorname{Sin} \alpha}{\operatorname{Sin}(\beta - \alpha)} = \frac{B \operatorname{Sin} \gamma}{\operatorname{Sin}(\gamma - \beta)}$, die Proportion

$$A : B = \operatorname{Sin} \gamma \operatorname{Sin}(\beta - \alpha) : \operatorname{Sin} \alpha \operatorname{Sin}(\gamma - \beta).$$

Verlängert man nun die Richtungen NF und MG, bis sie die Richtungslinien der Kräfte B, A in K und H schneiden, so hat man

$$GK : FG = \operatorname{Sin}(\beta - \alpha) : \operatorname{Sin} \alpha \text{ und}$$
$$FG : FH = \operatorname{Sin} \gamma : \operatorname{Sin}(\gamma - \beta); \text{ also}$$
$$GK : FH = \operatorname{Sin} \gamma \operatorname{Sin}(\beta - \alpha) : \operatorname{Sin} \alpha \operatorname{Sin}(\gamma - \beta),$$

und folglich auch:

$$A : B = GK : FH,$$

auf welches Gesetz sich die Einrichtung einer Wage begründen läßt.

II. Von der festen und losen Rolle.

§. 152. **Aufgabe.** Um eine feste Rolle ist ein Seil gelegt, an welchem an dem einen Ende eine Kraft Q tangential wirkt, wie groß muß die an dem andern Ende tangential thätige Kraft **P** sein, um mit Q und den Nebenhindernissen im Gleichgewicht zu stehen?

Auflösung. Der Halbmesser der Rolle bis in die centrische Linie des Seils gemessen, sei $= r$ Zolle; die Halbmesser seiner Zapfen $= \varrho$ Zolle; der Durchmesser des Seils $= \delta$ Zolle, das Gewicht der Rolle, des Seils und der Zapfen $= W$; die Richtung von Q bilde mit dem Horizont den Winkel β; die von P den Winkel α (Fig. 62.), so ist die horizontale Pressung der Zapfen an die Zapfenlager $= P \cos\alpha - Q \cos\beta$, die lothrechte $= W + P \sin\alpha + Q \sin\beta$; also der Reibung erzeugende Normaldruck

$$= \sqrt{[P \cos\alpha - Q \cos\beta]^2 + [W + P \sin\alpha + Q \sin\beta]^2},$$

welcher durch D ausgedrückt werden soll. In Beziehung auf die Drehung um die Achse der Rolle hat nun Q den Hebelsarm $r + \frac{1}{2}\delta^2$ (§. 133.), die Reibung μD den ϱ und die zu bestimmende Kraft P den r, und es muß also fürs Gleichgewicht von P mit Q und μD, nothwendig

$$P r = Q . (r + \tfrac{1}{2}\delta^2) + \mu D \varrho, \text{ oder}$$

$$P r = Q (r + \tfrac{1}{2}\delta^2) + \mu\varrho . \sqrt{[P \cos\alpha - Q \cos\beta]^2 + [W + P \sin\alpha + Q \sin\beta]^2}$$

sein, aus welcher Gleichung sich P durch eine unreine quadratische Gleichung bestimmt.

§. 153. **Zusatz.** Berücksichtigt man bei Bestimmung der Reibung nach §. 129. Anmerk. nur den lothrechten Druck, so hat man

$$P . r = Q . [r + \tfrac{1}{2}\delta^2] + \mu\varrho [W + P \operatorname{Sin} \alpha + Q \operatorname{Sin} \beta],$$

welche Gleichung in den meisten Fällen hinreichende Genauigkeit gewährt.

§. 154. Zusatz. Ist $\alpha = 90°$ und $\beta = 90°$, d. h. wirken P und Q lothrecht, so ist die Gleichung

$$P r = Q [r + \tfrac{1}{2}\delta^2] + \mu\varrho [W + P + Q],$$ und hieraus

$$P = \frac{r + \frac{1}{2}\delta^2 + \mu\varrho}{r - \mu\varrho} Q + \frac{\mu\varrho}{r - \mu\varrho} . W.$$

In den meisten Fällen ist der Einfluß von W höchst unbedeutend, und in solchen kann man bloß

$$P = \frac{r + \frac{1}{2}\delta^2 + \mu\varrho}{r - \mu\varrho} . Q$$ setzen.

Beispiel. Es sei $r = 4''$, $\delta = \frac{1}{2}''$, $\varrho = \frac{1}{2}''$, $\mu = \frac{1}{8}$, $W = 20$ Pfd., $Q = 300$ Pfd., so giebt die erste Formel $P = 319{,}365$, die zweite $P = 319{,}0476$; eine Verschiedenheit, die bei der Ungewißheit des Werths von μ ganz außer Betracht fällt.

§. 155. Aufgabe. Um eine lose Rolle in verticaler Ebene, an deren Achse ein Gewicht Q hängt, ist ein Seil gelegt, welches an seinem einen Endpunct an eine unverrückbare Stelle befestigt, an seinem andern aber, so daß das ganze Seil sich in einer Verticalebene befindet, von einer Kraft P ergriffen wird (Fig. 63.); wie groß muß P sein, und nach welcher Richtung muß P wirken, um mit Q und den Nebenhindernissen im Gleichgewicht zu stehen?

Auflösung. Bezeichnet W das Gewicht der Rolle, des Bolzen und des Seils, ϱ den Halbmesser der Bolzen, r den der Rolle bis in die centrische Linie des Seils gemessen, R die Gewalt, welche der Haken, an den das Seil befestigt ist, auszuhalten hat, β den Winkel, welchen die Richtung von R mit der horizontalen bildet, α den der Richtung von P mit derselben, so hat man für die hier thätigen Kräfte, welche nach Richtungen nicht parallel in einer Ebene wirken, die Gleichungen

$$P \sin\alpha + R \sin\beta = Q + W,$$
$$R \cos\beta = P \cos\alpha,$$
$$Pr = \mu Q \varrho + R(r + \tfrac{1}{2}\delta^2),$$

aus welchen die 3 unbekannten Größen α, R und P zu entwicklen sind.

§. 156. Zusatz. Ist $\beta = 90°$, so hat man

$$P \sin\alpha + R = Q + W,$$
$$0 = P \cos\alpha \text{ und}$$
$$Pr = \mu Q \varrho + R(r + \tfrac{1}{2}\delta^2),$$

und aus diesen Gleichungen folgt $\alpha = 90°$;

$$P = \frac{r + \frac{1}{2}\delta^2 + \mu\varrho}{2r + \frac{1}{2}\delta^2} \cdot Q + \frac{r + \frac{1}{2}\delta^2}{2r + \frac{1}{2}\delta^2} \cdot W,$$

$$R = \frac{r - \mu\varrho}{2r + \frac{1}{2}\delta^2} \cdot Q + \frac{r}{2r + \frac{1}{2}\delta^2} \cdot W.$$

Fast in allen vorkommenden Fällen kann W außer Betracht gelassen werden, und dann hat man

$$P = \frac{r + \frac{1}{2}\delta^2 + \mu\varrho}{2r + \frac{1}{2}\delta^2} \cdot Q$$

$$R = \frac{r - \mu\varrho}{2r + \frac{1}{2}\delta^2} \cdot Q.$$

III. Von den Rollen- und Flaschenzügen.

§. 157. Aufgabe. Es bilden n lose und eine feste Rolle einen Rollenzug (Fig. 64.); an der ersten losen Rolle hängt eine Last Q, welche Kraft P ist an der festen Rolle erforderlich, um mit Q und den Nebenhindernißen im Gleichgewicht zu stehen, wenn die Richtungen aller Seile als lothrecht zu betrachten sind.

Auflösung. Bezeichnet r den Halbmesser der Rollen bis in die Mitte der centrischen Linie des Seils gemessen, ϱ den der Bolzen, δ den Durchmesser des Seils, alle Abmessungen in Zollen verstanden, b den Ausdruck $\frac{r + \frac{1}{2}\delta^2 + \mu\varrho}{2r + \frac{1}{2}\delta^2}$ (§. 156.), a den $\frac{r + \frac{1}{2}\delta^2 + \mu\varrho}{r - \mu\varrho}$ (§. 154.), und wird das Gewicht der Rollen und Seile außer Betrachtung gelassen, so hat man die erforderliche Kraft an der ersten losen Rolle nach (§. 156.) $= b\,Q$; folglich die an der 2ten $= b.bQ = b^2Q$; an der 3ten $= b.b^2.Q = b^3Q$ u. s. w., endlich an der letzten oder nten $= b^n Q$, folglich nach §. 154. $P = a \,.\, b^n \,.\, Q$, oder die Werthe gesetzt,

$$\text{(I)}\quad P = \frac{[r + \frac{1}{2}\delta^2 + \mu\varrho]^{n+1}}{[r - \mu\varrho]\,[2r + \frac{1}{2}\delta^2]^n} \,.\, Q.$$

Werden alle Nebenhindernisse bei Seite gesetzt, oder δ und μ gleich Null genommen, so folgt aus (I.)

$$\text{(II)}\quad P = \frac{Q}{2^n}.$$

Beispiel. Es sei $r = 3''$; $\delta = \frac{1}{2}''$; $\varrho = \frac{1}{2}''$; $\mu = \frac{1}{8}$; $n = 5$; $Q = 640$ Pfd., so giebt die Formel (I), $P = 26\frac{1}{2}$ Pfd.; die (II) giebt $P = 20$ Pfd.

§. 158. Aufgabe. Ein Flaschenzug hat in jeder Flasche n Rollen, man soll die Kraft P fürs Gleichgewicht mit der Last Q und den Nebenhindernissen bestimmen (Fig. 65. ist für $n = 3$ dargestellt).

Auflösung. Bezeichnet r den mittleren Halbmesser der Rollen, ϱ den der Bolzen (im Fall die Rollen wie gewöhnlich in jeder Flasche nebeneinander, nicht untereinander liegen, so haben wirklich alle denselben Halbmesser),

δ den Durchmesser des Seils, Q', Q'', Q''' die aus Q auf die Bolzen entspringenden Pressungen, R, R', R'', R''', R^{IV} die Spannungen in denen die Rollen der untern Flasche mit denen der oberen verbindenden Seilen, a den Ausdruck $\frac{r+\frac{1}{2}\delta^2+\mu\varrho}{r-\mu\varrho}$; b den $\frac{r+\frac{1}{2}\delta^2+\mu\varrho}{2r+\frac{1}{2}\delta^2}$; c den $\frac{r-\mu\varrho}{2r+\frac{1}{2}\delta^2}$ (§. 154. und 156.), und wird das Gewicht des Seils und der Rollen unberücksichtigt gelassen, so hat man für $n=3$ die 9 Gleichungen:

1) $R=bQ'''$; 2) $R'=aR$; 3) $R'=cQ''$;
4) $R''=bQ''$; 5) $R'''=aR''$; 6) $R'''=cQ'$;
7) $R^{IV}=bQ'$; 8) $P=aR^{IV}$; 9) $Q'+Q''+Q'''=Q$;

zu Bestimmung der 9 unbekannten Größen Q, Q', Q'', Q'''; R, R', R'', R''', R^{IV}. Die Verbindung der 3 ersten Gleichungen giebt 10) $abQ'''=cQ''$; die der folgenden 3 11) $abQ''=cQ'$; die der 7ten und 8ten 12) $P=abQ'$, und aus 10., 11. und 12. erhält man $Q'=\frac{P}{ab}$; $Q''=\frac{cP}{(ab)^2}$; $Q'''=\frac{c^2P}{(ab)^3}$, und setzt man diese Werthe in 9., so entsteht für $n=3$,

$$\frac{P}{ab}+\frac{cP}{(ab)^2}+\frac{c^2P}{(ab)^3}=Q,$$ also allgemein

$$\frac{P}{ab}+\frac{cP}{(ab)^2}+\ldots+\frac{c^{n-1}P}{(ab)^n}=Q;$$ oder,

$\frac{c}{ab}$ durch e ausgedrückt,

$$\frac{P}{ab}[1+e+e^2+\ldots+e^{n-1}]=Q,$$ und also nach (§. 198. Arithm. I. Bd.)

$$\frac{P}{ab}\cdot\frac{e^n-1}{e-1}=Q;$$ folglich

$$\text{(I)}\quad P=\frac{ab(1-e)}{1-e^n}\cdot Q.$$

Ohne Rücksicht auf Nebenhindernisse ist $a=1$, $b=\frac{1}{2}$, $c=\frac{1}{2}$, also $e=1$ und die noch nicht summirte Reihe giebt sogleich $\frac{P}{1.\frac{1}{2}}.[1+1+\ldots+1]=Q$, oder $2Pn=Q$, also

$$\text{(II)}\quad P=\frac{Q}{2n}.$$

Beispiel. Ist $r=3''$; $\delta=\frac{1}{2}''$; $\varrho=1''$; $\mu=\frac{1}{8}$; $n=3$; $Q=1200$ Pfd., so erhält man $P=300$ Pfd., und ohne Rücksicht auf Nebenhindernisse $P=200$ Pfd.

§. 159. **Zusatz.** Ist das Seil an der untern Flasche befestigt, hat diese $n-1$, die obere also n Rollen, so erhält man bei derselben Bezeichnung

$$Q=\frac{P}{ab}[1+e+e^2+\ldots+e^{n-2}]+\frac{Pe^{n-1}}{a}$$

$$=\frac{P}{ab}\left[\left(b-\frac{1}{1-e}\right)e^{n-1}+\frac{1}{1-e}\right],\text{ also}$$

$$\text{(I)}\quad P=\frac{ab(1-e)}{[b-be-1]e^{n-1}+1}Q;$$

und ohne Rücksicht auf Nebenhindernisse

$$\text{(II)}\quad P=\frac{Q}{2n-1}.$$

Es verhält sich daher für jede der beiden Vorrichtungen, wenn die Nebenhindernisse nicht berücksichtigt werden, **die Kraft P zur Last Q, wie Eins zur Anzahl sämmtlicher Rollen.**

Beispiel. Für dieselben Zahlenwerthe wie im Beispiel §. 158. erhält man $P=341$ Pfd., ohne Nebenhindernisse $P=240$ Pfd.

Des zweiten Abschnitts
Achtes Kapitel.

Vom Rad an der Welle, dem ineinander greifenden Räderwerk, der Schraube ohne Ende, dem Pferdegöpel, der Tretscheibe und dem Laufrad, der Kraftbestimmung bei Aufziehung der Brückenklappen und der Theorie der Fuhrwerke.

I. Vom Rad an der Welle, dem ineinander greifenden Räderwerk und der Schraube ohne Ende.

§. 160. **Aufgabe.** An einer festen Welle ist normal auf die Achse derselben ein Rad befestigt, in dessen Peripherie tangential eine Kraft P wirkt, in der Peripherie der Welle wirkt am Hebelsarm r tangential, mit dem Bestreben zu entgegengesetzter Drehung eine Last $= Q$; man soll P fürs Gleichgewicht mit Q und den Nebenhindernissen bestimmen.

Auflösung. **1stens**, wenn die Achse der Welle horizontal ist, und vorausgesetzt wird, daß das ganze System nur Drehung um diese Achse, den Kräften entsprechend, annehmen kann (Fig. 66.).

Bezeichnet W das Gewicht der Welle mit ihren Zapfen und des Rades, ϱ den Halbmesser der Wellzapfen, α den Winkel, welchen die Richtung von P, β den, welchen die Richtung von Q mit dem Horizont bildet, so ist die lothrechte Pressung auf beide Zapfenlager $= W + P \operatorname{Sin} \alpha + Q \operatorname{Sin} \beta$; die horizontale $= Q \operatorname{Cos} \beta - P \operatorname{Cos} \alpha$; also die aus beiden entspringende normale

$= \sqrt{[W + P \operatorname{Sin} \alpha + Q \operatorname{Sin} \beta]^2 + [Q \operatorname{Cos} \beta - P \operatorname{Cos} \alpha]^2}$, wofür D gesetzt werden soll. Aus D entsteht der Reibungswiderstand μD, welcher zum Theil im Mantel des einen, zum Theil in dem des andern Zapfens gegen drehende Bewegung Widerstand leistet. Nach (§. 42. 4tens) hat man daher die Bedingungs-Gleichung $P . R = Q r + \varrho . \mu D$, in welcher R den Halbmesser des Rades als Hebelsarm von P ausdrückt; substituirt man den Werth für D, so ist die Gleichung

$$P . R = Q r + \varrho \mu \sqrt{[W + P \operatorname{Sin} \alpha + Q \operatorname{Sin} \beta]^2 + [Q \operatorname{Cos} \beta - P \operatorname{Cos} \alpha]^2}.$$

In den meisten hierher gehörigen Fällen ist es hinreichend, bei Bestimmung der Reibung nur den lothrechten Druck zu berücksichtigen (§. 129. und 153.), und dann hat man $P R = Q r + \varrho \mu [W + P \operatorname{Sin} \alpha + Q \operatorname{Sin} \beta]$, und hieraus

$$P = \frac{Q r + \varrho \mu [W + Q \operatorname{Sin} \beta]}{R - \varrho \mu \operatorname{Sin} \alpha}.$$

Beispiel. Ist $R = 60''$; $\varrho = 2''$; $r = 10''$; $\mu = \frac{1}{8}$; $Q = 1000$ Pfund; $W = 2000$ Pfund; $\alpha = 0$, also die Richtung von P horizontal; $\beta = 90°$, also die Richtung von Q lothrecht, in welchem Fall der Einfluß des horizontalen Drucks auf Reibung bedeutend ist, so giebt die vollständige Gleichung

$$P . 60 = 1000 . 10 + 2 . \tfrac{1}{8} . \sqrt{3000^2 + P^2},$$

und hieraus folgt $P = 183{,}36$; die Näherungs-Formel giebt $P = 183\tfrac{1}{3}$, aus welchem höchst unbedeutenden Unterschied erhellet, daß die Näherungs-Formel immer mit Sicherheit zu gebrauchen ist.

2tens, wenn die Achse der Welle mit dem Horizont den Winkel γ bildet (Fig. 67.) bei derselben Voraussetzung wie in 1stens. Behalten die Buchstaben P, Q, W, R, ϱ,

r, μ ihre vorige Bedeutung, und versteht man unter α und β die in der Figur angezeigten Winkel, so ist der Normaldruck auf die Grundebene des unteren Zapfen $= W \operatorname{Sin} \gamma$; also, wenn μ' den Reibungs-Coefficienten für gleitende Reibung ausdrückt, der Reibungswiderstand in der Entfernung $\frac{2}{3}\varrho$ von der Drehachse (§. 130.) $= \mu' W \operatorname{Sin} \gamma$. Ferner sind die Wirkungen auf die Mäntel der Zapfen nach Richtungen, die sich normal durchschneiden,
$= W \operatorname{Cos} \gamma + P \operatorname{Sin} \alpha + Q \operatorname{Sin} \beta$ und $P \operatorname{Cos} \alpha + Q \operatorname{Cos} \beta$, also der am Umfang der Zapfen Reibung erzeugende Normaldruck

$$D = \sqrt{[W \operatorname{Cos} \gamma + P \operatorname{Sin} \alpha + Q \operatorname{Sin} \beta]^2 + [P \operatorname{Cos} \alpha + Q \operatorname{Cos} \beta]^2};$$

und das Widerstands-Moment der daraus entspringenden Reibung $= \varrho \mu D$; folglich die Bedingungsgleichung

$$PR = Q r + \tfrac{2}{3} \varrho \mu' W \operatorname{Sin} \gamma + \varrho \mu D.$$

Auch hier kann man gewöhnlich D bloß

$$= W \operatorname{Cos} \gamma + P \operatorname{Sin} \alpha + Q \operatorname{Sin} \beta$$

setzen, und hat dann

$$PR = Qr + \tfrac{2}{3} \varrho \mu' W \operatorname{Sin} \gamma + \varrho \mu [W \operatorname{Cos} \gamma + P \operatorname{Sin} \alpha + Q \operatorname{Sin} \beta];$$

woraus sich P leicht ergiebt.

3tens. Ist $\gamma = 90°$, so wird die vollständige Gleichung $PR =$

$$Qr + \tfrac{2}{3} \varrho \mu' W + \varrho \mu \sqrt{[P \operatorname{Sin} \alpha + Q \operatorname{Sin} \beta]^2 + [P \operatorname{Cos} \alpha + Q \operatorname{Cos} \beta]^2};$$

die Näherungsgleichung:

$$PR = Q r + \tfrac{2}{3} \varrho \mu' W + \varrho \mu [P \operatorname{Sin} \alpha + Q \operatorname{Sin} \beta].$$

§. 161. Zusatz. Wird statt des Rades an einer Welle bloß ein Balancier mit Zapfen in Anwendung gebracht, an dessen Enden Bolzen sind, so daß die Kräfte an diesen Stellen, auch wenn die Drehung um die Achse der Zapfen erfolgt, ihre lothrechte Lage beibehalten können, so wird die Vergleichung wegen der mehreren Reibungspuncte an den verschiedenen Zapfen oder Bolzen durch das Prinzip der virtuellen Geschwindigkeiten am einfachsten.

Ist AB (Fig. 68.) die Horizontale durch die Achse der Zapfen, und normal auf dieselbe; der Balancier jetzt in horizontaler Lage; a der Hebelsarm von P in Beziehung auf die Drehachse; b der von Q; c der lothrechte Abstand von AB bis zur Achse des Bolzen, an welchem P wirkt; e derselbe Abstand für Q; r der Halbmesser der Zapfen; ϱ der des Bolzen zu P; ϱ' der des Bolzen zu Q; W das Gewicht des Balancier, N sein Schwerpunct; und d der Hebelsarm von W; so ist, Drehung zum Bogenwinkel α um die Zapfenachse, dem Bestreben von P entsprechend, gedacht,

der Weg von $P = a \operatorname{Sin}\alpha + c \operatorname{Cos}\alpha - c = a \operatorname{Sin}\alpha - 2c\left(\operatorname{Sin}\frac{\alpha}{2}\right)^2$,
der der Reibung am Bolzen bei $A = \varrho\alpha$,
" " " " " " " " $B = \varrho'\alpha$,
" " " " an den Zapfen $= r\alpha$,
der vom Gewicht W . . . . $= d \operatorname{Sin}\alpha$,
und der von $Q = b \operatorname{Sin}\alpha + e \operatorname{Cos}\alpha - e = b \operatorname{Sin}\alpha - 2e\left(\operatorname{Sin}\frac{\alpha}{2}\right)^2$;

also, wenn P mit Q und den Nebenhindernissen im Gleichgewicht stehen soll, $2 \operatorname{Sin}\frac{\alpha}{2} \operatorname{Cos}\frac{\alpha}{2}$ für $\operatorname{Sin}\alpha$ geschrieben, die Bedingungsgleichung:

$$2P \operatorname{Sin}\frac{\alpha}{2}\left[a \operatorname{Cos}\frac{\alpha}{2} - c \operatorname{Sin}\frac{\alpha}{2}\right] = \mu P . \varrho\alpha + \mu Q . \varrho'\alpha$$
$$+ \mu[P + Q + W] r\alpha - W d \operatorname{Sin}\alpha + 2Q \operatorname{Sin}\frac{\alpha}{2}\left[b \operatorname{Cos}\frac{\alpha}{2} - e \operatorname{Sin}\frac{\alpha}{2}\right].$$

Ist nur von Bestreben zur Bewegung, oder vom Gleichgewicht während der Bewegung die Rede, wie in allen Untersuchungen der Statik, so muß aus der gefundenen Gleichung entnommen werden, welchen Werth von P sie liefert, wenn α gleich Null ist. Dividirt man zu dem Ende die Gleichung durch α, so wird sie

$$P \cdot \frac{\mathrm{Sin}\frac{\alpha}{2}}{\frac{\alpha}{2}} \cdot \left[a\,\mathrm{Cos}\frac{\alpha}{2} - c\,\mathrm{Sin}\frac{\alpha}{2}\right] = \mu\varrho P + \mu\varrho' Q$$

$$+ \mu r[P+Q+W] - dW \cdot \frac{\mathrm{Sin}\alpha}{\alpha} + Q \cdot \frac{\mathrm{Sin}\frac{\alpha}{2}}{\frac{\alpha}{2}}\left[b\,\mathrm{Cos}\frac{\alpha}{2} - e\,\mathrm{Sin}\frac{\alpha}{2}\right].$$

Da nun (nach §. 43. II. Bd.) $\frac{\mathrm{Sin}\,\beta}{\beta}$ gleich Eins wird, wenn $\beta = 0$ ist, so geht die dargestellte Gleichung für $\alpha = 0$ in folgende über:

$$P.a = \mu\varrho P + \mu\varrho' Q + \mu r[P+Q+W] - dW + Qb;$$

und hieraus ist

$$P = \frac{\mu\varrho' Q + \mu r[Q+W] + bQ - dW}{a - \mu\varrho - \mu r}.$$

§. 162. **Aufgabe.** Für mehre ineinandergreifende Räder die Größe der Kraft P, fürs Gleichgewicht mit der Last Q und den Nebenhindernissen zu bestimmen.

Auflösung. Bezeichnen bei der (in Fig. 69.) dargestellten Verbindung für die 3 Drehachsen I, II, III; R, R', R'' die Halbmesser der Räder, r, r', r'' die der Wellen oder der Getriebe an denselben; ϱ, ϱ', ϱ'' die der Zapfen; W, W', W'' die Gewichte der Räder nebst Welle uud Zapfen; α den Winkel der Richtung von Q mit dem Horizont, β den der Richtung der Tangente an den Berührungspunct des Stirnrads an I mit dem Getriebe an II, mit dem Horizont; γ denselben Winkel für die Räder an II und III; δ den, welchen die Richtung von P mit dem Horizont bildet, so erhält man die erforderliche Kraft unter dem Winkel β durch x ausgedrückt, zur Bestimmung von x die Gleichung (§. 160.)

$$1.\quad xR = Qr + \varrho\mu[W + Q\,\mathrm{Sin}\,\alpha + x\,\mathrm{Sin}\,\beta],$$

in welcher, wenn Q an einem Seil vom Durchmesser δ

wirkt, $r + \frac{1}{2}\delta^2$ für r zu setzen ist, die Reibung aus dem horizontalen Druck übrigens unberücksichtigt gelassen wurde.

Setzt man nun den Reibungs-Coefficienten für die Reibung zwischen Kamm und Triebstock $= \mu'$ (im Mittel ist $\mu' = \frac{1}{18}$ anzunehmen], so ist der in der Peripherie des Getriebes an der Welle II zu überwindende Widerstand $= \mu'.x + x$, und bezeichnet y die zu Ueberwältigung desselben und der Reibung erforderliche Kraft in der Peripherie des Stirnrades zu II, so hat man, ebenfalls ohne Berücksichtigung der Reibung, insofern sie vom horizontalen Druck entspringt, die Bedingungsgleichung:

2. $yR' = [\mu' x + x].r' + \varrho' \mu.[W' - x \operatorname{Sin}\beta - y \operatorname{Sin}\gamma]$, in welcher der Factor in den letzten Klammern $= x \operatorname{Sin}\beta + y \operatorname{Sin}\gamma - W'$ genommen werden muß, wenn $x \operatorname{Sin}\beta + y \operatorname{Sin}\gamma > W'$, also eine Presse über die Zapfen erforderlich ist. Ist aus 2. der Werth für y gefunden, so hat man dann den Widerstand in der Peripherie des Getriebes zu III gegen P, gleich $y + \mu' y$ oder $\frac{19}{18} y$, und also die letzte Bedingungsgleichung für die gewählte Zusammenstellung,

3. $P.R'' = [1 + \mu'] y.r'' + \varrho''.\mu[W'' + P \operatorname{Sin}\delta + y \operatorname{Sin}\gamma]$, woraus sich P bestimmen läßt.

§. 163. Zusatz. Läßt man alle Nebenhindernisse unberücksichtigt, so hat man bloß

$$xR = Qr;$$
$$yR' = x.r';$$
$$P.R'' = y.r''; \text{ also}$$
$$P.R.R'.R'' = Q.r.r'.r''; \text{ oder}$$
$$P:Q = r.r'.r'' : R.R'.R'',$$

welche Proportion gewöhnlich folgendergestalt ausgedrückt wird. Es verhält sich die Kraft zur Last, wie das Product

duct der Halbmesser der Räder der Last zum Product der Halbmesser der Räder der Kraft.

§. 164. **Aufgabe.** Für die Schraube ohne Ende (Fig. 70.) die Kraft P an der Kurbel fürs Gleichgewicht mit der Last Q und den Nebenhindernissen zu bestimmen.

Auflösung. Die Last Q hänge vermittelst eines Seils vom Durchmesser δ lothrecht an einer Welle zum Halbmesser b; die Halbmesser der Zapfen dieser horizontalen Welle sind $=\varrho$; an der Welle, normal auf ihre Achse, befindet sich ein Stirnrad zum Halbmesser a und das Gewicht der Welle, Zapfen und des Stirnrades sei $= W$; das Stirnrad, dessen Kämme eine entsprechende, schiefe Stellung haben, wird von einer Schraube ohne Ende an einer horizontalen Spindel ergriffen, deren Umdrehung die Kraft P an der Kurbel, welche am Ende der Spindel angebracht ist, bei der geringsten Vermehrung von P hervorbringen soll. Es bezeichne ferner V das Gewicht der Schraubenspindel nebst ihren Zapfen und der Kurbel; h die Höhe des Schraubengangs; r den mittleren Halbmesser der Spindel; ϱ' die Halbmesser der Zapfen der Spindel und c den Hebelsarm von P oder den Bug der Kurbel. Versteht man nun unter x die Kraft, welche an der mittleren Peripherie des Stirnrades an der Angriffsstelle der Schraube tangential fürs Gleichgewicht mit Q und den Nebenhindernissen erforderlich ist, so daß also x zugleich die Pressung auf die Schraubengänge parallel mit der Achse der Spindel ist, so hat man zur Bestimmung von x die Gleichung

$$x . a = Q[b + \tfrac{1}{2}\delta^2] + \varrho . \mu . \sqrt{x^2 + [Q + W]^2},$$

wofür man nach §. 160. 1. bloß

$$x . a = Q . [b + \tfrac{1}{2}\delta^2] + \varrho\mu[Q + W] \text{ setzen kann.}$$

Ist hieraus x bestimmt, so ergiebt sich dann P am leichtesten nach dem Prinzip der virtuellen Geschwindigkeiten. Denkt man sich nemlich den Stand, für welchen die Normalpressung auf die Zapfen der Spindel am größten ist, also den Bug horizontal, und P lothrecht niederdrückend, so ist diese Normalpressung $= P + V$, also die Reibung am Umfang beider Zapfen $= \mu (P + V)$, ferner ist der Normaldruck auf die Grundebene des Zapfens in $A = x$, also, wenn μ' den Reibungs-Coefficienten für diese gleitende Reibung bezeichnet, der Widerstand in der Entfernung $\frac{2}{3}\varrho'$ von der Drehachse $= \mu' x$, dann hat man den Normaldruck auf die Schraubengänge der Spindel $= x \operatorname{Cos} \alpha$, unter α den Winkel verstanden, welcher im rechtwinkligten Dreieck zu den Catheten h und $2 r \pi$ der Cathete h gegenüber liegt (§. 144.), also, wenn μ'' den hierher gehörigen Reibungs-Coefficienten bezeichnet, den zugehörigen Widerstand $= \mu'' x \operatorname{Cos} \alpha$. Durchliefe nun P den Weg $2 c \pi$, so ist der gleichzeitige Weg von x, gleich h, der von $\mu (P + V)$, $= 2 \varrho' \pi$, der von $\mu' x$, $= 2 . \frac{2}{3} \varrho' . \pi$ und der von $\mu'' x \operatorname{Cos} \alpha$, $= a$, unter a die Hypotenuse zu den Catheten h und $2 r \pi$ verstanden, so daß also $a \operatorname{Cos} \alpha = 2 r \pi$ ist, und man hat daher die Gleichung:

$$P . 2 c \pi = \mu (P + V) . 2 \varrho' \pi + \mu' x . 2 . \tfrac{2}{3} \varrho' \pi + x h + \mu'' x . 2 r \pi,$$

woraus $P = \dfrac{\frac{h}{2\pi} + \frac{2}{3}\mu'\varrho' + \mu'' r}{c - \mu \varrho'} . x + \dfrac{\mu \varrho' V}{c - \mu \varrho'}$ folgt, in welcher Formel $x = \dfrac{b + \frac{1}{2}\delta^2 + \varrho \mu}{a} Q + \dfrac{\varrho \mu}{a} W$ ist.

§. 165. Zusatz. Ohne Rücksicht auf Nebenhindernisse, wird $x = \frac{b}{a} Q$ und $P = \frac{h}{2 c \pi} x$, also $P = \frac{b h}{2 a c \pi} Q$.

Beispiel. Ist $Q = 5500$ Pfd., $\delta = \frac{3}{4}''$, $b = 8''$, $\varrho = \frac{3}{2}''$, $a = 35''$, $W = 800$ Pfd., $V = 500$ Pfd., $h = \frac{3}{2}''$,

$r = 4''$, $\varrho' = 1''$, $c = 12''$; $\mu = \frac{1}{8}$, $\mu' = \mu'' = \frac{1}{6}$, so hat man $x = \frac{8 + \frac{9}{32} + \frac{3}{16}}{35} . 5500 + \frac{2}{16.53} . 800 = 1335$, und dann $P = \frac{\frac{3}{4\pi} + \frac{1}{9} + \frac{2}{3}}{12 - \frac{1}{8}} . 1335 + \frac{\frac{1}{8} . 500}{12 - \frac{1}{8}} = 119{,}5$; ohne Rücksicht auf Nebenhindernisse entsteht nur $P = 25$.

§. 166. Zusatz. Beim Richten der Kanonen bedient man sich auch der Schraube, und das Wesentliche der Vorrichtung ist in Fig. 71. dargestellt. Eine genaue Bestimmung der Kraft P zum Drehen der Schraube würde, wegen der vielen Reibungspuncte und der Veränderlichkeit der verschiedenen Winkel während der Erhebung, zu einer höchst zusammengesetzten Formel führen. Es genügt vollkommen, um so mehr, da thierische Kräfte in Anwendung gebracht werden, deren Größe doch nur geschätzt werden kann, bloß die Haupthindernisse zu berücksichtigen und dabei eine rechtwinklige Lage anzunehmen. Es sei nemlich das auf den Punct A reducirte Gewicht der hinterwichtigen Kanone B und des Hebels C, so wie die dahin reducirte Reibung an den Zapfen, gleich Q, die Ring-Ebene, auf welcher die Mutter D bei der Drehung Reibung zu überwinden hat, entspreche den Halbmessern a, b, so daß also der Reibungswiderstand μQ in der Entfernung $\frac{2}{3} . \frac{a^3 - b^3}{a^2 - b^2}$ oder $\frac{2}{3} . \frac{a^2 + b^2 + ab}{a + b}$ zu überwinden ist, ferner sei der Hebelsarm von P gleich R, der mittlere Halbmesser der Spindel $= r$, die Höhe eines Schraubengangs $= h$, so hat man nach dem Prinzip der virtuellen Geschwindigkeiten (wie in §. 144.) hinreichend genau:

$$P . 2R\pi = Qh + \mu Q . 2r\pi + \mu Q . 2 . \frac{2}{3} \frac{a^3 - b^3}{a^2 - b^2} . \pi,$$

woraus sich P sogleich ergiebt.

II. Vom Pferdegöpel, der Tretscheibe und dem Laufrad.

§. 167. Aufgabe. An einer Welle mit verticaler Achse wirken, tangential in der Entfernung R von der Achse, in einer horizontalen Ebene, Pferde zu Ueberwindung einer Last Q, welche in der Entfernung r von dieser Achse, nach horizontaler Richtung, tangential thätig ist. Die erforderliche Menge x der Pferde, wenn jedes mit der Gewalt p wirkt, an diesem Pferdegöpel, fürs Gleichgewicht mit Q und den Nebenhindernissen zu bestimmen.

Auflösung. Bezeichnet W das Gewicht des ganzen Pferdegöpels, ϱ die Halbmesser der Zapfen der Welle, μ den Reibungs-Coefficienten für drehende, μ' für gleitende Reibung, und bestimmt man erstere für den nachtheiligsten Fall, nemlich für den, wenn die gesammte erforderliche Kraft x.p an einem Hebel thätig wäre, immer gerade an der Stelle der Bahn der Pferde, für welche die Richtung von xp mit der von Q, parallel zu demselben Ziel läuft, so hat man, ganz so wie in §. 160.,

$$xp \cdot R = Qr + \mu' W \cdot \tfrac{2}{3}\varrho + \mu[xp + Q]\varrho, \text{ und hieraus}$$

$$x = \frac{(r + \mu\varrho)Q + \frac{2}{3}\mu'\varrho W}{p(R - \mu\varrho)}.$$

Fürs Gleichgewicht während der Bewegung kann man nach Erfahrungen im Mittel p = 200 Pfund annehmen, wenn das Pferd in jeder Secunde circa 4 Fuß durchläuft.

§. 168. Aufgabe. An einer Welle, deren Achse gegen den Horizont unter dem Winkel γ geneigt ist (Fig. 67.), befindet sich, normal auf diese Achse, eine Kreisscheibe, und auf ihr steht in der Entfernung R von der Achse, in der Durchschnittslinie dieser Kreisscheibe mit der Ebene, welche durch die Achse normal auf die Ebene γ gelegt ist, ein lebendes Thier vom Gewicht P, welches durch, auf der Kreisscheibe befestigte Latten, gegen Abgleiten auf der schiefen Ebene dieser Scheibe gesichert ist, folglich mit seinem abgleitenden Bestreben auf Drehung dieser Scheibe wirkt. Man soll Kraft und Last vergleichen.

Auflösung. Das abgleitende Bestreben des Gewichtes P ist $= P \operatorname{Cos} \gamma$, folglich das Moment der auf Drehung wirkenden Kraft $= R . P \operatorname{Cos} \gamma$, und dieses ist dem Moment der Last und den Momenten der Reibungen gleich zu setzen, ganz wie in §. 160. 2. Nach Erfahrungen ist im Mittel $\gamma = 70°$ zu nehmen.

Anmerk. Man kann die Welle auch vertical, also die Scheibe horizontal nehmen, dann muß aber das Thier an eine feste Wand gespannt werden.

§. 169. Aufgabe. An einer horizontalen Welle befindet sich ein Rad (Laufrad), dessen Mantel gediehlt und mit Latten versehen ist (Fig. 72.). In derjenigen Stelle A desselben, für welchen die Tangente mit dem Horizont einen Winkel α bildet, steht ein lebendes Thier vom Gewicht P, und wirkt also durch sein abgleitendes Bestreben auf Umdrehung. Man soll P und α mit der Last vergleichen.

Auflösung. Das abgleitende Bestreben ist $= P \operatorname{Sin} \alpha$, folglich, wenn R den Halbmesser des Laufrades bezeichnet, $R . P \operatorname{Sin} \alpha$ das Moment der Kraft, und dieses ist dem Moment der Last und den Momenten der Reibungen gleich zu setzen, ganz wie in §. 160. Nach der in §. 168. angegebenen Erfahrung ist α im Mittel zu 20° anzunehmen.

Beispiel zu einem Pferdegöpel. Welche Last x kann durch ein Pferd von 200 Pfd. Kraft bei der in

Fig. 73. angezeigten Verbindung und den angegebenen Abmessungen, wenn μ für gleitende Reibung $= \frac{1}{6}$, für Zapfen-Reibung $= \frac{1}{8}$ angenommen wird, während der Bewegung im Gleichgewicht erhalten werden?

Man erhält $y = x \cdot \frac{4}{13} + \frac{x}{6} \cdot \frac{12}{13} = \frac{7x}{13}$; dann

$$z \cdot 3 = \frac{7x}{13} \cdot [3 + \tfrac{1}{2}] + 1 \cdot \tfrac{1}{8}\left[40 + \frac{7x}{13} \cdot \tfrac{5}{13}\right]; \text{ also}$$

$$z = \tfrac{25833}{40356} x + \tfrac{5}{3}; \text{ ferner}$$

$$200 \cdot 16 \cdot 12 = z \cdot [8 + \tfrac{1}{2}] + \tfrac{500}{6} \cdot \tfrac{2}{3} \cdot 1 + [200 + z] \cdot \tfrac{1}{8} \cdot 1,$$

und hieraus $z = 4442{,}83$; folglich

$$\tfrac{25833}{40356} x + \tfrac{5}{3} = 4442{,}83; \text{ also}$$

$$x = 6974 \text{ Pfd. beinahe.}$$

III. Kraftbestimmungen bei Aufziehung von Brückenklappen.

§. 170. **Aufgabe.** Bestimmung der Kraft P bei der in (Fig. 74.) dargestellten Vorrichtung die Brückenklappe aufzuziehen.

Auflösung. Ist AB die Brückenklappe, C ihr Schwerpunct, Q ihr Gewicht, in B die Umdrehungsachse, der Halbmesser der Zapfen in $B = \varrho$, der des Bolzens in $D = \varrho'$, die erforderliche Kraft in D für den Anfang der Erhebung $= x$, so hat man zur Bestimmung von x die Gleichung

1) $x \cdot BD = Q \cdot CB + \mu x \cdot \varrho' + \mu(x - Q) \cdot \varrho$ (§. 161.).

Ist nun ferner für den Hebel EG, L sein Schwerpunct, W sein Gewicht, F die Drehachse, r der Halbmesser der Zapfen an derselben, der Halbmesser des Bolzen in $E = r'$, das Gewicht der Stange $ED = V$, der Halbmesser des Bolzen in $G = r''$, die erforderliche Kraft zum

Niederdrücken in $G = y$, so muß fürs Gleichgewicht von y mit x und allen Nebenhindernissen

$$2)\ y.FG = (x + V).EF + W.LF + \mu(x + V)r' + \mu(y + W + x + V)r + \mu y.r''$$ sein (§. 161.).

Bezeichnet endlich für den Hebel KN, a den Halbmesser der Bolzen in der Umdrehungsachse bei K, a′ den des Bolzens in H, a″ den des Bolzens in N, R das Gewicht des Hebels KN in seinem Schwerpunct T, U das Gewicht der Stange HG, so erhält man die Gleichung:

$$3.\ P.KN + U.KH + R.KT = y.KH + \mu y.a' + \mu P.a'' + \mu[y - R - P]a.$$

Hat man aus diesen 3 Gleichungen erst x, dann y, dann P entwickelt und in einem Zahlenfall berechnet, so wird dann in N ein Gewicht angehangen, welches um 20 bis 30 Pfund kleiner wie P ist, so daß die Kraft eines Menschen bloß noch zur Erhebung erforderlich wird.

§. 171. Aufgabe. Die Kraft P zur anfänglichen Erhebung der Brückenklappe bei der in Fig. 75. dargestellten Vorrichtung zu bestimmen.

Auflösung. Ist Q das Gewicht der Klappe, B der Schwerpunct; in A die Zapfen zum Halbmesser ϱ und auf der andern Seite von A ein Hülfsgewicht W in der Entfernung a, so daß $Wa < Q.AB$ ist, und bezeichnet r den Halbmesser des Stirnrades; x die erforderliche Kraft an der Eingriffsstelle, α den Winkel den ihre Richtung mit dem Horizont bildet, so muß

$$x.a = Q.AB - W.a + \mu[Q + W + x \sin\alpha]\varrho$$

sein, woraus man x erhält. Die beiden noch übrigen Gleichungen zur Bestimmung von P sind ganz wie in §. 162. zu bilden.

§. 172. Zusatz. Für die gewöhnlichen Portal-Brücken mit Wippbäumen, Fig. 76., so wie für die Zugbrücken, Fig. 77., kann die Bestimmung der Kraft nach den bisherigen Lehren keine Schwierigkeiten machen. Die von Belidor angegebene Einrichtung der Erhebung vermittelst eines Gewichts auf einer Curve (Sinus oide) kann hier nicht theoretisch untersucht werden, insofern die Bestimmung der Gestalt der Curve höhere Analysis erfordert.

IV. Theorie der Fuhrwerke.

§. 173. Aufgabe. Für zweirädrige Fuhrwerke die erforderliche Kraft P fürs Gleichgewicht während der Bewegung zu bestimmen (Fig. 78.).

Auflösung. Bezeichnet W das Gewicht der beiden Räder; W' das ganze Gewicht des Wagens selbst ohne die Räder und der Belastung; α den Winkel der geneigten Ebene (auf welcher der Wagen hinauf bewegt werden soll) gegen den Horizont; β den Winkel, welchen die Richtung der Kraft mit der schiefen Ebene bildet; r den Halbmesser der Räder; ϱ den mittleren der Achse; μ den Reibungscoefficienten für die Reibung des Rades mit der Erde; μ' den für die Reibung an der Achse, so ist das abgleitende Bestreben $= [W + W'] \operatorname{Sin} \alpha$; der Normaldruck aus W auf die schiefe Ebene $= [W + W'] \operatorname{Cos} \alpha$; die aus P entspringende, dem Abgleiten entgegenthätige Kraft $= P \operatorname{Cos} \beta$ und die den Normaldruck vermindernde $= P \operatorname{Sin} \beta$; also die Reibung auf der schiefen Ebene $= \frac{\mu[(W+W') \operatorname{Cos} \alpha - P \operatorname{Sin} \beta]}{r}$ (§. 127.); die an der Achse

$$= \mu' . \sqrt{[P \operatorname{Cos} \beta - W' \operatorname{Sin} \alpha]^2 + [W' \operatorname{Cos} \alpha - P \operatorname{Sin} \beta]^2}.$$

Die gleichzeitigen Wege dieser Kräfte sind leicht zu bestimmen, wenn man sich eine ganze Umdrehung denkt, und es ergiebt sich dann die Bedingungsgleichung:

$$P \operatorname{Cos}\beta . 2r\pi = (W+W')\operatorname{Sin}\alpha . 2r\pi + \mu . \frac{(W+W')\operatorname{Cos}\alpha - P\operatorname{Sin}\beta}{r} . 2r\pi + \mu' . \sqrt{P^2+W'^2-2PW'\operatorname{Sin}(\alpha+\beta)} . 2\varrho\pi,$$

woraus P zu entwickeln ist. Nach §. 127. sind in dieser Gleichung die Abmessungen in Zollen, die Kräfte in Pfunden zu verstehen, und $\mu = \frac{1}{40}$ anzunehmen.

§. 174. Zusatz. Läßt man bei Bestimmung der Zapfenreibung den Seitendruck außer Betracht, so hat man bloß

$$P r \operatorname{Cos}\beta = [W+W'] r \operatorname{Sin}\alpha + \mu[(W+W')\operatorname{Cos}\alpha - P\operatorname{Sin}\beta] + \mu'\varrho[W'\operatorname{Cos}\alpha - P\operatorname{Sin}\beta],$$ und hieraus

$$P = \frac{[r\operatorname{Sin}\alpha + \mu\operatorname{Cos}\alpha]W + [r\operatorname{Sin}\alpha + \mu\operatorname{Cos}\alpha + \mu'\varrho\operatorname{Cos}\alpha]W'}{r\operatorname{Cos}\beta + [\mu + \mu'\varrho]\operatorname{Sin}\beta}.$$

Aus dieser Formel folgt:

1) Für $\alpha = 0$, also für einen horizontalen Weg,

$$P = \frac{\mu W + [\mu'\varrho + \mu]W'}{r\operatorname{Cos}\beta + [\mu r + \mu'\varrho]\operatorname{Sin}\beta}.$$

2) Für $\beta = 0$;

$$P = \frac{[r\operatorname{Sin}\alpha + \mu\operatorname{Cos}\alpha]W + [r\operatorname{Sin}\alpha + \mu\operatorname{Cos}\alpha + \mu'\varrho\operatorname{Cos}\alpha]W'}{r}.$$

3) Für $\alpha = 0$ und $\beta = 0$;

$$P = \frac{\mu W + [\mu'\varrho + \mu]W'}{r}.$$

4) Wenn die schiefe Ebene nicht steigend, sondern sinkend ist, und α' ihren Winkel mit dem Horizont ausdrückt,

$$P = \frac{[-r\operatorname{Sin}\alpha' + \mu\operatorname{Cos}\alpha']W + [-r\operatorname{Sin}\alpha' + \mu\operatorname{Cos}\alpha' + \mu'\varrho\operatorname{Cos}\alpha']W'}{r\operatorname{Cos}\beta + [\mu + \mu'\varrho]\operatorname{Sin}\beta}.$$

§. 175. Zusatz. Die allgemeine Formel für P liefert für P den kleinsten Werth, wenn $\operatorname{Tg}\beta = \frac{\mu + \mu'\varrho}{r}$ ist; und hiedurch bestimmt sich die vortheilhafteste Richtungslinie für die Kraft P.

§. 176. Zusatz. Tritt ein einzelnes Hinderniß von der Höhe b den Rädern in den Weg, und soll die zur Ueberwindung des daraus entspringenden Widerstandes erforderliche Zugabe x zu P bestimmt werden, so ergiebt sich, unter δ den Winkel verstanden, für welchen $r \operatorname{Cos} \delta = r - b$ ist, die Gleichung

$$x \operatorname{Cos} \beta . r \operatorname{Cos} \delta + x \operatorname{Sin} \beta . r \operatorname{Sin} \delta = r \operatorname{Sin} (\alpha + \delta) . (W + W');$$

und hieraus $x = \frac{(W + W') \operatorname{Sin} (\alpha + \delta)}{\operatorname{Cos} (\beta - \delta)}$.

§. 177. Aufgabe. Für vierrädrige Fuhrwerke die erforderliche Kraft P fürs Gleichgewicht während der Bewegung zu bestimmen.

Auflösung. Bezeichnet α den Winkel des Weges mit dem Horizont (Fig. 79.), W das Gewicht der beiden hinteren, V das der beiden vorderen Räder; W′ den aus dem Gewicht des ganzen Wagens und der Belastung entspringenden lothrechten Druck auf die Hinterachse; V′ den auf die Vorderachse; R den Halbmesser der hinteren Räder, ϱ den ihrer Achse; r den der vorderen Räder; ϱ' den ihrer Achse; β den Winkel des Langbaums mit der schiefen Ebene; δ den, der Richtung der Kraft mit derselben; μ den Coefficienten für die Reibung auf der Erde; μ' den für die Reibung an der Achse; und y die erforderliche Kraft im Langbaum fürs Gleichgewicht mit den Widerständen an der hinteren Achse, so hat man mit Beiseitesetzung der Zapfenreibung, insofern sie aus dem Seitendruck entspringt, ganz wie in §. 174.

$$y \operatorname{Cos} \beta . 2 R \pi$$
$$= (W + W') \operatorname{Sin} \alpha . 2 R \pi + \frac{\mu [y \operatorname{Sin} \beta + (W + W') \operatorname{Cos} \alpha]}{R} 2 R \pi$$
$$+ \mu' [y \operatorname{Sin} \beta + W' \operatorname{Cos} \alpha] . 2 \varrho \pi;$$

woraus y zu entwickeln ist.

Für die Vorderachse hat man nun ebenfalls mit Beiseitesetzung der Zapfenreibung, insofern sie vom Seitendruck abhängt (§. 160. Beispiel), die Kräfte: $P \operatorname{Cos} \delta$; $y \operatorname{Cos} \beta + (V+V') \operatorname{Sin} \alpha$; $\frac{\mu[-P \operatorname{Sin} \delta + (V+V') \operatorname{Cos} \alpha - y \operatorname{Sin} \beta]}{r}$; $\mu' [-P \operatorname{Sin} \delta + V' \operatorname{Cos} \alpha - y \operatorname{Sin} \beta]$; und die gleichzeitigen Wege derselben $2r\pi$; $2r\pi$; $2r\pi$; $2\varrho'\pi$; also die Gleichung

$$r P \operatorname{Cos} \delta = r [y \operatorname{Cos} \beta + (V+V') \operatorname{Sin} \alpha] + \mu [-P \operatorname{Sin} \delta + (V+V') \operatorname{Cos} \alpha - y \operatorname{Sin} \beta] + \mu' \varrho' [-P \operatorname{Sin} \delta + V' \operatorname{Cos} \alpha - y \operatorname{Sin} \beta],$$

aus welcher P zu bestimmen ist.

Des zweiten Abschnitts
Neuntes Kapitel.
Von der Festigkeit der Materialien.

§. 178. Erklärung. Der Widerstand, welchen ein Körper der Trennung seiner Theile entgegensetzt, wird seine Festigkeit genannt. Die dem Zerreißen entgegenwirkende Festigkeit heißt: die absolute; die dem Zerbrechen widerstrebende, die relative; und die dem Zerdrücken oder Zerquetschen widerstehende, die rückwirkende Festigkeit.

Erfolgt eine Trennung der Theile, so wird sie an der Stelle des Körpers statt finden, wo der wenigste Widerstand sich zeigt, also bei Körpern von gleicher Festigkeit in allen ihren Puncten (und solche werden hier durchaus angenommen) nothwendig im kleinsten Querschnitt derselben. Insofern also die größeren Querschnitte gar nicht in Betrachtung kommen, so werden hier durchaus Körper von gleichen Querschnitten, d. h. prismatische, und zwar in der Regel, normale Parallelepipeden betrachtet.

Denkt man sich nun:

1stens ein normales Parallelepipedum in verticaler Lage seiner Seitenkanten, am obern Ende an eine feste Decke aufgehangen, und am untern Ende mit einem Gewicht Q belastet, welches Gewicht Q, im Verein mit dem Gewicht des Körpers selbst, im Gleichgewicht mit der absoluten Festigkeit desselben steht, so daß also die geringste Vermehrung von Q ein Zerreißen des Parallelepipedums zur Folge haben würde, so ist, wenn man das Gewicht des Körpers selbst als gewöhnlich ganz unbedeutend in Vergleich mit Q unberücksichtigt läßt, Q gleich der absoluten Festigkeit, und man nennt Q selbst die absolute Festigkeit.

Wird aber:

2tens das normale Parallelepipedum in horizontaler Lage seiner Seitenkanten gedacht, an dem einen Ende unerschütterlich fest eingemauert, und an dem andern von einer lothrecht thätigen, also auf die Richtung seiner Seitenkanten normal wirkenden Kraft P ergriffen, welche mit der relativen Festigkeit des Körpers im Gleichgewicht ist, so daß also die geringste Vermehrung dieser Kraft P ein Zerbrechen des Körpers zur Folge haben würde, so nennt man häufig den Werth dieser Kraft P selbst die relative Festigkeit des Körpers.

Wenn endlich:

3tens das normale Parallelepipedum in lothrechter Lage seiner Seitenkanten auf einer horizontalen, nicht nachgebenden Ebene stehend gedacht, und auf seiner obern Grundebene mit einem Gewicht R belastet wird, welches mit der rückwirkenden Festigkeit im Gleichgewicht ist, so daß also die geringste Vermehrung von R ein Zerdrücken des Körpers zur Folge haben würde, so nennt man R selbst die rückwirkende Festigkeit des Körpers.

§. 179. Erklärung. Man theilt die festen Körper in Hinsicht ihrer Festigkeit ein, in harte, biegsame und elastische. Ein Körper heißt hier hart, wenn er zerbrochen werden kann, ohne daß er sich vorher biegt; biegsam, wenn er vor dem wirklichen Zerbrechen eine andere Form annimmt, sich also vorher biegt; elastisch, wenn er, nachdem seine Form durch eine Kraft verändert worden, in diese ursprüngliche Form, nach Hinwegnahme der Kraft, wieder zurückzukehren strebt, erreicht er sie vollständig, so heißt er vollkommen elastisch, sonst: unvollkommen elastisch.

Es giebt zwar weder vollkommen harte, noch vollkommen elastische Körper, sondern alle sind mehr oder weniger elastisch. Insofern aber die Untersuchungen über die Festigkeiten elastischer Körper, selbst wenn der Grad der Elasticität als gegeben angesehen wird, höhern Calcül erfordern, so ist hier nur von Körpern die Rede, welche als hart betrachtet werden können, und ob nun gleich jeder Körper vor dem Zerreißen sich dehnt, vor dem Zerbrechen so wie auch vor dem Zerdrücken sich biegt, und das vorhergehende Dehnen so wie das Biegen einen Kraftaufwand erfordert, zu dem dann erfolgenden Zerreißen, Zerbrechen oder Zerdrücken aber wieder noch eine besondere Kraft nöthig ist, so wird hier doch immer nur die letztere Kraft verstanden werden, da bloß von Körpern die Rede sein soll, welche als hart zu betrachten sind.

I. Von der absoluten Festigkeit.

§. 180. Aufgabe. Ein normales Parallelepipedum, dessen Grundebenen jede einen Quadratzoll groß ist, hat, einem genauen Versuch zufolge, die absolute Festigkeit $= k$, in Pfunden. Man soll hieraus die absolute Festigkeit Q eines normalen Parallelepipedums von derselben Materie bestimmen, dessen Grundebenen jede a Quadratzolle enthält.

Auflösung. Da bei derselben Materie die absolute Festigkeit mit dem Querschnitt wächst, so verhält sich $K : Q = 1 : a$, und hieraus folgt $Q = K \cdot \alpha$.

§. 181. Zusatz. In folgender Tabelle sind aus Eytelweins Statik (2ter Bd. Kap. XV.) die Werthe von k für einige am häufigsten vorkommende Materien in runden Zahlen angegeben, wobei zu bemerken ist, daß bei den Holzarten die Festigkeit nur nach der Richtung der Holzfasern angegeben ist. Bei dem Gebrauch dieser Zahlen geht man sicher, wenn man nur etwa den 3ten Theil derselben als Maaß der absoluten Festigkeit in Rechnung bringt.

Materie	k
Apfelbaumholz . .	10000
Birnbaumholz . .	11000
Büchenholz . . .	22000
Eichen, Erlen, Eschen	22000
Fichten	10000
Kiefern	16000
Ulmen	14000
Weiden	15000
Blei, englisch, gegossen	900
Bleidrath . . .	3900
Eisen	70000
Eisendrath . . .	60000
Kupfer	30000
Kupferdrath . . .	40000
Stahl	120000
Hanfene Seile . .	10000

Beispiel. 1) Wie groß ist die absolute Festigkeit eines eisernen Bolzens von $\frac{1}{2}$ Zoll Dicke oder Durchmesser?

Hier ist $k = 70000$; $a = \frac{1}{4} \cdot (\frac{1}{2})^2 \cdot \pi$ nahe $= 0{,}2$; folglich $Q = 70000 \cdot 0{,}2 = 14000$. Mit Sicherheit könnte man also für die Dauer diesem Cylinder $\frac{14000}{3}$ ohngefähr 5000 Pfund zu tragen geben.

2) Ein hanfenes Seil soll mit Sicherheit ein Gewicht von 16000 Pfund tragen, welchen Durchmesser x muß es haben?

Hier ist $k = \frac{10000}{3}$; $Q = 16000$; $a = \frac{1}{4} x^2 \pi$; also $16000 = \frac{10000}{3} \cdot \frac{x^2 \pi}{4}$; folglich

$$x = \sqrt{\frac{4 \cdot 48}{10 \cdot \pi}} \text{ ohngefähr } 2\tfrac{1}{2} \text{ Zolle.}$$

II. Von der relativen Festigkeit.

§. 182. **Aufgabe.** Ein normales Parallelepipedum ragt mit der Länge a horizontal aus einer Mauer heraus, in welcher dasselbe fest vermauert ist, seine beiden andern Abmessungen sind b und h, und die Ebenen a.b sind horizontal, die ah und bh vertical zu denken (Fig. 80.). An dem Ende von a wirkt lothrecht ein Gewicht P; wie groß muß P fürs Gleichgewicht mit der Festigkeit der Materie sein, oder wie groß ist die relative Festigkeit P (§. 178.)?

Auflösung. Denkt man sich P vergrößert, so daß ein Zerbrechen erfolgen würde, so wäre die Kante AB die Drehungsachse, in Beziehung auf sie hat P den Hebelsarm a, und die absolute Festigkeit k.bh (§. 180.), welche im Schwerpunct C des Querschnitts ABEF als vereint anzusehen ist, den $CD = \frac{h}{2}$. Fürs Gleichgewicht ist daher, ohne Rücksicht auf das Gewicht des Balkens selbst, $Pa = kbh \cdot \frac{h}{2}$; also die relative Festigkeit $P = \frac{k}{2} \cdot \frac{bh^2}{a}$.

§. 183. Zusatz. Ist das Gewicht des Balkens $= W$, so ist mit Berücksichtigung desselben die Gleichung $Pa + W \cdot \frac{a}{2} = kbh \cdot \frac{h}{2}$, also die relative Festigkeit $P + \frac{W}{2} = \frac{k}{2} \cdot \frac{bh^2}{a}$, und die Kraft, welche am Ende des Balkens seinem Gewicht zu Hülfe kommen muß, damit bei der geringsten Vermehrung derselben ein Brechen erfolgt, $= \frac{k}{2} \cdot \frac{bh^2}{a} - \frac{W}{2}$.

§. 184. Zusatz. Nimmt man die Werthe für k aus der Tabelle §. 181., und bestimmt danach in Zahlenfällen die relative Festigkeit $\frac{k}{2} \cdot \frac{bh^2}{a}$, so stimmen die Resultate mit den angestellten Versuchen sehr wenig überein, was dadurch zu erklären ist, daß bei Herleitung der Formel $k \cdot \frac{bh^2}{a}$ ein Zerreißen aller Fasern im ganzen Querschnitt ABEF, als zugleich erfolgend, angenommen wurde, welches aber in der Wirklichkeit nicht der Fall ist, indem die entfernteren von der Drehachse eher reißen werden, als die näher liegenden. Man kann deswegen den Ausdruck $\frac{k}{2} \cdot \frac{bh^2}{a}$ nicht als den wahren Werth der relativen Festigkeit gebrauchen, sondern bloß annähernd schließen, daß sich die relativen Festigkeiten normaler Parallelepipeden von gleicher Materie wie solche Ausdrücke verhalten. Bezeichnet daher für ein zweites normales Pppd. von derselben Materie, a' seine Länge, b' seine Breite, h' seine Höhe, P' seine relative Festigkeit, so hat man

$$P : P' = \frac{bh^2}{a} : \frac{b' . h'^2}{a'}.$$

Ist

Ist nun durch einen genauen Versuch, wenn b', h', a' gegeben sind oder gemessen wurden, der Werth für P' in Zahlen ausgemittelt, und bezeichnet man dann die der gewählten Materie zugehörige Zahl $\frac{P'.a'}{b'.h'^2}$ durch N, so ist für normale Ppp den von derselben Materie die relative Festigkeit

$$\text{(I)} \quad P = N.\frac{bh^2}{a}; \text{ und ihr Moment}$$

$$\text{(II)} \quad Pa = N.bh^2.$$

Versteht man a, b und h in Zollen, P aber in Pfunden, so ist, nach Eytelweins Versuchen, für augenblicklichen Bruch im ersten Augenblick des Anhängens von P, wenn P um ein Geringes vermehrt wird,

für Kiefernholz . .	N =	2878
= Eichen	= =	4000
= Rothtannen .	= =	2050
= Weißtannen .	= =	2740
= Rothbüchen .	= =	4700
= Weißbüchen .	= =	3000
= Erlen	= =	3450.

Ist von langer Ausdauer die Rede, wie gewöhnlich in den Fällen der Anwendung, so kann man nach Eytelweins Untersuchungen nur den 32sten Theil der angegebenen Zahlen mit Sicherheit gebrauchen.

§. 185. Zusatz. Man hat demnach, wenn die relative Festigkeit für lange Dauer durch die Formel

$$p = n\frac{bh^2}{a}$$

ausgedrückt wird, und b, h, a in Zollen, p aber in Pfunden verstanden werden,

für Kiefernholz . .	$n =$	90
= Eichen	= =	125
= Rothtannen .	= =	64
= Weißtannen .	= =	85
= Rothbüchen .	= =	147
= Weißbüchen .	= =	94
= Erlen	= =	108.

Beispiel. Wie hoch muß ein Balken von Kiefernholz sein, um mit Sicherheit in der Lage Fig. 80. eine relative Festigkeit von 800 Pfd. zu erhalten, wenn $a = 120''$, $b = 8''$ ist? Hier ist $800 = 90 \cdot \frac{8 \cdot h^2}{120}$; also $h = \sqrt{\frac{400}{3}} = \frac{20}{3}\sqrt{3} = 11{,}55$ Zoll. Wiegt der Balken selbst 300 Pfd., so darf also nur ein Gewicht von $800 - 150 = 650$ Pfd. angehängt werden.

§. 186. Aufgabe. Aus einem normalen Cylinder vom Durchmesser d den stärksten parallelepiped. Balken zu beschlagen.

Auflösung. Wird die Breite b gleich x und die Höhe h gleich y gesetzt, so wird die relative Festigkeit desto größer, je größer bh^2 oder xy^2 gemacht wird. Es ist aber $d^2 = x^2 + y^2$ und also muß $x.(d^2 - x^2)$ größtmöglichst werden, d. h. es muß für jeden positiven oder negativen möglichen Werth von p allemal $x[d^2 - x^2] > (x+p)[d^2 - (x+p)^2]$ sein, wenn $x[d^2 - x^2]$ seinen größten Werth haben soll. Löst man die Klammern auf, so entsteht aus der Ungleichung, welche den gesuchten Werth von x bedingt, folgende:

$$3x^2 + 3xp + p^2 > d^2.$$

Nun geht aber die ursprüngliche Ungleichung für $p = 0$ in die identische Gleichung $x(d^2 - x^2) = x(d^2 - x^2)$

über, die daraus abgeleitete aber $3x^2 + 3xp + p^2 > d^2$ liefert, für $p = 0$, oder unendlich klein, die Bestimmungsgleichung $3x^2 = d^2$, und aus dieser folgt: $x = \frac{1}{3}d\sqrt{3}$. Aus $d^2 = x^2 + y^2$ folgt nun auch leicht $y = d . \sqrt{\frac{2}{3}} = \frac{1}{3}d\sqrt{2} . \sqrt{3}$ und dann $x : y = 1 : \sqrt{2}$. Die Formeln für x und y liefern sogleich folgende Construction: man theile einen Durchmesser $AB = d$ in 3 gleiche Theile $AC = CD = DB$; errichte auf der einen Seite dieses Durchmessers in C, auf der andern in D eine Normale, und verlängere beide bis zu ihren Durchschnittspuncten F, G mit der Peripherie, so ist AFBG der Querschnitt des stärksten aus diesem Cylinder zu beschlagenden Balkens, vorausgesetzt, daß derselbe (wie man sich auszudrücken pflegt) auf die hohe Kante gelegt wird.

Beispiel. Welchen Durchmesser d muß ein eichener Stamm haben, damit der stärkste aus ihm zu beschlagende Balken, wenn seine aus einer Mauer horizontal hervorragende Länge = 10 Fuß ist, eine für die Ausdauer bestimmte relative Festigkeit von 2000 Pfund erhält.

Die Bedingungs-Gleichungen sind:

$$1)\ 2000 = 125 . \frac{bh^2}{120};\quad 2)\ b = d . \sqrt{\tfrac{1}{3}};\quad 3)\ h = d\sqrt{\tfrac{2}{3}};$$

und aus ihnen folgt $d = \sqrt[3]{2880 . \sqrt{3}} = 17{,}1$ Zoll; dann ist $b = 9{,}8''$; $h = 13{,}9''$.

§. 187. Aufgabe. Ein Balken (als normales Pppd.) von der Länge a, der Breite b und Höhe h, alle Maaße in Zollen verstanden, ruht in horizontaler Lage an seinen beiden Endpuncten auf Unterlagen. An irgend einer Stelle des Balkens in der Entfernung x von einer der Unterlagen (Fig. 82.) wirkt eine lothrechte Gewalt = y Pfunde.

Wie groß muß y fürs Gleichgewicht mit der relativen Festigkeit des Balkens sein?

Auflösung. Aus y entspringt auf die Unterlage rechts ein lothrechter Druck $= \frac{y \cdot x}{a}$, und da die gleich große Gegenwirkung mit der relativen Festigkeit an der Angriffsstelle von y im Gleichgewicht sein soll, so hat man, für augenblicklichen Bruch, $\frac{yx}{a} = N\frac{bh^2}{a-x}$; für lange Dauer $\frac{yx}{a} = n\frac{bh^2}{a-x}$ (§. 184. und 185.); folglich im ersten Fall $y = \frac{Nbh^2a}{ax-x^2}$; im zweiten aber $y = \frac{nbh^2a}{ax-x^2}$.

§. 188. Zusatz. Für $x = \frac{a}{2}$ entspringt aus der letzten Formel in §. 187.

$$y = 4n.\frac{bh^2}{a},$$

woraus das Gesetz folgt:

ein auf beiden Enden aufliegender Balken trägt in seiner Mitte viermal so viel, als er an dem einen Endpunct tragen würde, wenn er mit seiner ganzen Länge horizontal aus einer Mauer hervorragte.

Denkt man sich eine nicht zusammenhängende Masse vom Gewicht z (etwa einen Haufen Getreide) gleichförmig über den ganzen Balken vertheilt, so würde, wenn der Balken auch in der Mitte unterstützt wäre, diese den Druck $\frac{1}{2}z$; jede Seiten-Unterlage den $\frac{1}{4}z$ auszuhalten haben. Fehlt nun die Unterlage in der Mitte, so wirkt die Gewalt $\frac{1}{2}z$ auf Zerbrechen des Balkens, und es muß also fürs Gleichgewicht bei langer Dauer

$$\frac{1}{2}z = 4n.\frac{bh^2}{h};\ \text{folglich}$$

$z = 8n.\frac{bh^2}{a}$ sein; woraus sich das Gesetz ergiebt: **ein horizontaler Balken trägt doppelt so viel Last, gleichförmig auf ihn vertheilt, als in der Mitte desselben in einem Punct vereint.**

Beispiele. 1) Ein eichener Balken von 15 Fuß Länge, 8″ Breite und 10″ Höhe liegt horizontal an beiden Enden auf Unterlagen. Man fragt

a) wie viel kann er in seiner Mitte für die Dauer tragen?

b) an welcher Stelle kann er ausdaurend 4000 Pfund tragen?

c) welche Last, gleichförmig über ihn vertheilt, kann er anhaltend tragen?

Man erhält für die erste Frage: $4.125.\frac{8.10^2}{15.12} = 2222$ Pfd.; für die zweite: die Gleichung $4000 = \frac{125.8.10^2.15.12}{15.12.x - x^2}$, und hieraus $x = 150''$ oder $30''$; für die dritte: 4444 Pfd.

§. 189. **Aufgabe.** Die relative Festigkeit eines unter dem Winkel α gegen den Horizont geneigten Balkens von der Länge a, Breite b und Höhe h, mit der eines horizontal liegenden Balkens von derselben Breite b und derselben Höhe h, aber nur von der horizontalen Projectionslänge $a \operatorname{Cos} \alpha$ zu vergleichen.

Auflösung. Der geneigte Balken trage in der Entfernung x, von einer der Unterlagen an seinen beiden Enden, fürs Gleichgewicht mit seiner relativen Festigkeit auf lange Dauer das Gewicht z, so ist die aus z entspringende mit der relativen Festigkeit Gleichgewicht haltende Normalpressung $= z \operatorname{Cos} \alpha$; also nach §. 187.

$$z \operatorname{Cos}\alpha = \frac{n b h^2 a}{a x - x^2}; \text{ folglich}$$

$$z = \frac{n b h^2 a}{(a x - x^2) \operatorname{Cos}\alpha}.$$

Nun ist für den horizontalen Projections-Balken die Projection zu x gleich $x \operatorname{Cos}\alpha$, und also die mit seiner relativen Festigkeit im Endpunct von $x \operatorname{Cos}\alpha$, im Gleichgewicht stehende lothrechte Gewalt $y = \frac{n b h^2 . a \operatorname{Cos}\alpha}{a \operatorname{Cos}\alpha . x \operatorname{Cos}\alpha - (x \operatorname{Cos}\alpha)^2}$, oder $y = \frac{n b h^2 a}{(a x - x^2) \operatorname{Cos}\alpha}$. Aus der Vergleichung erhellet sogleich $z = y$, d. h.

ein gegen den Horizont geneigter Balken trägt in jedem seiner Puncte K eben so viel, als sein horizontaler Projectionsbalken von derselben Höhe, Breite und Materie in der horizontalen Projection von K tragen kann.

III. Von der rückwirkenden Festigkeit.

§. 190. Aufgabe. Ein normales Parallelepipedum von den Abmessungen b, h, a (unter a die Länge oder Höhe, und unter b, h die Abmessungen der Grundebenen so verstanden, daß h die kleinere der Seiten derselben, also b die größere ausdrückt), steht mit einer seiner Grundebenen bh auf einer horizontalen Ebene, so daß also die vier Kanten a in lothrechter Lage sind. Auf seine obere Grundebene wird ein Gewicht gelegt, und so lange vermehrt, bis der Balken sich so weit gebogen hat, daß die geringste Vermehrung dieses Gewichts R ein Zerbrechen des Balkens zur Folge haben würde. Man soll R oder die rückwirkende Festigkeit bestimmen.

Auflösung. Ist der Balken durchaus von gleicher Festigkeit, so wird das Ausbiegen in seiner Mitte am stärksten sein, und also auch in der Mitte von a endlich das Brechen nach derjenigen Seite erfolgen, wo der geringste Widerstand ist, so daß also die Fasern nach der Richtung der kleinsten Seite (Dicke) h des Querschnitts sich trennen, folglich b die Drehungsachse im Querschnitt der Trennung werden wird. Stellt Fig. 83. den Körper im Augenblick vor dem Brechen dar, und bezeichnet 2α den größten Winkel von $\frac{a}{2}$ mit $\frac{a}{2}$, im Augenblick vor erfolgenden Bruch, so ist in diesem Augenblick eine Kraft $= 4n\frac{bh^2}{a}$ (§. 188.) in D horizontal thätig mit der relativen Festigkeit der Materie im Gleichgewicht. Da nun auch R und die Gegenwirkung R der Grundlage C mit derselben in diesem Augenblick ebenfalls im Gleichgewicht sind, von jeder Kraft R aber nur die entspringende Seitenkraft parallel mit $\frac{a}{2}$, nemlich $R \operatorname{Sin} \alpha$ in Betrachtung kommt, da die andere Seitenkraft $R \operatorname{Cos} \alpha$ das abgleitende Bestreben des Körpers vom Gewicht R auf der entstehenden schiefen Ebene ausdrückt, so müssen die 3 Kräfte $4n\frac{bh^2}{a}$; $R \operatorname{Sin} \alpha$ und $R \operatorname{Sin} \alpha$ untereinander Gleigewicht erhalten, und man hat aus dem Parallelogramm der Kräfte, die Gleichung

$$2R \operatorname{Sin} \alpha \operatorname{Cos} \alpha = 4n \cdot \frac{bh^2}{a}; \text{ folglich}$$

$$R = 4n \cdot \frac{bh^2}{a \operatorname{Sin} 2\alpha}.$$

§. 191. Zusatz. Bezeichnen bei andern normalen Pppd. von derselben Materie a', b', h', R', α', dieselben Gegenstände, welche a, b, h, R, α bei dem in §. 190. ausdrückten, so ist eben so: $R' = 4n \cdot \frac{b'h'^2}{a' \operatorname{Sin} 2\alpha'}$, folglich

$$R : R' = \frac{b h^2}{a \operatorname{Sin} 2\alpha} : \frac{b'. h'^2}{a' \operatorname{Sin} 2\alpha'},$$

oder unter β, β' die Supplements=Winkel zu 2α und $2\alpha'$ verstanden

$$P \operatorname{Sin} \beta : R' \operatorname{Sin} \beta' = \frac{b h^2}{a} : \frac{b'. h'^2}{a'}.$$

Es werden aber die Winkel β, β' immer nur kleine Winkel sein, und also sich ihre Sinusse nahe wie die Bogen=Winkel verhalten. Versteht man daher unter β, β' die Bogen=Winkel, so hat man

$$R . \beta : R' . \beta' = \frac{b h^2}{a} : \frac{b' h'^2}{a'}.$$

Nach Beobachtungen wird aber 2α desto kleiner, also β desto größer, je größer a ist, und 2α desto größer, also β desto kleiner bleiben, je größer h genommen wird, und es verhält sich daher

$$\beta : \beta' = \begin{Bmatrix} a : a' \\ h' : h \end{Bmatrix},$$

oder $\beta : \beta' = \frac{a}{h} : \frac{a'}{h'}$, also auch $R\beta : R'\beta' = R \frac{a}{h} : R'. \frac{a'}{h'}$.
Die Vergleichung dieser Proportion mit der vorigen giebt

$$R . \frac{a}{h} : R'. \frac{a'}{h'} = \frac{b h^2}{a} : \frac{b' h'^2}{a'}, \text{ oder}$$

$$R : R' = \frac{b h^3}{a^2} : \frac{b'. h'^3}{a'^2}.$$

Hat man nun für irgend eine Materie, b', h', a' gemessen, und den zugehörigen Werth für R' durch einen Versuch ausgemittelt, und bezeichnet m den Zahlenwerth des Ausdrucks $\frac{R'. a'^2}{b'. h'^3}$, wenn a', b', h' in Zollen und R' in Pfunden verstanden werden, so ist für jedes normale Pppd. von derselben Materie, wenn seine Abmessungen a, b, h ebenfalls in Zollen und R in Pfunden verstanden wird, die rückwirkende Festigkeit, unter denselben Bedingungen (d. h. für augenblickliches Brechen, oder auch für lange Dauer) $= m \cdot \frac{b h^3}{a^2}$; oder

$$R = m \cdot \frac{b h^3}{a^2}.$$

Nach Eytelweins Angaben ist für lange Ausdauer
bei Kiefernholz $m = 48520$
bei Eichenholz $m = 61408$.

§. 192. Aufgabe. Die Höhe a eines solchen normalen Pppd. ist im Vergleich mit b und h so klein, und zugleich die Materie selbst von einer solchen Beschaffenheit, daß gar kein Biegen erfolgen kann, also der Körper nur in sich zu zerdrücken oder zu zerquetschen ist. Man soll, wenn R die rückwirkende Festigkeit, also die Kraft ausdrückt, welche bei der geringsten Vermehrung den Körper zerquetschen würde, den Werth von R bestimmen.

Auflösung. Es hängt bei derselben Materie R bloß von der Größe des Querschnitts b h ab, bezeichnet also bei irgend einer Materie k die rückwirkende Festigkeit eines Quadratzolles in Pfunden, so ist, b und h in Zollen und R in Pfunden verstanden, für dieselbe Materie

$$R = k \cdot b h.$$

Nach Eytelweins Angaben ist für Sandstein $k = 2631$,
für Ziegelstein $k = 1124$.

Dritter Abschnitt.

Die Hydrostatik.

Erstes Kapitel.

Vom Normaldruck tropfbar flüssiger Materien auf begrenzende feste Wände.

§. 193. Lehrsatz. Die Oberfläche einer von festen Wänden eingeschlossenen ruhenden, schweren, tropfbar flüssigen, unpreßbaren Materie (z. B. Wasser, welches erstere Eigenschaaften ganz, die letztere beinahe auch vollkommen besitzt) ist horizontal.

Beweis. Wollte man annehmen, sie wäre nicht horizontal, sondern in irgend einer andern Lage, so befänden sich einzelne Elemente auf geneigten Ebenen, und wegen der vollkommenen Bewegbarkeit der einzelnen Theile müßte ein Abgleiten erfolgen, welches der Voraussetzung, daß Ruhe statt findet, widerspricht.

§. 194. Aufgabe. In einem oben offenen Gefäß befindet sich Wasser, man soll den Normaldruck desselben auf jede Stelle der begrenzenden Wand bestimmen.

Auflösung. 1) Für ein Element.

Bezeichnet α den Quadrat-Inhalt dieses Elements, h die Entfernung desselben vom Wasserspiegel, P den Normaldruck des Wassers auf die Ebene α, also auch, vorausgesetzt daß die Wand diesen Druck aushält, die Gegenwirkung des Elements α gegen den auf α thätigen Normaldruck, so denke man sich h in eine große Anzahl Theile a, b, c u. s. w., vom tiefesten Punct der Linie h aufwärts, abgetheilt, durch den tiefsten Punct, und die folgenden Theilpuncte, horizontale Ebenen gelegt, ihre Quadrat-Inhalte durch A, B, C u. s. w. bezeichnet, und a, b, c u. s. w. so gewählt, daß $Aa = Bb = Cc$ u. s. w. wird. Würde nun die Gegenwirkung P, ihrem Bestreben entsprechend, denjenigen Weg ν durchlaufen, also das Element α um die Länge ν ins Gefäß hineintreiben, für welche $\alpha\nu = Aa = Bb$ u. s. w. ist, so giebt das Princip von den virtuellen Geschwindigkeiten die Gleichung (unter γ das Gewicht eines Cubicfußes Wasser verstanden und alle Maaße in Fußen ausgedrückt)

$$P.\nu = Aa\gamma.a + Bb\gamma.b + Cc\gamma.c + \text{u. s. w.},$$

weil, der Incompressibilität des Wassers gemäß, wenn der Raum $\alpha\nu$ verdrängt wird, die Oberfläche sich erheben muß, um so viel, bis der neu gefüllte Raum $= \alpha\nu$ wird. Schreibt man nun in diese Gleichung $\alpha\nu$ für Aa, für Bb, für Cc u. s. w., so hat man

$$P\nu = \alpha\nu\gamma a + \alpha\nu\gamma.b + \alpha\nu\gamma.c + \ldots\ldots$$
$$= \alpha\nu\gamma.[a + b + c + \ldots.]; \text{ oder}$$
$$P = \alpha\gamma[a + b + c + \ldots.].$$

Es ist aber $a + b + c + \ldots. = h$, und folglich

$$P = \alpha h\gamma.$$

2tens. Für jede Ebene.

Man denke sich diese Ebene in lauter Elementarstückchen zertheilt, setze deren Inhalte = A, B, C u. s. w., und ihre Entfernungen vom Wasserspiegel = a, b, c u. s. w., so ist der gesuchte Normaldruck oder

$$P = Aa\gamma + Bb\gamma + Cc\gamma + \ldots$$
$$= \gamma . [Aa + Bb + Cc + \ldots].$$

Bezeichnet nun E den Inhalt der ganzen Ebene, H die Entfernung ihres Schwerpuncts vom Wasserspiegel, so ist nach der Lehre vom Schwerpunct

$$E.H = Aa + Bb + Cc + \ldots, \text{ also}$$
$$P = E.H.\gamma,$$

d. h. der Normaldruck P des Wassers auf jedes Stück seiner Begrenzung ist gleich dem Gewicht eines Wasserprismens, welches dieses Stück zur Grund-Ebene und die Entfernung des Schwerpuncts desselben vom Wasserspiegel (Druckhöhe) zur Höhe hat.

§. 195. Zusatz. Ist die Ebene vom Inhalt E, deren Schwerpunct vom Spiegel des drückenden Wassers in der Entfernung H liegt, unter dem Winkel α gegen den Horizont geneigt, so ist die aus dem Normaldruck $P = EH\gamma$ entspringende horizontale Wirkung $= EH\gamma \operatorname{Sin} \alpha$, und die verticale $= EH\gamma \operatorname{Cos} \alpha$. Es ist aber $E \operatorname{Sin} \alpha$ die verticale und $E \operatorname{Cos} \alpha$ die horizontale Projections-Ebene zu E, und man erhält daher:

I. Die aus dem Normaldruck entspringende horizontale Wirkung gleich dem Druck, welchen die verticale Projection von E unmittelbar erhielte, wenn sie selbst vom Wasser berührt würde.

II. Die aus dem Normaldruck entspringende verticale Wirkung gleich dem Gewicht des über der horizontalen Projection stehenden Wassers (§. 64.).

§. 196. Aufgabe. Ein rechtwinkligtes Parallelogramm, dessen parallele Seiten a, a in verticalen, die b, b in horizontalen Ebenen liegen, ist unter dem Winkel α gegen den Horizont geneigt, und begrenzt stillstehendes Wasser, man soll den Mittelpunct des Normaldrucks desselben, auf diese Ebene a.b, bestimmen.

Auflösung. Das Wasser stehe h Fuß über der höchsten Seite b, man denke sich beide Seiten b, b halbirt, und durch die gerade Verbindungslinie beider Mittelpuncte A, B eine Vertical-Ebene gelegt, in Fig. 84. sei die Ebene des Papiers diese Vertical-Ebene, und AB die erwähnte Verbindungslinie, diese Linie AB stelle man sich in eine unendlich große Anzahl n gleicher Theile e getheilt vor, und durch jeden Theilpunct eine Parallele mit b gezogen, so daß das ganze Rechteck ab in n gleiche Streifen, jeden vom Inhalt be eingetheilt erscheint. Auf den ersten, höchsten Streifen ist nun der Normaldruck $= be\gamma.\left[h + \frac{e \operatorname{Sin} \alpha}{2}\right]$, und sein Hebelsarm in Beziehung auf die tiefste Seite b gleich $a - \frac{e}{2}$, folglich sein Moment $= be\gamma\left[h + \frac{e \operatorname{Sin} \alpha}{2}\right].\left[a - \frac{e}{2}\right]$. Eben so ist das Moment des Normaldrucks auf den zweiten Streifen in Beziehung auf dieselbe Achse

$= be\gamma.\left[h + \frac{3e \operatorname{Sin} \alpha}{2}\right].\left[a - \frac{3e}{2}\right]$, das auf den 3ten

$= be\gamma.\left[h + \frac{5e \operatorname{Sin} \alpha}{2}\right].\left[a - \frac{5e}{2}\right]$ u. s. w., und das auf den nten oder letzten

$$= be\gamma.\left[h + \frac{(2n-1)e \operatorname{Sin} \alpha}{2}\right].\left[a - \frac{(2n-1)e}{2}\right],$$

folglich die Summe aller Momente, oder M

$$=be\gamma\left[\left(h+\frac{e\,\mathrm{Sin}\,\alpha}{2}\right)\left(a-\frac{e}{2}\right)+\left(h+\frac{3e\,\mathrm{Sin}\,\alpha}{2}\right)\left(a-\frac{3e}{2}\right)+\ldots\right.$$
$$\left.\ldots+\left(h+\frac{(2n-1)\,e\,\mathrm{Sin}\,\alpha}{2}\right)\left(a-\frac{(2n-1)\,e}{2}\right)\right]$$
$$=be\gamma\left[nah+e\frac{a\,\mathrm{Sin}\,\alpha-h}{2}[1+3+5+\ldots.+2n-1]\right.$$
$$\left.-\frac{e^2\,\mathrm{Sin}\,\alpha}{4}[1+3^2+5^2+\ldots.+(2n-1)^2]\right]$$
$$=be\gamma\left[nah+e\frac{a\,\mathrm{Sin}\,\alpha-h}{2}.n^2-\frac{e^2\,\mathrm{Sin}\,\alpha}{4}.\frac{n(4n^2-1)}{3}\right],$$

oder, $\frac{a}{e}$ für n gesetzt,

$$M=be\gamma\left[\frac{a^2h}{e}+e\frac{a\,\mathrm{Sin}\,\alpha-h}{2}.\frac{a^2}{e^2}-\frac{e^2\,\mathrm{Sin}\,\alpha}{4}.\frac{a(4a^2-e^2)}{3e^3}\right]$$
$$=b\gamma\left[a^2h+\frac{a\,\mathrm{Sin}\,\alpha-h}{2}a^2-\frac{\mathrm{Sin}\,\alpha}{4}.\frac{a(4a^2-e^2)}{3}\right],$$

folglich, für ein unendlich kleines e,

$$M=b\gamma\left[a^2h+\frac{a\,\mathrm{Sin}\,\alpha-h}{2}a^2-\frac{a^3\,\mathrm{Sin}\,\alpha}{3}\right]$$
$$=\tfrac{1}{6}a^2b\gamma[3h+a\,\mathrm{Sin}\,\alpha].$$

Weil nun der Normaldruck selbst

$$=ab\gamma.\left(h+\frac{a\,\mathrm{Sin}\,\alpha}{2}\right)=\tfrac{1}{2}ab\gamma(2h+a\,\mathrm{Sin}\,\alpha)$$ ist, so

erhält man, wenn C den Mittelpunct des Normaldrucks in der Figur darstellt, die Entfernung

$$BC=\frac{\frac{1}{6}a^2b\gamma(3h+a\,\mathrm{Sin}\,\alpha)}{\frac{1}{2}ab\gamma(2h+a\,\mathrm{Sin}\,\alpha)};\text{ oder}$$
$$BC=\frac{a}{3}.\frac{3h+a\,\mathrm{Sin}\,\alpha}{2h+a\,\mathrm{Sin}\,\alpha};$$

und also auch die lothrechte Entfernung

$$CD=\frac{a\,\mathrm{Sin}\,\alpha}{3}.\frac{3h+a\,\mathrm{Sin}\,\alpha}{2h+a\,\mathrm{Sin}\,\alpha}.$$

§. 197. Zusatz. Verlängert man BA, bis sie die Horizontale durch den Wasserspiegel in F schneidet, und zieht dann durch F in beliebiger Richtung die gerade Linie

FGK, welche die Horizontal-Linien durch A und B in G und K schneidet, so ist, wenn N den Schwerpunct des ebenen Trapezes AGKB vorstellt, und NT normal auf BK gedacht wird,

$$TN = \frac{a \operatorname{Sin} \alpha}{3} \cdot \frac{BK + 2 . AG}{BK + AG} \text{ (§. 61.), oder, weil}$$

$$FA : FB = AG : BK \text{ ist,}$$

$$TN = \frac{a \operatorname{Sin} \alpha}{3} \cdot \frac{FB + 2 . FA}{FB + FA} = \frac{a \operatorname{Sin} \alpha}{3} \cdot \frac{a + \frac{h}{\operatorname{Sin} \alpha} + 2 \frac{h}{\operatorname{Sin} \alpha}}{a + \frac{h}{\operatorname{Sin} \alpha} + \frac{h}{\operatorname{Sin} \alpha}}$$

$$= \frac{a \operatorname{Sin} \alpha}{3} \cdot \frac{3h + a \operatorname{Sin} \alpha}{2h + a \operatorname{Sin} \alpha}.$$

Aus dieser Formel und der im vor. §. erhellet, daß TN = DC ist, und es bestimmt also der Schwerpunct N des Trapezes BAGK zugleich den Mittelpunct C des normalen Wasserdrucks.

§. 198. Zusatz. Ist h gleich Null, so wird BC $= \frac{a}{3}$, und es bestimmt, weil für diesen Fall F mit A zusammentrifft, der Schwerpunct N des Dreiecks BAK den Ort für den Mittelpunct des normalen Wasserdrucks.

§. 199. Uebungs-Beispiele als Anwendungen der Sätze dieses ersten Kapitels.

I. In zwei communicirenden mit Wasser gefüllten Röhren (Fig. 85.) steht das Wasser in der einen Röhre I um h Fuße höher als in der andern II; die horizontale Oberfläche von II enthält a Quadratfuße, wie groß muß das auf a zu legende Gewicht von x Pfunden fürs Gleichgewicht sein?

Es ist der Normaldruck auf die Ebene a $= a h \gamma$, und folglich $x = a h \gamma$.

II. Wenn aber bei A auf die Oberfläche des Wassers noch lothrecht herab ein Druck $= P$ wirkt, wie groß muß dann x fürs Gleichgewicht sein?

Ist die Oberfläche des Wassers bei A, also der horizontale Querschnitt der Röhre I bei A, gleich b, so denke man sich diese Röhre I um die Höhe y oberhalb verlängert, für welche $by\gamma = P$ wird, dann die Kraft P weggenommen, und dafür die Röhre voll Wasser gegossen, so daß also der Druck auf b noch immer $= P$ bleibt, so erhält man wie in der vorigen Auflösung $x = (h + y) a \gamma$, oder, den Werth für y substituirt,

$$x = a h \gamma + \frac{a}{b} P,$$

aus welcher Formel erhellet, daß sich die Gewalt P um so vielmal bei a vervielfältigt als b in a enthalten ist. Auf dieses Resultat begründet sich die Einrichtung der hydrostatischen Pressen.

III. Die Entfernung der horizontalen Riegel an einem Schleusenthor so zu bestimmen, daß, wenn der Wasserspiegel die ganze Höhe desselben erreicht hat, dann alle n Räume, je zwischen zwei und zwei Riegeln, von Mitte zu Mitte gemessen, gleichen Druck vom Wasser erleidet, vorausgesetzt, daß die Schleuse leer ist, also kein Gegendruck statt findet.

Bezeichnet b die Breite des Schleusenthors, h seine Höhe, x die Entfernung von oben herab bis zum $p$ten Riegel, y die von oben herab bis zum $p + 1$sten, so ist der normale Wasserdruck aufs ganze Thor $= b h . \frac{h}{2} . \gamma$, folglich der auf jeden Raum, je zwischen zwei aufeinander folgenden Riegeln, von Mitte zu Mitte gemessen $= \frac{1}{n} . b h . \frac{h}{2} \gamma$. Es ist aber der Druck auf die Ebene

$(y-x)h$ gleich $(y-x)b.\left(x+\frac{y-x}{2}\right)\gamma=(y^2-x^2).\frac{b\gamma}{2}$, und folglich muß $(y^2-x^2)\frac{b\gamma}{2}=\frac{1}{n}bh\frac{h}{2}\gamma$, also $y^2-x^2 = h^2.\frac{1}{n}$ sein. Aus dieser Formel erhält man die Entfernung von oben herab:

bis zum 1sten Riegel $= h\sqrt{\frac{1}{n}}$, wenn man 0 für x setzt;

bis zum 2ten $= h\sqrt{\frac{2}{n}}$, wenn man $h\sqrt{\frac{1}{n}}$ für x schreibt;

bis zum 3ten $= h\sqrt{\frac{3}{n}}$, wenn man $h\sqrt{\frac{2}{n}}$ für x schreibt

u. s. w.

also die von oben herab aufeinander folgenden Entfernungen $= h.\sqrt{\frac{1}{n}}$; $h.\sqrt{\frac{1}{n}}.(\sqrt{2}-\sqrt{1})$; $h\sqrt{\frac{1}{n}}(\sqrt{3}-\sqrt{2})$; $h\sqrt{\frac{1}{n}}.(\sqrt{4}-\sqrt{3})$ u. s. w.

IV. Ein Schleusenboden ist auf einem Pfahlrost befestigt, dessen Pfähle a Fuß auseinander stehen, das Oberwasser steht H Fuß über dem Boden, das Wasser in der Kammer h Fuß über denselben. Angenommen das Oberwasser habe sich unter den Schleusenboden gearbeitet, so soll bestimmt werden, welche Gewalt jeden Pfahl herauszuheben strebt. Diese Gewalt ergiebt sich sogleich $= a^2.(H-h).\gamma$. Ist $a=4'$, $H=12'$, $h=4'$, so erhält man 8448 Pfunde.

V. Eine Schleusenkammer so weit mit Wasser anzufüllen, daß beide Thore gleichen Druck erleiden.

Stellt Fig. 86. den verticalen Längen-Durchschnitt vor, AB den Oberwasserspiegel, CD den, seiner Höhe nach zu bestimmenden, in der Kammer, EF den Unterwasserspiegel, ist die Höhe BG = a, die GN = b, die EK = c, die

$GC = x$, also $DK = b + x$, und B die Breite jedes Thores, so ist der Normaldruck gegen das Oberthor $= aB.\frac{a}{2}\gamma - x.B.\frac{x}{2}.\gamma$, der gegen das Unterthor $= (b+x)B.\frac{b+x}{2}\gamma - cB.\frac{c}{2}\gamma$, folglich die Bedingungsgleichung $a^2 - x^2 = (b+x)^2 - c^2$, und hieraus

$$x = \frac{-b + \sqrt{2a^2 + 2c^2 - b^2}}{2}.$$

VI. Stillstehendes Wasser, an einem Damm von der Höhe h und n füßiger Dossirung auf der Seite des Wasserdrucks, hat die ganze Höhe desselben erreicht, wie groß ist die aus dem Normaldruck entspringende horizontale und lothrechte Wirkung auf die Länge a?

Man erhält nach §. 195. die erstere Wirkung $= \frac{1}{2}ah^2\gamma$, und letztere $= \frac{1}{2}nah^2\gamma$.

VII. Ein verticales Schutzbrett von b Fuß Breite und h Fuß Höhe, dessen Schwerpunct in der Entfernung e vom Wasserspiegel liegt, soll durch eine lothrecht nach oben wirkende Kraft x in die Höhe gezogen werden. Wie groß muß x für den ersten Augenblick der Erhebung sein?

Ohne Rücksicht auf das Gewicht des Schutzbretts ist bloß die aus dem Wasserdruck entspringende Reibung zu überwinden; es ist aber, e größer als $\frac{h}{2}$ angenommen, der Wasserdruck $= bhe\gamma$, folglich $x = \mu bhe\gamma$. Ist ein Hebel angebracht, an welchem x an den Hebelsarm c widersteht, und die erforderliche Kraft P den Hebelsarm a hat, so ist, wenn das Gewicht des Hebels und die Reibung an den Zapfen oder Bolzen desselben bei Seite gesetzt wird, fürs Gleichgewicht

$$Pa = c.\mu bhe\gamma, \text{ also}$$

$$P = \mu\frac{bche\gamma}{a}.$$

Für $b = 4'$, $h = 3'$, $e = 5'$, $\mu = \frac{1}{3}$, $c = 8''$, $a = 6'$, erhält man $P = 146\frac{2}{3}$ Pfd.

VIII. In der Seitenwand eines Gefäßes voll Wasser (Fig. 87.) ist ein rechtwinkligtes ebenes Thürchen angebracht, dessen Seiten b, b durch A und B horizontal laufen, die obere horizontale Seite b sei h Fuß unterm Wasserspiegel, die untere sei Drehachse fürs Thürchen. Wenn nun dasselbe unter dem Winkel α gegen den Horizont geneigt, und $BA = a$ ist, so soll die Größe der in A normal thätigen Gegenkraft x fürs Gleichgewicht bestimmt werden.

Es ist nach §. 196. das Moment des Normaldrucks in Beziehung auf die Drehachse durch B gleich

$$\frac{1}{6} a^2 b \gamma [3h + a \operatorname{Sin} \alpha],$$

und folglich die Bedingungsgleichung

$$xa = \frac{1}{6} a^2 b \gamma [3h + a \operatorname{Sin} \alpha], \text{ also}$$

$$x = \frac{1}{6} a h \gamma [3h + a \operatorname{Sin} \alpha].$$

Ist $b = 4'$, $a = 3'$, $h = 1'$, $\alpha = 30°$, so erhält man $x = 594$ Pfd.

Für $h = 0$ und $\alpha = 90°$, wird $x = \frac{1}{6} a^2 b \gamma$.

Für $\alpha = 0$ wird $x = \frac{1}{2} a b h \gamma$.

IX. Wie breit ($= x$ Fuß) muß eine h Fuß hohe Mauer sein, wenn der Cubicfuß ihres Materials p Pfund wiegt, um mit stillstehendem Wasser, welches auf die ganze Höhe h gegen die eine Seite drückt, im Gleichgewicht zu sein.

Bezeichnet a die Länge der Mauer, so ist der Normaldruck des Wassers gegen dieselbe $= ah.\frac{h}{2}.\gamma$, und der Hebelsarm desselben in Beziehung auf die Umdrehungsachse $= \frac{h}{3}$. Da nun die Stabilität der Mauer $= ahxp.\frac{x}{2}$

ist, so ergiebt sich die Bedingungsgleichung $a h p \frac{x^2}{2} = \frac{a h^2 \gamma}{2} \cdot \frac{h}{3}$, und hieraus $x = h . \sqrt{\frac{\gamma}{3p}} = h . \sqrt{\frac{22}{p}}$.

Ist $p = 110$, so wird $x = 0{,}447 . h$ beinahe $= \frac{1}{2} h$.

Anmerk. Bei Bestimmung der Stärke der Futter-Mauern, um den vorhandenen Erddruck auszuhalten, kommt der Winkel in Betrachtung, unter welchem die Erdart abgleiten würde, der Reibungs-Coefficient für die Reibung von Erde auf Erde und der für Erde auf Mauerstein. Insofern nun wohl jener Winkel durch Versuche zu bestimmen ist, die Ausmittlung beider Reibungs-Coefficienten aber ihre eigenen Schwierigkeiten hat, so daß immer nur annähernde Resultate zu erhalten sind, die Mauern übrigens doch stärker als es das Gleichgewicht erfordert anzulegen sind, so geht man practisch sicher, wenn man die Erde als durchweicht betrachtet und ihren Druck wie den einer flüssigen Materie berechnet. Dies ist in der folgenden Auflösung die Ansicht.

X. Die Stärke x einer Mauer von H Fuß Höhe, dossirt auf der Seite des Erddrucks mit einer Auslage $= \frac{1}{n} H$, der Bedingung gemäß zu bestimmen, daß sie die erforderliche Stabilität hat, um den Druck der noch h Fuß höher liegenden Erde auszuhalten.

Wiegt der Cubicfuß Mauer p Pfund, der Cubicfuß Erde q Pfund, so hat man (Fig. 88.) den horizontalen Druck auf die Länge $a = a H . \left[h + \frac{H}{2}\right] q$ (§. 195.), und seinen Hebelsarm $= \frac{H}{3} \cdot \frac{3h + H}{2h + H}$ (§. 196.), also sein Moment $= \frac{a H^2 q}{6} (3h + H)$, ferner den der Stabilität zu Hülfe kommenden lothrechten Druck $= \frac{a H}{n} \left[h + \frac{H}{2}\right] q$, und

seinen Hebelsarm $= x + \frac{H}{3n} \cdot \frac{h + 2(H + h)}{h + H + h}$
$= x + \frac{H}{3n} \cdot \frac{3h + 2H}{2h + h}$ (§. 197.), also sein Moment
$= \frac{aHq}{2n}[2h + H]x + \frac{aH^2q}{6n^2}[3h + 2H]$, folglich da die Stabilität der Mauer $= aHx \cdot p \cdot \frac{x}{2} + \frac{H^2}{2n} ap\left(x + \frac{H}{3n}\right)$ ist, die Bedingungsgleichung

$$\frac{aHp}{2}x^2 + \frac{aH^2p}{2n}\left(x + \frac{H}{3n}\right) + \frac{aHq}{2n}(2h+H)x + \frac{aH^2q}{6n^2}(3h + 2H) = \frac{aH^2q}{6}(3h + H),$$

woraus sich x bestimmt.

Ist $H = 20'$, $n = 10$, $h = 3'$ $p = 120$, $q = 80$, so erhält man $x = 9{,}48$ Fuß.

Des dritten Abschnitts Zweites Kapitel.

Vom Gleichgewicht des Wassers mit festen Körpern.

§. 200. **Lehrsatz.** Jeder in ruhiges Wasser gebrachte feste Körper wird von einer Kraft lothrecht in die Höhe getrieben, welche dem Gewicht des vom Körper verdrängten Wassers gleich ist.

Beweis. 1stens. Für feste Körper, die ganz unters Wasser gebracht sind. Man denke sich den Körper in lauter lothrechte Elementar-Prismen zerlegt, setze deren Höhen $= h', h'', h'''$ u. s. w., ihre als horizontal anzusehenden Grundebenen $= a', a'', a'''$ u. s. w., die Entfernungen der tiefsten Grundebenen derselben vom Wasserspiegel $= b', b'', b'''$ u. s. w., die der oberen Grundebenen derselben vom Wasserspiegel $= c', c'', c'''$ u. s. w., so daß also $b' - c' = h'$, $b'' - c'' = h''$, $b''' - c''' = h'''$ u. s. w.

ist, so hat man nach §. 194. den normalen und also hier zugleich lothrechten Druck des Wassers auf den ganzen Körper von unten nach oben $= a'b'\gamma + a''b''\gamma + a'''b'''\gamma +$ u. s. w., und den von oben nach unten $= a'c'\gamma + a''c''\gamma + a'''c'''\gamma +$ u. s. w., also den Ueberschuß von unten nach oben, oder den Auftrieb $= a'(b'-c')\gamma + a''(b''-c'')\gamma + a'''(b'''-c''')\gamma +$ u. s. w. $= (a'h' + a''h'' + a'''h''' + \text{etc.})\gamma$.

Es ist aber $a'h' + a''h'' + a'''h''' +$ u. s. w. = dem Volumen V des ganzen Körpers, und also

den Auftrieb $= V\gamma =$ dem Gewicht des vom Körper verdrängten Wassers.

2tens, für feste Körper, welche nicht ganz unter ruhiges Wasser gebracht sind. Denkt man sich durch die Ebene des Wasserspiegels den Körper in zwei Theile getheilt, dann den untern Theil in lauter lothrechte Elementar-Prismen zerlegt, so bleibt der Beweis ganz so wie der in 1.

§. 201. Zusatz. Ist also das Volumen eines festen Körpers $= V$, sein specifisches Gewicht $= \beta$, sein absolutes P, also $= V\beta\gamma$, und wird dieser Körper ganz unter Wasser gebracht, so muß

1) wenn $\beta > 1$ ist, der Körper wegen des Uebergewichts $P - V\gamma$ ganz zu Boden sinken, oder es muß ihn eine Kraft $= P - V\gamma$ tragen.

2) Wenn $\beta = 1$ ist, der Körper an jeder Stelle unterm Wasserspiegel sich ruhend verhalten.

3) Wenn $\beta < 1$ ist, der Körper aus dem Wasser sich wieder erheben, und zwar so weit, bis das Gewicht des von seinem noch untergetauchten Theile verdrängten Wassers $= V\beta\gamma$ oder $= P$ ist. Der Körper schwimmt also, wenn β kleiner wie 1 ist.

Soll ein Körper, für welchen $\beta < 1$ ist, ganz unter Wasser erhalten werden, so muß eine noch anzubringende Kraft $= V\gamma - P$ ihn lothrecht nach unten hin halten.

§. 202. Lehrsatz. Der Gewichtsverlust eines ganz unter Wasser gebrachten festen Körpers ist gleich seinem absoluten Gewicht, dividirt durch sein specifisches.

Beweis. Das Volumen des Körpers, also auch das des von ihm verdrängten Wassers sei $= V$, sein specifisches Gewicht $= \beta$, sein absolutes $= P$, so ist $P = V\beta\gamma$, also $V\gamma = \frac{P}{\beta}$, welche Gleichung die Wahrheit der Behauptung ausdrückt.

§. 203. Zusatz. Wenn also zwei Körper, deren specifische Gewichte $= \alpha$, β, deren absolute aber $= P$, Q sind, ohne Verlust an Volumen zu einer Masse vereint sind, und es bezeichnet V dieses constante Volumen, so ist

$$\frac{P}{\alpha} + \frac{Q}{\beta} = V\gamma.$$

§. 204. Lehrsatz. Ein schwimmender Körper kann nur dann in Ruhe sein, wenn sein Schwerpunct mit dem des verdrängten Wassers in eine lothrechte Linie fällt.

Beweis. Bezeichnet P das absolute Gewicht des schwimmenden Körpers, V das Volumen seines untergetauchten Theils, so ist P als lothrechtes Bestreben nach unten, im Schwerpunct des Körpers, und der Auftrieb $V\gamma$ (§. 200.) im Schwerpunct des verdrängten Wassers, lothrecht nach oben thätig, als vereint anzusehen. Da nun $P = V\gamma$ ist, so kann nur Gleichgewicht eintreten, wenn beide gleichen Kräfte in einer Richtungslinie einander entgegen wirken, d. h. wenn beide Schwerpuncte in eine lothrechte Linie fallen.

§. 205. Erklärung. Die gerade lothrechte Linie, welche die beiden Schwerpuncte, des schwimmenden, ruhenden Körpers und des von dem untergetauchten Theil desselben verdrängten Wassers verbindet, heißt die Achse des schwimmenden Körpers. Ein Körper kann mehre, auch unendlich viele solche Achsen haben, wie z. B. ein normaler schwimmender Cylinder von gleichförmig vertheilter Materie bei horizontaler Lage der Höhe desselben.

Wird ein schwimmender ruhender Körper, durch eine unendlich kleine Erschütterung, aus seiner ruhenden Lage gebracht, und er kehrt, nachdem die Einwirkung aufgehört hat, wieder in dieselbe zurück, so sagt man: er hat Stabilität in seiner ursprünglichen Lage. Kehrt er aber nicht in dieselbe zurück, sondern setzt die begonnene Bewegung so lange fort, bis er in Beziehung auf eine andere Schwimmachse in Ruhe kommt, so hat er in der ursprünglichen Lage keine Stabilität. Ist ein schwimmender ruhender Körper zur Schwimmachse a durch eine, wenn auch nur unendlich kleine Erschütterung aus seiner Lage gebracht, und man legt in der neuen Lage durch den Schwerpunct des jetzt verdrängten Wassers eine Verticallinie, so heißt der Punct, in welchen sie die Achse a schneidet, das Meta-Centrum des Körpers für die ursprüngliche ruhende Lage, in Vergleichung mit der neu angenommenen.

§. 206. Lehrsatz. Wird ein schwimmender ruhender Körper aus seiner Lage A in eine andere B gebracht, so kehrt er nur dann in die erste Lage A zurück, hat also nur dann in dieser Lage A Stabilität, wenn sein Schwerpunct tiefer liegt als das Meta-Centrum für die Lage A in Vergleichung mit der B.

Beweis. Ist a der Schwerpunct des schwimmenden Körpers, α der des verdrängten Wassers in der Lage A, also die durch a und α gelegte lothrechte Linie cd (Fig. 89.) die Achse für diese Lage A, und es bringt nun eine Erschütterung diese Achse in eine neue Lage, und zwar

1stens in die fg, für welche die lothrechte Linie hk durch den Schwerpunct β des nun verdrängten Wasserkörpers die ursprüngliche Achse gerade in dem Punct a schneidet, so bleibt der Körper in dieser neuen Lage (§. 204.), und hk ist seine neue Achse für diese Lage B.

Nimmt aber

2tens die ursprüngliche Achse die Lage nm gn, für welche die lothrechte Linie pr durch den Schwerpunct β des nun verdrängten Wasserkörpers diese ursprüngliche Achse in dem Metacentrum v unterhalb a schneidet, so bewirken das lothrechte Gewicht des Körpers in a und der Auftrieb in β eine Fortsetzung der begonnenen Bewegung, so daß also der Körper weder in der neuen Lage schwimmt, noch in die ursprüngliche zurückkehrt.

Wenn aber endlich

3tens die ursprüngliche Achse die Lage tq annimmt, für welche die lothrechte Linie βw durch den Schwerpunct des nun verdrängten Wasserkörpers die Achse tq in dem Metacentrum w oberhalb a schneidet, so wirken dann das Gewicht des Körpers in a und der Auftrieb in β der begonnenen Bewegung entgegen, und der Körper kommt wieder (vielleicht nach einigen Schwankungen) in seine erste Lage A zurück.

Ein schwimmender Körper hat daher nur in derjenigen Lage Stabilität, für welche, auch bei einer unendlich kleinen Abweichung von derselben, das Metacentrum höher liegt, als der Schwerpunct des ganzen Körpers.

§. 207. Uebungs-Beispiele als Anwendungen der Sätze dieses zweiten Kapitels.

I. Wie tief sinkt eine Kugel von gleichförmig vertheilter Materie ins Wasser?

Bezeichnet β das specifische Gewicht, r den Halbmesser, x die Tiefe der Einsenkung, so ist das Volumen der schwimmenden Kugel $= \frac{4}{3} r^3 \pi$, das des verdrängten Wassers $= \frac{1}{3} \pi x^2 (3r - x)$ und daher nach §. 201. die Gleichung $\frac{1}{3} \pi x^2 [3r - x] . \gamma = \frac{4}{3} r^3 \pi \beta \gamma$, woraus $\left[\frac{x}{r}\right]^3 - 3\left[\frac{x}{r}\right]^2 + 4\beta = 0$ folgt. Ist $\beta = 0{,}316$, so stimmt ziemlich genau $\frac{x}{r} = \frac{3}{4}$, also $x = \frac{3}{4} r$.

II. Wie tief geht ein normaler Cylinder mit horizontaler Höhe h ins Wasser?

Setzt man den, der Senkung zugehörigen Mittelpuncts-Winkel $= x$, den Halbmesser $= r$, so ist der Querschnitt des verdrängten Wasserkörpers $= \frac{x}{360} r^2 \pi - \frac{r^2}{2} \operatorname{Sin} x$, also die Gleichung $h \left[\frac{x}{360} r^2 \pi - \frac{r^2}{2} \operatorname{Sin} x\right] \gamma = r^2 \pi h \beta \gamma$, unter β das specifische Gewicht der Materie verstanden. Ordnet man die Gleichung, so entsteht

$$x - \frac{180}{\pi} \operatorname{Sin} x - 360 \beta = 0.$$

Für $\beta = 0{,}4$ findet man durch Versuche ziemlich genau $x = 161° \, 51'$.

III. Ein normales Parallelepipedum hat die Höhe h und ein Quadrat zur Seite a zur Grundebene, das specifische Gewicht β dieses Körpers von gleichförmiger vertheilter Materie sei < 1. Wenn nun dieser Körper so ins

Wasser gelegt wird, daß die Seitenkanten h eine horizontale Lage annehmen, so soll bestimmt werden, in welchen Lagen er schwimmen kann und wie die Möglichkeit, eine solche Lage anzunehmen, von β abhängig ist.

1) Wenn nur eine der Seitenkanten h im Wasser gedacht wird, und die benachbarten Seiten-Ebenen gleiche Neigung gegen den Wasserspiegel haben.

Für diese Lage (Fig. 90.) fallen die beiden Schwerpuncte, der des schwimmenden Körpers und der des verdrängten Wassers, allemal für jede Tiefe der Senkung in eine Verticale, und die Gleichung ist, bei der in der Figur angedeuteten Bezeichnung $\frac{x^2}{2} h \gamma = a^2 h \beta \gamma$, und hieraus

$$x = a\sqrt{2\beta}.$$

Eine solche Lage kann also nur statt finden, wenn $\beta < \frac{1}{2}$ ist.

2) Wenn nur eine der Seitenkanten h im Wasser gedacht wird, und die anliegenden Seiten-Ebenen verschiedene Neigungen gegen den Wasserspiegel haben.

Bezeichnet A den Schwerpunct des schwimmenden Körpers, B (Fig. 91.) den des verdrängten Wassers, so muß AB lothrecht, also wenn die Linie durch E lothrecht gedacht wird, der normale Abstand AC = dem BD sein. Es ist aber $AC = \frac{a}{2} \operatorname{Sin} z - \frac{a}{2} \operatorname{Cos} z$ und

$BD = \frac{x}{3} \operatorname{Sin} z - \frac{y}{3} \operatorname{Cos} z$, folglich $\frac{a}{2} \operatorname{Sin} z - \frac{a}{2} \operatorname{Cos} z$ $= \frac{x}{3} \operatorname{Sin} z - \frac{y}{3} \operatorname{Cos} z$, oder, da $y \operatorname{Tg} z = x$ ist,

$3a\frac{x}{y} - 3a = 2x \cdot \frac{x}{y} - 2y$, woraus $3a = 2(x + y)$ folgt.

Verbindet man diese Gleichung mit folgender nach der Bedingung §. 201. 3. gebildet, $\frac{xy}{2} . h\gamma = a^2 h \beta\gamma$, so erhält man aus beiden

$$\left.\begin{matrix} x \\ y \end{matrix}\right\} = a . \frac{3 \pm \sqrt{9-32\beta}}{4}.$$

Eine solche Lage kann also nur statt finden, wenn $9 > 32\beta$ und $\frac{3+\sqrt{9-32\beta}}{4} < 1$, d. h. wenn $\beta < \frac{9}{32}$ und $> \frac{8}{32}$ ist.

3) Wenn zwei Seitenkanten h im Wasser sind, und die von ihnen begrenzte Ebene horizontal ist (Fig. 92.).

Für diese Lage fallen, wie in der Fig. 90., beide Schwerpuncte für jede Tiefe in eine lothrechte Linie, und die eine Bedingungsgleichung ist $a x h \gamma = a^2 h b \gamma$, woraus $x = \beta a$ folgt.

Eine solche Lage kann also für jeden Werth von β eintreten.

4) Wenn zwei Seitenkanten ins Wasser treten, ohne daß die von ihnen begrenzte Seiten-Ebene horizontal liegt (Fig. 93.).

Ist A der Schwerpunct des schwimmenden Körpers, B der des verdrängten Wassers, EC lothrecht, AC, BD horizontal, so muß AC = BD sein. Es ist aber AC = $\frac{a}{2}$ Sin z $-$ $\frac{a}{2}$ Cos z, und nach der Lehre vom Schwerpunct, fürs Trapez

$$BD = \frac{a}{3} \cdot \frac{x+2y}{x+y} \operatorname{Sin} z - \frac{ay \cdot \frac{y}{2} + \frac{(x-y)a}{2}\left[y + \frac{x-y}{3}\right]}{\frac{x+y}{2} \cdot a} \operatorname{Cos} z$$

$$= \frac{a}{3} \cdot \frac{x+2y}{x+y} \operatorname{Sin} z - \frac{x^2+y^2+xy}{3(x+y)} \operatorname{Cos} z, \text{ folglich}$$

$$\frac{a}{2}\operatorname{Sin} z - \frac{a}{2}\operatorname{Cos} z = \frac{a}{3}\cdot\frac{x+2y}{x+y}\operatorname{Sin} z - \frac{x^2+y^2+xy}{3(x+y)}\operatorname{Cos} z,$$

oder, weil $(x-y)\operatorname{Tg} z = a$ ist,

$$a^2 = 3a[x+y] - 2.[x^2+y^2+xy]$$
$$= 3a[x-y] - 2[(x+y)^2 - xy].$$

Da nun ferner $\frac{x+y}{2} a h\gamma = a^2 h \beta\gamma$, also $x+y = 2a\beta$ sein muß, so folgt aus der vorigen Gleichung, wenn man diesen Werth substituirt,

$a^2 = 3a.2a\beta - 2[4a^2\beta^2 - xy]$ und hieraus $xy = \frac{a^2}{2}[1+8\beta^2-6\beta]$. Aus dieser Gleichung und der $x+y = 2a\beta$ erhält man jetzt sogleich:

$$\left.\begin{matrix}x\\y\end{matrix}\right\} = a[\beta \pm \sqrt{3\beta - 3\beta^2 - \tfrac{1}{2}}].$$

Eine solche Lage kann also nur eintreten, wenn $3\beta > 3\beta^2 + \frac{1}{2}$, $\beta > \sqrt{3\beta - 3\beta^2 - \frac{1}{2}}$ und $\beta + \sqrt{3\beta - 3\beta^2 - \frac{1}{2}} < 1$, d. h. wenn $\beta < \frac{1}{2} + \sqrt{\frac{1}{12}}$, $> \frac{1}{2} - \sqrt{\frac{1}{12}}$ ist, und nicht zwischen $\frac{3}{4}$ und $\frac{1}{4}$ liegt, wenn also β zwischen 0,78867 und 0,75, oder auch zwischen 0,25 und 0,21133 fällt.

5) Wenn drei Seitenkanten h im Wasser sind, und die Seiten-Ebenen gleiche Neigungen gegen den Horizont haben (Fig. 94.).

In dieser Lage fallen beide Schwerpuncte für jede Tiefe in eine lothrechte Linie, und die Bedingungsgleichung ist einzig die $\left[a^2 - \frac{x^2}{2}\right] h\gamma = a^2 h\beta\gamma$, woraus

$$x = a.\sqrt{2-2\beta} \text{ folgt.}$$

Eine solche Lage kann also statt finden für jeden Werth von β von $\frac{1}{2}$ bis gegen Eins.

6) Wenn 3 Seitenkanten h ins Wasser treten, ohne daß alle Seiten-Ebenen gleiche Neigungen mit dem Horizont bilden (Fig. 95.).

Ist A der Schwerpunct des Körpers, B der des aus dem Wasser hervorragenden Theils, so liegt der des untergetauchten Theils in der Verlängerung der geraden Linie AB, und es muß also BA lothrecht, folglich die Normalen BD, AC auf die lothrechte durch E einander gleich sein. Es ist aber $AC = \frac{a}{2} \operatorname{Sin} z - \frac{a}{2} \operatorname{Cos} z$ und $BD = \frac{x}{3} \operatorname{Sin} z - \frac{y}{3} \operatorname{Cos} z$, und aus der Gleichsetzung folgt, wie in 3., $x + y = \frac{3}{2} a$. Die zweite Bedingungsgleichung ist $\left[a^2 - \frac{xy}{2}\right] h\gamma = a^2 h \beta\gamma$, und hieraus folgt $xy = 2a^2(1-\beta)$; aus beiden Gleichungen entspringt nun

$$\left.\begin{matrix}x\\y\end{matrix}\right\} = a \cdot \frac{3 \pm \sqrt{32\beta - 23}}{4}.$$

Eine solche Lage kann also nur eintreten, wenn $32\beta > 23$, $3 > \sqrt{32\beta - 23}$ und $\frac{3 + \sqrt{32\beta - 23}}{4}$ kleiner, höchstens $= 1$ ist, d. h. wenn $\beta > \frac{23}{32}$ und kleiner wie $\frac{24}{32}$ höchstens $= \frac{24}{32}$ ist.

IV. Für einige der 6 Lagen in III. anzugeben, ob der Körper in derselben Stabilität hat.

1) Für die Lage Fig. 90. Geht der Körper aus der Lage Fig. 90. in die Fig. 96. über, so daß der Wasserspiegel jetzt in PN schneidet, und bildet PN mit FG den, wenn auch unendlich kleinen Winkel $GTN = GTF = \delta$, so ist $z = 45° + \delta$ und Dreieck $PEN = FEG$, oder $EN . EN \operatorname{Tg} z = EG . EF = EG^2 = a^2 . 2\beta$, also $EN^2 = \frac{2a^2\beta}{\operatorname{Tg}(45 + \delta)}$. Es ist aber, wenn B der Schwerpunct des

Dreiecks PEN ist, und BM lothrecht gedacht wird, so daß M das Metacentrum vorstellt, die Horizontale MK auf die Verticale EK = der horizontalen $BD = \frac{PF \operatorname{Sin} z - EN \operatorname{Cos} z}{3}$ (wie bei Fig. 91.) $= \frac{EN \operatorname{Tg} z \operatorname{Sin} z - EN \operatorname{Cos} z}{3}$

$$= \frac{EN}{3 \operatorname{Cos} z}[\operatorname{Sin} z^2 - \operatorname{Cos} z^2] = -\frac{EN}{3 \operatorname{Cos} z} \operatorname{Cos} 2z$$

$$= -\frac{EN}{3 \operatorname{Cos} z} \operatorname{Cos}(90 + 2\delta) = \frac{EN}{3 \operatorname{Cos} z} . \operatorname{Sin} 2\delta,$$ ferner $EM \operatorname{Sin} \delta = MK = \frac{EN \operatorname{Sin} 2\delta}{3 \operatorname{Cos} z}$, also $EM = \frac{2 EN \operatorname{Cos} \delta}{3 \operatorname{Cos} z}$, oder den Werth für EN gesetzt, $EM^2 = \frac{4 \operatorname{Cos} \delta^2}{9 \operatorname{Cos}(45+\delta)^2} \cdot \frac{2a^2\beta}{\operatorname{Tg}(45+\delta)}$

$$= \frac{8a^2\beta \operatorname{Cos} \delta^2}{9 \operatorname{Sin}(45+\delta) \operatorname{Cos}(45+\delta)} = \frac{16a^2\beta \operatorname{Cos} \delta^2}{9. \operatorname{Sin}(90+2\delta)} = \frac{16a^2\beta \operatorname{Cos} \delta^2}{9 \operatorname{Cos} 2\delta}.$$

Da nun aber, wenn A der Schwerpunct des Körpers ist, $EA = a\sqrt{\tfrac{1}{2}}$, also $EA^2 = \frac{a^2}{2}$ ist, so hat der Körper in der Lage (Fig. 90.) nur dann Stabilität, wenn auch für einen unendlich kleinen Werth von δ, $EM > EA$, oder $\frac{16a^2\beta \operatorname{Cos} \delta^2}{9 \operatorname{Cos} 2\delta} > \frac{a^2}{2}$, d. h. $32\beta \operatorname{Cos} \delta^2 > 9(\operatorname{Cos} \delta^2 - \operatorname{Sin} \delta^2)$ oder $32\beta > 9(1 - \operatorname{Tg} \delta^2)$ ist. Aus dieser Ungleichung geht aber für ein unendlich kleines δ hervor, daß nur Stabilität statt findet, für $\beta \overline{\overline{>}} \tfrac{9}{32}$. Der Körper hat demnach in der Lage Fig. 90. nur Stabilität für alle Werthe des specifischen Gewichts von $\tfrac{9}{32}$ bis $\tfrac{1}{2}$ oder $\tfrac{16}{32}$, für alle Werthe desselben unter $\tfrac{9}{32}$ hat er keine Stabilität. Je näher β an $\tfrac{16}{32}$ liegt, desto größer ist die Stabilität.

2) Für die Lage Fig. 92. Geht der Körper aus der Lage Fig. 92. in die Fig. 97. über, so daß der Wasserspiegel nicht mehr in FG sondern in PN schneidet, und bildet FG mit PN den, wenn auch unendlich kleinen Win-

kel δ, so hat man $PF = GN = \frac{a}{2} \mathrm{Tg}\, \delta$, also $EP = EF + FP = a\beta + \frac{a}{2} \mathrm{Tg}\, \delta$, $LN = a\beta - \frac{a}{2} \mathrm{Tg}\, \delta$, also, wenn A der Schwerpunct des ganzen Körpers, B der des verdrängten Wassers, M das Metacentrum ist, und KD durch B parallel EL, bis zum Durchschnittspunct D mit der ursprünglichen Achse HM gezogen wird,

$$KB = \frac{a}{3} \cdot \frac{EP + 2 . NL}{EP + NL} = \frac{a}{3} \cdot \frac{3 a\beta - \frac{a}{2} \mathrm{Tg}\, \delta}{2 a \beta} = a \frac{6\beta - \mathrm{Tg}\, \delta}{12 \beta},$$

$$DH = \frac{a . LN . \frac{LN}{2} + \frac{a}{2} (EP - LN) \left(LN + \frac{EP - NL}{3}\right)}{\frac{EP + NL}{2} . a}$$

$$= a . \frac{12\beta^2 + \mathrm{Tg}\, \delta^2}{24 \beta},$$ folglich $$BD = \frac{a}{2} - a . \frac{6\beta - \mathrm{Tg}\, \delta}{12 \beta} = \frac{a \mathrm{Tg}\, \delta}{12 \beta},$$

und daher $DM = BD \,\mathrm{Cotg}\, \delta = \frac{a}{12 \beta}$, also

$HM = DH + DM = a . \frac{2 + 12 \beta^2 + \mathrm{Tg}\, \delta^2}{24 \beta}$, demnach findet, weil $HA = \frac{a}{2}$ ist, nur dann in der Lage Fig. 92. Stabilität statt, wenn $HM > HA$, oder $2 + 12 \beta^2 + \mathrm{Tg}\, \delta^2 > 12 \beta$ ist, auch für einen unendlich kleinen Werth von δ. Aus dieser Ungleichung folgt, daß der Körper in der Lage Fig. 92. nur dann Stabilität hat, wenn β größer, mindestens gleich $\frac{1}{2} + \sqrt{\frac{1}{12}}$ oder 0,78867, und auch dann, wenn β kleiner, höchstens gleich $\frac{1}{2} - \sqrt{\frac{1}{12}}$ oder 0,21133 ist. Für Werthe von β zwischen 0,78867 und 0,21133 schwimmt also der Körper nicht in der Lage Fig. 92.

V. Die Tragbarkeit eines Pontons vom gegebenen Gewicht P und gegebenen Abmessungen zu bestimmen.

In Fig. 98. ist der Längen-Durchschnitt dargestellt und die Bedeutung der Buchstaben a, c, h, l, d angezeigt,

zeigt, Fig. 99. ist der normale Querschnitt zwischen A und B, und Fig. 100. in perspectifischer Zeichnung der Körper links des Querschnitts durch A angegeben, welcher bis zur Höhe h ein schief abgeschnittenes dreiseitiges Prismen ist, dessen 3 Kanten b, b, k sind, und dessen normaler Querschnitt auf dieselben den Inhalt $\frac{hc}{2}$ hat. Der Körper rechts des Querschnitts durch B, ist bis zur Höhe h ein 3seitiges Prismen zur Grundebene $\frac{hd}{2}$ und Höhe b. Denkt man sich dieses Ponton mit Q Pfund belastet, und bezeichnet die Tiefe der zugehörigen Einsenkung ins Wasser durch x, wobei vorausgesetzt wird, daß x kleiner wie h ist, so verhält sich $b-k:y-k=CF:DF=h:h-x$, und hieraus ist $y=b-\frac{b-k}{h}x$, folglich der Inhalt des verdrängten Wasserkörpers links des Querschnitts durch A (Fig. 100.) $=\frac{cx}{h}\cdot\frac{x}{2}\cdot\frac{b+b+b-\frac{b-k}{h}x}{3}=\frac{bc}{2h}x^2-\frac{(b-k)c}{6h^2}.x^3$, dann der zwischen den Querschnitten durch A und B $=blx$, und endlich der rechts der Durchschnitts-Ebene durch B $=\frac{bd}{2h}x^2$, folglich das ganze Volumen des bis zur Tiefe x verdrängten Wassers

$$=\left[bl+\frac{bd}{2h}x+\frac{bc}{2h}x-\frac{c(b-k)}{6h^2}.x^2\right].x.$$

Aus dieser Formel hat man nun sogleich den Cubic-Inhalt des verdrängten Wassers, wenn sich das Ponton zur Tiefe h einsenken würde

$$=[bl+\tfrac{1}{2}bd+\tfrac{1}{2}bc-\tfrac{1}{6}c(b-k)]h,$$

welcher Ausdruck durch V bezeichnet werden soll, und dann den Cubic-Inhalt bis zur Tiefe h + a

$$= V + \left[(l + d)b + \frac{b + c}{2} \cdot c\right] . a,$$

welcher Ausdruck durch W dargestellt werden soll.

Ist nun $P + Q < V\gamma$, so ist die Bedingungsgleichung

$$P + Q = \left[bl + \frac{bd}{2h}x + \frac{bc}{2h}x - \frac{c(b-k)}{6h^2}x^2\right]x\gamma,$$

woraus x zu bestimmen ist.

Ist aber $P + Q > V\gamma$ jedoch $> W\gamma$ (welcher Ausdruck $W\gamma$ das Maximum der Tragbarkeit, das eigene Gewicht des Pontons eingeschlossen, ausdrückt), und bezeichnet z die Tiefe der Einsenkung auf a, so ist die Bedingungsgleichung

$$P + Q = \left[V + (l + d)bz + \frac{b + k}{2}cz\right]\gamma,$$

woraus sich, für solche Fälle, z ergiebt.

VI. Dieselbe Aufgabe in Zahlen für ein Ponton von zusammengesetzterer Form, in Fig. 101. im Längenprofil und sechs Querprofilen mit beigefügten Maaßen in Zollen dargestellt. Senkt sich dasselbe bei einer gegebenen Belastung Q zu einer zu bestimmenden Tiefe von x Zollen, so ist

1) fürs Querprofil durch AB, die Tiefe $= x - 6$, die zugehörige Breite $= \frac{36(x-6)}{55}$, und der Querschnitt unter Wasser $= \frac{18(x-6)^2}{55}$;

2) fürs Querprofil durch CD, die Tiefe $= x$, die zugehörige Breite $= 22 + \frac{x}{3}$, der Querschnitt $= 22x + \frac{x^2}{6}$;

3) fürs Querprofil durch EF, die Tiefe $= x$, die Breite $= 46 + \frac{7x}{15}$, der Inhalt $= 46x + \frac{7x^2}{30}$;

4) fürs Querprofil durch GH, die Tiefe $= x$, die Breite $= 36 + \frac{2x}{5}$, der Inhalt $= 36x + \frac{x^2}{5}$;

5) fürs Querprofil durch IK, die Tiefe $x-4$, die Breite $= \frac{262+6x}{13}$, der Inhalt $\frac{3x^2+262x-1096}{13}$.

Folglich:

6) der körperliche Inhalt des verdrängten Wassers links des Querschnitts durch AB $= \frac{18(x-6)^2}{55} \cdot \frac{1}{3} \cdot \frac{11(x-6)}{15}$ $= \frac{2(x-6)^3}{25}$;

7) der zwischen den Querschnitten durch AB und CD näherungsweise $= \left[\frac{18(x-6)^2}{55} + 22x + \frac{x^2}{6}\right] \cdot \frac{30}{2}$ $= \frac{163x^2}{22} + \frac{2982x}{11} + \frac{1944}{11}$;

8) der zwischen CD und EF nahe $=$

$$\left[22x + \frac{x^2}{6} + 46x + \frac{7x^2}{30}\right] \cdot \frac{93}{2} = 3162x + \frac{93x^2}{5};$$

9) der zwischen EF und HG nahe $=$

$$\left[46x + \frac{7x^2}{30} + 36x + \frac{x^2}{5}\right] \cdot \frac{93}{2} = 3813x + \frac{403x^2}{20};$$

10) der zwischen GH und IK nähernd $=$

$$\left[36x + \frac{x^2}{5} + \frac{3x^2+262x-1096}{13}\right] \cdot \frac{30}{2} = \frac{84x^2}{13} + \frac{10950x}{13} - \frac{16440}{13};$$

11) der rechts des Querschnitts IK $=$

$$\frac{x-4}{2} \cdot \frac{3(x-4)}{13} \cdot \frac{22 + 22 + \frac{6(x-4)}{13} + 22 + \frac{11(x-4)}{26}}{3}$$

$$= \frac{(x-4)^2}{26}\left[66 + \frac{23}{26}(x-4)\right] = \frac{33}{13}(x-4)^2 + \frac{23}{26^2} \cdot (x-4)^3.$$

Es ist demnach der Inhalt des eingesenkten Körpers zwischen den Querschnitten durch AB und IK $=$

$$52{,}62x^2 + 8088{,}4x - 1087{,}8 = W,$$

und die Summe der Inhalte beider Körper, rechts IK und links AB $= \frac{2(x-6)^3}{25} + \frac{33}{13}(x-4)^2 + \frac{23}{26^2}(x-4)^3$

$$= 0{,}114x^3 + 0{,}69x^2 - 10{,}034x + 21{,}158 = V.$$

Wiegt nun das Gefäß an und für sich 900 Pfund, und ist die Belastung $Q = 7100$ Pfd. bestimmt, so hat man ohne Rücksicht auf die Inhalte der Körper, rechts IK und links AB, die Gleichung: $\frac{W}{1728} \cdot 66 = 900 + 7100$, oder $52{,}62x^2 + 8088{,}4x - 1087{,}8 = \frac{8000 \cdot 1728}{66}$, und hieraus $x = 22{,}7$ Zolle. Berücksichtigt man beide kleine Körper, so ist die Gleichung

$$\frac{W+V}{1728} \cdot 66 = 900 + 7100, \text{ oder}$$

$$0{,}114x^3 + 53{,}31x^2 + 8078{,}366x - 210521{,}142 = 0,$$

und dieser Gleichung entspricht nahe $x = 22{,}6$ Zolle. Den ganzen Cubic-Inhalt des Pontons bis zur Tiefe von 30 Zoll erhält man aus $W + V$, wenn man 30 für x schreibt, $= 292342$ Cubic-Zoll, und demnach die höchste Tragbarkeit $= \frac{292342}{1728} \cdot 66 - 900 = 10092$ Pfund. Die Tiefe z, zu welcher sich das leere Ponton einsenkt, erhält man aus der hinreichend genauen Gleichung

$$52{,}62z^2 + 8088{,}4 \cdot z - 1087{,}8 = 900,$$

nemlich $z = 3$ Zolle.

VII. Eine Verschmelzung von Gold und Silber wiegt 18 Pfund, das specifische Gewicht des Goldes kann $= 20$, das des Silbers $= 10$ gesetzt werden. Der ganze Körper verliert unter Wasser $\frac{5}{4}$ Pfund. Wie viel Gold und Silber ist in ihm enthalten?

Bezeichnet x die Anzahl Pfunde des Goldes, y die des Silbers, so hat man nach §. 203.

$$\frac{x}{20} + \frac{y}{10} = \frac{5}{4}, \text{ und dann noch } x + y = 18,$$

aus welchen beiden Gleichungen $x = 11$ und $y = 7$ hervorgeht.

VIII. Die specifischen Gewichte fester und flüssiger Körper hydrostatisch zu bestimmen.

1) Für feste Körper, die sich im Wasser nicht auflösen,

a) für solche, welche specifisch schwerer als Wasser sind.

Ist der Gewichtsverlust der Körpers unter Wasser $= F$, sein absolutes Gewicht $= P$, sein specifisches $= x$, so hat man (nach §. 202.) $\frac{P}{x} = F$, also $x = \frac{P}{F}$;

b) für specifisch leichtere.

Man verbinde einen so schweren Körper mit dem, dessen specifisches Gewicht x bestimmt werden soll, daß die Verbindung im Wasser untersinkt. Ist nun der Gewichtsverlust der Verbindung $= F$, der des Hülfskörpers $= F^{I}$, das absolute Gewicht des Körpers selbst, dessen specifisches Gewicht x bestimmt werden soll, $= P$, so hat man nach a,

$$x = \frac{P}{F - F^{I}}.$$

2) Für flüssige Körper.

Die Flüssigkeit heiße A, ihr zu bestimmendes specifisches Gewicht sei $= x$. Ein Körper, der sowohl in A als im Wasser untergeht, ohne sich aufzulösen, verliere im Wasser gewogen P Pfund, in A gewogen Q Pfund, und hebe das Volumen V, so ist

$$P = V\gamma \text{ und } Q = Vx\gamma, \text{ also } x = \frac{Q}{P}.$$

3) Für feste Körper, die sich im Wasser auflösen.

Man bestimme das specifische Gewicht α einer Flüssigkeit, in welcher der Körper untergeht, und sich nicht auflöst, und dann den Gewichtsverlust Q desselben in dieser Flüssigkeit. Ist nun P das absolute Gewicht des Körpers, x das specifische, und bezeichnet V das Volumen desselben, so hat man $P = Vx\gamma$ und $Q = V\alpha\gamma$, und aus beiden Gleichungen folgt $x = \alpha . \frac{P}{Q}$.

Anmerkung. Zu Bestimmung der specifischen Gewichte von Flüssigkeiten bedient man sich am bequemsten der Senkwagen oder Aräometer, entweder mit oder ohne Scale. Die Theorie derselben ist höchst einfach. Auf Salinen sind sie besonders im Gebrauch zu Bestimmung der Löthigkeit oder des Salzgehaltes der Solen und heißen Salzspindeln.

Die specifischen Gewichte der am häufigsten vorkommenden Materien sind in Mittelwerthen in folgender Tabelle enthalten.

Materie	specifisches Gewicht
Gold	19,
Silber	10,5
Kupfer, geschmolzen	7,788
= = japanisches	9,
= = schwedisches	8,784
Eisen, gegossen	7,16
= = geschmiedet	8,3
Zinn	7,3
Blei	11,3
Quecksilber, deutsches	14,
= = = englisches	13,6
Sandstein	2,3
Eichenholz	0,8
Korkholz	0,24
Ulmen	0,67
Eschen	0,8
Buchen	0,84
Linden	0,6
Tannen	0,44

Vierter Abschnitt.

Die Mechanik.

Erstes Kapitel.

Von der gleichförmigen Bewegung.

§. 208. Aufgabe. Ein Punct A bewegt sich mit der Geschwindigkeit c gleichförmig, während t Secunden, man soll den in der Zeit t durchlaufenen Weg h durch c und t bestimmen.

Auflösung. Da A in jeder Secunde den Weg c zurücklegt, so durchläuft er in t Secunden, tmal den Weg c, und es ist also $h = c.t$.

§. 209. Aufgabe. Ein Punct A wird von 2 Kräften P, Q zugleich ergriffen, deren Richtungen untereinander den Winkel α bilden. Wirkte die Kraft P allein, so würde sie dem Punct A die Geschwindigkeit c, wirkte Q allein, so würde sie ihm die Geschwindigkeit v mittheilen, welche Geschwindigkeit x werden P und Q dem Punct A mittheilen, und nach welcher Richtung wird seine Bewegung erfolgen?

Auflösung. Die Kräfte P und Q bewirken vereint dasselbe, was ihre mittlere Kraft R, durchs Parallelogramm der Kräfte bestimmt, leisten würde. Da nun aber

$R^2 = P^2 + Q^2 + 2PQ \cos\alpha$ ist, und sich $R:P:Q = x:c:v$ verhalten, so folgt

$$x^2 = c^2 + v^2 + 2cv \cos\alpha,$$

aus welcher Gleichung sich die Größe von x, welche nebst der Richtung die Diagonale des Parallelogramms bestimmt, ergiebt.

§. 210. Zusatz. Trifft ein bewegter Punct A eine Ebene unter dem Winkel α mit der Geschwindigkeit c, so entspringt also aus c eine Geschwindigkeit $= c \sin\alpha$ normal auf die Ebene, und diese geht demnach verloren, und eine in die Projection von c auf die Ebene, fallend $= c \cos\alpha$, wit welcher der Punct A nach dieser Richtung seine Bewegung fortsetzt. Der absolute Geschwindigkeits-Verlust ist somit $= c - c \cos\alpha = c \operatorname{Sinv} \alpha$. Geht die Bahn des bewegten Punctes aus einer geraden Linie in eine Curve über, für welche jene Tangente an der Berührungsstelle ist, so ist $\alpha = 0$, also auch der Geschwindigkeits-Verlust $= 0$.

Des vierten Abschnitts zweites Kapitel.

Von der gleichförmig beschleunigten Bewegung.

§. 211. Erklärung. Jede beschleunigte Bewegung eines Punctes, für welche die verlangten Geschwindigkeiten für verschiedene Stellen der Bahn sich wie die vom Beginn der Bewegung an verflossenen Zeiten verhalten, heißt eine gleichförmig beschleunigte Bewegung.

§. 212. Aufgabe. Ein gleichförmig beschleunigt bewegter Punct besitzt im letzten Augenblick der ersten Secunde eine Geschwindigkeit = v (§. 1.), und bewegt sich t Secunden lang. Man soll den von Beginn der Bewegung an, also den in t Secunden zurückgelegten Weg h, durch v und t ausdrücken.

Auflösung. Die Zeit t, während welcher die Bewegung statt findet, denke man sich in eine unendlich große Anzahl n gleicher Zeittheilchen e abgetheilt, so daß also $ne = t$ ist. Unter w', w'', w''' u. s. w. w^n verstehe man die Geschwindigkeiten, welche der bewegte Punct in den letzten Augenblicken der Zeiten $\frac{e}{2}$, $\frac{3e}{2}$, $\frac{5e}{2}$ u. s. w. $\frac{(2n-1)e}{2}$ besitzt, so daß also nach §. 211.

$$1 : \frac{e}{2} : \frac{3e}{2} : \frac{5e}{2} : \text{u. s. w.} : \frac{(2n-1)e}{2} = v : w' : w'' : w''' : \text{u. s. w.}\, w^n,$$

folglich $w' = v \cdot \frac{e}{2}$, $w'' = v \cdot \frac{3e}{2}$, $w''' = v \cdot \frac{5e}{2}$ u. s. w. $w^n = v \cdot \frac{(2n-1)e}{2}$ ist. Stellt man sich nun e so klein vor, daß die Geschwindigkeit in der Mitte jeder Zeit e als die mittlere Geschwindigkeit während der ganzen Zeit e zu betrachten ist, so kann man den Weg

während der ersten Zeit e gleich $e \cdot w'$ (§. 208.),
während der 2ten Zeit e gleich $e \cdot w''$
u. s. w.

und während der nten Zeit e gleich $e \cdot w^n$ setzen, und hat demnach $h = ew' + ew'' + \ldots + ew^n$, oder, die Werthe für w', w'' u. s. w. w^n substituirt,

$$h = \frac{ve^2}{2} \cdot [1 + 3 + 5 + \ldots + (2n-1)], \text{ oder}$$

$$h = \frac{ve^2}{2} \cdot n^2.$$

Es ist aber $ne = t$, also $n^2 e^2 = t^2$, und folglich

$$(I) \quad h = \frac{v \cdot t^2}{2}.$$

§. 213. Zusatz. Bezeichnet c die erlangte Geschwindigkeit im letzten Augenblick der Zeit t, so ist nach §. 211. $1 : t = v : c$, also $c = vt$, und setzt man diesen Werth in (I) §. 212., so folgt

$$\text{(II)}\quad h = \frac{ct}{2}.$$

Hätte der bewegte Punct vom Beginn der Bewegung an, die Geschwindigkeit c gehabt, und sich während den t Secunden gleichförmig bewegt, so wäre sein zurückgelegter Weg $H = ct$ (§. 208.), und die Vergleichung dieser Formel mit der (II) giebt das Gesetz

$$\text{(III)}\quad H = 2h.$$

Setzt man in (I) $t = 1$ Secunde, und bezeichnet den Weg in der ersten Secunde durch G, so ist also

$$\text{(IV)}\quad v = 2G,$$

d. h. die Geschwindigkeit, welche ein gleichförmig beschleunigt bewegter Punct im letzten Augenblick der ersten Secunde erlangt hat, ist doppelt so groß, wie der in der ersten Secunde zurückgelegte Weg.

§. 214. Aufgabe. Ein gleichförmig beschleunigt bewegter Punct durchläuft in der ersten Secunde der Bewegung den Weg G, und setzt die Bewegung, vom Beginn derselben an, t Secunden lang fort; man soll den durchlaufenen Weg h, und also auch die im letzten Augenblick der Zeit t verlangte Geschwindigkeit c, durch G und t ausdrücken.

Auflösung. Man schreibe [in (I) §. 212.] 2G für v, so folgt:

$$\text{(V)}\quad h = Gt^2.$$

Nun setze man diesen Werth für h in II. §. 213., und

entwickle c, so ergiebt sich:

$$\text{(VI)} \quad c = 2Gt.$$

§. 215. Zusatz. Aus dem vorigen §. folgt auch leicht, wenn man t aus beiden Formeln eliminirt,

$$\text{(VII)} \quad h = \frac{c^2}{4G}.$$

Entwickelt man nun noch t aus (V), t aus (VI) und c aus (VII), so hat man folgende 6 Formeln:

$$1) \quad h = Gt^2;$$

$$2) \quad c = 2Gt;$$

$$3) \quad h = \frac{c^2}{4G};$$

$$4) \quad t = \sqrt{\frac{h}{G}};$$

$$5) \quad t = \frac{c}{2G};$$

$$6) \quad c = 2\sqrt{Gh},$$

aus welchen jede Frage, zwischen verflossener Zeit t, erlangter Geschwindigkeit c und durchlaufenen Weg h, bei jeder gleichförmig beschleunigten Bewegung, vom Beginn derselben an gerechnet, zu beantworten ist, wenn der Weg G in der ersten Secunde der Bewegung als gegeben angesehen wird. Dieser Weg G heißt die Beschleunigung.

§. 216. Aufgabe. Ein gleichförmig beschleunigt bewegter Punct, dessen Beschleunigung = G ist, besitzt in irgend einer Stelle seiner Bahn die Geschwindigkeit c′, und setzt seine begonnene Bewegung von dieser Stelle ab, noch t Secunden lang, unveränderlich dem Gesetz §. 211. folgend, fort, man soll die im letzten Augenblick der Zeit t erlangte Geschwindigkeit c, so wie auch den in der Zeit t durchlaufenen Weg h, durch G, c′ und t ausdrücken.

Auflösung. Bezeichnet t′ die Zeit vom Beginn der Bewegung an bis zu dem Augenblick, in welchem die

Geschwindigkeit c' erlangt ist, und h' den in dieser Zeit t' durchlaufenen Weg, so ist nach §. 215.

$$c' = 2Gt', \quad c = 2G(t'+t), \quad h' = G(t')^2 \text{ und}$$
$$h' + h = G(t'+t)^2.$$

Die Verbindung der ersten beiden Gleichungen giebt

$$\text{(I)} \quad c = c' + 2Gt,$$

und die Verbindung der ersten, 3ten und 4ten liefert

$$\text{(II)} \quad h = c't + Gt^2.$$

§. 217. **Zusatz.** Aus den beiden Formeln im vor. §.

$$1) \quad c = c' + 2Gt;$$
$$2) \quad h = c't + Gt^2$$

ergeben sich durch Entwicklung leicht noch folgende:

$$3) \quad c' = c - 2Gt;$$
$$4) \quad t = \frac{c-c'}{2G};$$
$$5) \quad c' = \frac{h-Gt^2}{t};$$
$$6) \quad t = \frac{-c' + \sqrt{(c')^2 + 4Gh}}{2G};$$
$$7) \quad h = ct - Gt^2;$$
$$8) \quad t = \frac{c - \sqrt{c^2 - 4Gh}}{2G};$$
$$9) \quad h = \frac{c^2 - (c')^2}{4G};$$
$$10) \quad c = \sqrt{(c')^2 + 4Gh};$$
$$11) \quad c' = \sqrt{c^2 - 4Gh};$$
$$12) \quad c = \frac{h + Gt^2}{t}.$$

Diese 12 Formeln enthalten die Beantwortung aller Fragen, welche bei gleichförmig beschleunigten Bewegungen, wo schon eine anfängliche Geschwindigkeit c' statt findet, vorgelegt werden können, wenn die zugehörige Beschleunigung G als gegeben angesehen wird. Die Bestim=

mung von G für jede solche Bewegung kann aber erst im 5ten Abschnitt erfolgen.

Des vierten Abschnitts
drittes Kapitel.
Von der gleichförmig verzögerten Bewegung.

§. 218. Erklärung. Durchläuft ein gleichförmig beschleunigt bewegter Punct einen Weg h vom Punct a bis zum Punct b in der Zeit t, ist seine Geschwindigkeit in a gleich c', in b gleich c, also $c = c' + 2Gt$ (§. 217. 1.) und $h = c't + Gt^2$ (§. 217. 2.), und man denkt sich nun diesen Punct den Weg von b bis a wieder zurücklegend, so daß er in jedem Punct des Weges h, den er jetzt rückwärts durchläuft, eben dieselbe Geschwindigkeit hat, die er vorhin an derselben Stelle hatte, so heißt diese Bewegung eine gleichförmig verzögerte, und der zugehörige Werth von G die Verzögerung.

§. 219. Aufgabe. Ein Punct bewegt sich gleichförmig verzögert, die Verzögerung sei $= G$, die anfängliche Geschwindigkeit $= c$; man soll die nach Verlauf der Zeit t noch stattfindende Geschwindigkeit c' und den in dieser Zeit durchlaufenen Weg h, durch G, c und t ausdrücken.

Auflösung. Nach §. 217. 3. und 7. hat man sogleich $c' = c - 2Gt$ und $h = ct - Gt^2$.

§. 220. Zusatz. Aus den beiden Grundformeln für die gleichförmig verzögerte Bewegung im vor. §. erhält man durch Entwicklung auch die übrigen zehn Formeln in §. 217. wieder. Alle zwölf gelten also auch für die gleichförmig verzögerte Bewegung, wenn man unter G die

Verzögerung, unter c die anfängliche und unter c′ die nach Verlauf von t Secunden noch stattfindende Geschwindigkeit versteht.

§. 221. Zusatz. Setzt man in diese Formeln Null für c′, versteht also unter t die Zeit, während welcher die anfängliche Geschwindigkeit c durch die Verzögerung G vernichtet wird, und unter h den ganzen Weg bis zum Stillstand des bewegten Punctes, so erhält man $h = Gt^2$, $c = 2Gt$, $h = \frac{c^2}{4G}$, $t = \sqrt{\frac{h}{G}}$, $t = \frac{c}{2G}$ und $c = 2\sqrt{Gh}$, ganz wie in §. 215., nur daß hier G die Verzögerung und c die anfängliche Geschwindigkeit bezeichnet.

Fünfter Abschnitt.

Die Geomechanik.

Erstes Kapitel.

Vom freien Fall der Körper nahe an der Oberfläche unserer Erde.

§. 222. Erklärung. Wird ein schwerer Körper den Einwirkungen der Kraft der Schwere ungehindert überlassen, so daß sich derselbe dem Mittelpunct der Erde immer mehr nähern kann, so heißt diese Bewegung: der freie Fall. Da nun die Schwere nahe an der Erdoberfläche als eine unveränderlich absolute Kraft zu betrachten ist, folglich die Einwirkungen derselben sich jeden Augenblick in gleicher Stärke erneuern, und vom Zustand der Ruhe oder Bewegung des angegriffenen Körpers unabhängig sind, so muß auch der Körper mit jeder neuen Einwirkung einen neuen, und zwar immer gleich großen Zuwachs an Geschwindigkeit erhalten, folglich müssen sich auch die in verschiedenen Zeitpuncten erlangten Geschwindigkeiten wie die vom Beginn der Bewegung an verflossenen Zeiten verhalten, d. h. die Bewegung muß eine gleichförmig beschleunigte sein (§. 211.). Genauen Beobachtungen zufolge ist für den freien Fall die Beschleunigung, oder der Weg in der ersten Secunde der Bewegung gleich 15,625 oder $15\frac{5}{8}$, oder $\frac{125}{8}$ Fuß Rheinländisch, welche Zahl durchaus durch den Buchstaben g ausgedrückt werden soll.

§. 223. Aufgabe. Ein schwerer Körper wird den Einwirkungen der Schwere frei und ungehindert (also im luftleeren Raum) überlassen. Vom Beginn der Bewegung ab bezeichne t die Anzahl der Secunden, c die erlangte Geschwindigkeit und h den zurückgelegten Weg, beide c und h in Rheinländischen Fußen ausgedrückt, verstanden. Man soll, wenn eine der 3 Größen t, c, h als gegeben betrachtet wird, durch sie, und die Beschleunigung $g = \frac{125}{8}$ Fuß Rheinl. die beiden andern bestimmen.

Auflösung. Man schreibe g für G in die 6 Formeln (§. 215.), so hat man die verlangten Resultate, nemlich $h = gt^2$, $c = 2gt$, $h = \frac{c^2}{4g}$, $t = \sqrt{\frac{h}{g}}$, $t = \frac{c}{2g}$ und $c = 2\sqrt{gh}$.

§. 224. Aufgabe. Ein schwerer Körper wird frei den Einwirkungen der Schwere überlassen, und ihm beim Beginn der Bewegung, durch eine lothrecht herabwirkende Kraft eine Geschwindigkeit c' gleich mitgetheilt, welchen Weg b durchläuft er nun in t Secunden, und welche Geschwindigkeit c erlangt er, h und c in Fußen ausgedrückt verstanden?

Auflösung. Ganz nach §. 216. hat man $c = c' + 2gt$, $h = c't + gt^2$, und aus diesen beiden Formeln ergeben sich dann auch die übrigen zehne in §. 217., wenn man durchaus g für G schreibt.

§. 225. Zusatz. Obgleich die Formeln in §. 223. und 224. genau genommen nur für den freien Fall, also für

für die durch die Schwere erzeugte lothrechte Bewegung schwerer Körper im luftleeren Raum gelten, so sind sie doch für Körper von einiger Dichtigkeit, auch beim Fall in unserer atmosphärischen Luft, mit genügender Genauigkeit anzuwenden, wenn nur die Bewegung nahe an der Erdoberfläche statt findet. Für größere Entfernungen von einigen Meilen über der Oberfläche unserer Erde ist die Schwere nicht mehr als eine unveränderlich absolute Kraft zu betrachten, sondern sie ist veränderlich absolut, und zwar verhalten sich nach einem hypothetischen, aber durch Erfahrungen als richtig bestätigten, Gesetz die anziehenden Kräfte unserer Erde bei verschiedenen Entfernungen vom Mittelpunct derselben umgekehrt wie die Quadrate dieser Entfernungen. Untersuchungen über ungleichförmig beschleunigte Bewegungen aber gehören ins Gebiet der höhern Analysis.

§. 226. Beispiele.

1) Ein Körper fällt frei während 5 Secunden, welche Geschwindigkeit c erlangt er, und wie groß ist der durchlaufene Weg h?

Es ist $c = 2 . \frac{125}{8} . 5 = 156\frac{1}{4}$ Fuß und

$h = \frac{125}{8} . 5^2 = 390\frac{5}{8}$ Fuß.

2) Ein Körper fällt frei von einer Höhe von 600 Fuß herab, wie viel Zeit t gebraucht er, und welches ist seine verlangte Geschwindigkeit c?

Es ist $t = \sqrt{\frac{600}{15,625}} = 6,2$ Secunden beinahe, und

$c = 2 . \sqrt{\frac{125}{8} . 600} = 193,65$ Fuß.

3) Ein frei fallender Körper soll eine Geschwindigkeit von 10 Fuß erlangen, die zugehörige Zeit t und die Fallhöhe h zu bestimmen.

Es ist $t = \frac{10}{2.\frac{125}{8}} = \frac{8}{25} = 0{,}32$ Secunden und

$$h = \frac{10^2}{4.\frac{125}{8}} = 1\tfrac{3}{5} \text{ Fuß.}$$

4) Einer Flintenkugel, die lothrecht herab geschossen wird, ertheilt das Pulver eine anfängliche Geschwindigkeit c' von 150 Fuß. In wie viel Secunden t durchläuft sie einen Weg von 400 Fuß, und welche Geschwindigkeit c hat sie am Ende?

Hier ist $t = \frac{-150+\sqrt{150^2+4.\frac{125}{8}.400}}{2.\frac{125}{8}} = 2{,}174$ Secund.,

und $c = \sqrt{150^2 + 4.\frac{125}{8}.400} = 217{,}94$ Fuß.

5) Ein Körper wird frei den Einwirkungen der Schwere überlassen, nach 8 Secunden hört man an der Stelle, von welcher man den Körper fallen ließ, den Schall des Auffallens; wie tief x ist derselbe gefallen?

Da der Schall eine gleichförmige Bewegung, und im Mittel eine Geschwindigkeit von 1075 Fuß hat, so ist die Zeit, in welcher er den Weg x zurückgelegt (§. 208.), $= \frac{x}{1075}$ Secunden, wenn x in Fußen verstanden wird, also die Zeit des Falls $= 8 - \frac{x}{1075}$, und folglich nach der Formel $h = gt^2$, hier

$$x = \tfrac{125}{8}.\left(8 - \frac{x}{1075}\right)^2,$$

woraus man $x = 818\frac{2}{3}$ Fuß erhält. Ohne Berücksichtigung der Zeit, welche der Schall braucht, würde man $x = \frac{125}{8}.8^2 = 1000$ Fuß erhalten.

Des fünften Abschnitts zweites Kapitel.

Von den geworfenen Körpern.

§. 227. **Aufgabe.** Ein schwerer Körper wird mit einer anfänglichen Geschwindigkeit c lothrecht in die Höhe geworfen, wie hoch (h) und wie lang (t) steigt er überhaupt? wie hoch (h') steigt er ferner in der Zeit t' ($t' < t$), und welche Geschwindigkeit (c') hat er im letzten Augenblick der Zeit t' noch?

Auflösung. Da dem lothrechten in die Höhesteigen die Schwere direct entgegen wirkt, so entsteht eine gleichförmig verzögerte Bewegung, deren Verzögerung $= g = 15\frac{5}{8}$ Fuß ist, und man erhält daher nach §. 219. und 221. sogleich unmittelbar:

$$h = \frac{c^2}{4g}, \quad t = \frac{c}{2g},$$

$$h' = ct' - g(t')^2, \quad c' = c - 2gt'.$$

§. 228. **Aufgabe.** Einem schweren Körper wird nach der Richtung AB, unter dem Winkel α mit dem Horizont AC, eine anfängliche Geschwindigkeit c mitgetheilt, welche Bahn durchläuft er (Fig. 102.).

Auflösung. In der Zeit t würde derselbe in der Richtung AB einen Weg $AD = u = ct$ durchlaufen, wenn er bloß seinem Beharrungsvermögen folgen könnte, da ihn aber während dieser Zeit t die Schwere dem Mittelpunct der Erde um den Weg gt^2 näher bringt, so wird, wenn man DF normal auf AC zieht, und $DE = z = gt^2$ macht, E der Punct sein, in welchem sich der Körper im letzten Augenblick der Zeit t befindet. Aus $AD = u = ct$ und $DE = z = gt^2$ folgt aber, wenn man aus beiden Gleichungen t eliminirt, $z = \frac{g}{c^2} \cdot u^2$, und es ist daher (nach §. 70. 2ter Bd.) die Curve eine Parabel, deren Parameter a sich aus der Gleichung $\frac{\mathrm{Cos}\,\alpha^2}{a} = \frac{g}{c^2}$ ergiebt, nemlich $a = \frac{c^2\,\mathrm{Cos}\,\alpha^2}{g}$, und für welche im Punct A, die Linie AB die Tangente ist.

§. 229. Zusatz. Nimmt man die Abscissen x auf AC, A als Anfangspunct derselben, die Ordinaten y normal auf AC, so ist (nach §. 70. II. 2ter Bd.) die Gleichung

$$y = x\,\mathrm{Tg}\,\alpha - \frac{x^2}{a}, \text{ oder auch}$$

$$y = x\,\mathrm{Tg}\,\alpha - \frac{g}{c^2\,\mathrm{Cos}\,\alpha^2} \cdot x^2.$$

Aus dieser Gleichung und der $z = \frac{g}{c^2} u^2$ ergeben sich nun leicht folgende Resultate und Gesetze.

1) Es wird $y = 0$, für $x = 0$ und auch für $\mathrm{Tg}\,\alpha - \frac{g}{c^2\,\mathrm{Cos}\,\alpha^2} \cdot x = 0$, und hieraus erhält man den zugehörigen Werth von x oder die Wurfweite

$$w = \frac{c^2\,\mathrm{Sin}\,2\alpha}{2g}.$$

2) Ist $\beta = 90 - \alpha$, also $\mathrm{Sin}\,2\beta = \mathrm{Sin}\,2\alpha$, und bezeichnet w′ die zu β gehörige Wurfweite, so ist $w' = \frac{c^2\,\mathrm{Sin}\,2\beta}{2g}$, folglich $w = w$, d. h. für Winkel, die sich zu 90° ergänzen, entsteht dieselbe Wurfweite.

3) Da $\mathrm{Sin}\,2\alpha$ am größten wird, wenn $2\alpha = 90°$ also $\alpha = 45°$ ist, so ist folglich die Wurfweite $w = \frac{c^2\,\mathrm{Sin}\,2\alpha}{2g}$ bei unveränderlicher Anfangs-Geschwindigkeit c, ein Maximum für $\alpha = 45°$.

4) Zu Bestimmung der größten Höhe h, welche der geworfene Körper über den Horizont erreicht, setze man entweder $\frac{w}{2}$ oder $\frac{c^2 \operatorname{Sin} 2\alpha}{4g}$ für x in

$y = x \operatorname{Tg} \alpha - \frac{g}{c^2 \operatorname{Cos} \alpha^2} x^2$, so ist der für y entstehende Werth gleich h, oder man schreibe in $z = \frac{g}{c^2} . u^2$, $\frac{2z}{\operatorname{Sin} \alpha}$ für u [§. 67. (I) 2ter Bd.], so ist der für z sich ergebende Werth gleich h. Man erhält $h = \frac{c^2 \operatorname{Sin} \alpha^2}{4g}$.

5) Setzt man in $z = g t^2$, h für z, so ergiebt sich die Zeit, in welcher die größte Höhe erreicht wird, oder $T = \frac{c \operatorname{Sin} \alpha}{2g}$, und also ist die der ganzen Wurfweite zugehörige Zeit $= 2T = \frac{c \operatorname{Sin} \alpha}{g}$.

6) Für $\alpha = 0$ entspringt aus der Gleichung zwischen x und y, die $y = -\frac{g}{c^2} x^2$, d. h. die Ordinaten fallen unter den Horizont; bezeichnet man nun diese durch y', so hat man die Gleichung

$$y' = \frac{g}{c^2} x^2.$$

§. 230. Zusatz. Die Anwendung der Gesetze, im vor. §., auf Kugeln und Bomben giebt bedeutend abweichende Resultate von denen der Erfahrung. Der Grund liegt vorzüglich

1) im Widerstand der Luft, dessen Berücksichtigung höhere Analysis voraussetzt.
2) In der Bestimmung der anfänglichen Geschwindigkeit c. (Siehe Rouvroy Vorlesungen über die Artillerie im 3ten Theil pag. 191. bis 205.)

Des fünften Abschnitts dritles Kapitel.

Bestimmung des Werthes von G für jede gleichförmig beschleunigte und gleichförmig verzögerte Bewegung.

§. 231. **Aufgabe.** Auf einen Körper, dessen Masse oder Menge materieller Theile $= M$ ist, wirkt eine absolute Kraft von P Pfunden als Uebergewicht oder mittlere Kraft, und versetzt ihn durch fortgesetzte immer erneuerte Einwirkung in eine gleichförmig beschleunigte Bewegung, während welcher aber, in jedem Augenblick, alle Puncte von M mit dem Angriffspunct von P gleiche Geschwindigkeiten annehmen. Man soll, wenn Q das Gewicht der Masse M in Pfunden ausdrückt, die Beschleunigung G, d. h. den Weg, durch P und Q ausgedrückt, bestimmen, durch welchen die Ueberwucht oder bewegende Kraft P die Masse M in der ersten Secunde der Bewegung führt.

Auflösung. Beziehen sich P′, M′, Q′, G′ eben so aufeinander wie P, M, Q und G, so würde, wenn $M' = M$, also auch $Q' = Q$ wäre, auf jedes materielle Theilchen von M′ eine Kraft $F' = \frac{P'}{M'}$, und auf jedes materielle Theilchen von M eine Kraft $F = \frac{P}{M}$ kommen, und es verhielte sich also $F : F' = P : P'$. Mit der Kraft, welche auf jedes materielle Theilchen wirkt (sie heißt: beschleunigende Kraft), wächst aber die Beschleunigung in gleichem Grade, d. h. es ist $F : F' = G : G'$, und folglich wäre auch $G : G' = P : P'$, wenn $M = M'$, also auch $Q = Q'$ wäre.

Wäre nicht $M = M'$, sondern $P = P'$, so folgte $F : F' = \frac{1}{M} : \frac{1}{M'} = M' : M$ und also auch $G : G' = M' : M$. Je mehr Masse aber ein Körper hat, desto mehr materielle Theile setzt er auch den Einwirkungen der Schwere aus (§. 4.), und also verhalten sich die Massen wie die absoluten Gewichte, oder hier $M' : M = Q' : Q$. Man hat daher $G : G' = Q' : Q$, wenn $P = P'$ wäre, folglich nach der Lehre von Zusammensetzung der Verhältnisse

$$G : G' = \begin{Bmatrix} P : P' \\ Q' : Q \end{Bmatrix} = P . Q' : P' . Q, \text{ oder auch}$$

$$G : G' = \frac{P}{Q} : \frac{P'}{Q'}.$$

Versteht man nun unter P' die Kraft, welche einen frei fallenden Körper zum Mittelpunct der Erde treibt, so ist diese Kraft gleich dem Gewicht Q' des fallenden Körpers, also $\frac{P'}{Q'} = 1$, und der zugehörige Werth von G' ist $= 15\frac{5}{8}$ Fuß Rheinländ. $= g$, folglich ergiebt sich, wenn man diese zusammengehörigen Werthe in die hergeleitete Proportion setzt,

$$G : g = \frac{P}{Q} : 1, \text{ und hieraus}$$

$$G = g . \frac{P}{Q}.$$

§. 232. Zusatz. Ist der Körper, dessen Masse $= M$ und dessen Gewicht $= Q$ ist, schon in einer solchen Bewegung, daß alle Puncte desselben in denselben Augenblicken auch einerlei Geschwindigkeiten haben, und wirkt nach einer Richtung, die dieser schon bestehenden Bewegung gerade entgegengesetzt ist, die Ueberwucht P nun auf M ein, so ist die dieser Gegenwirkung zugehörige Beschleunigung G, oder, die Verzögerung G der ursprünglichen Bewegung $= g . \frac{P}{Q}$.

§. 233. Zusatz. Schreibt man in die 6 Formeln §. 215. und in die 12 §. 217. nun $g\frac{P}{Q}$ für G, so hat man für jede gleichförmig beschleunigte und gleichförmig verzögerte Bewegung, bei welcher die Bestimmungen in §. 231. und 232. statt finden, die nöthigen Vergleichungen zwischen Zeit, Geschwindigkeit und Weg. Die Bestimmung der bewegenden Kraft oder Ueberwucht P erfolgt ganz nach den Lehren der Statik, indem man zuerst die Kraft aufsucht, welche fürs Gleichgewicht erforderlich ist, und diese von der wirklich thätigen Kraft abzieht, wo dann der Ueberschuß den Werth von P angiebt. Wird die Kraft durch das Gewicht eines Körpers hervorgebracht, und nimmt, wie vorausgesetzt wurde, jeder Punct der gesammten bewegten Masse, auch der, deren Gewicht als Kraft wirkt, in jedem Augenblick auch durchaus einerlei Geschwindigkeit an, so ist unter Q nicht bloß das Gewicht der bewegten Masse, sondern auch das der Masse zu verstehen, deren Gewicht als Kraft wirkt.

§. 234. Lehrsatz. Ist in einem festen System eine Masse M so angebracht, daß im Fall einer entstehenden Bewegung, von einer reinen Ueberwucht oder bewegenden Kraft P erzeugt, dann, wenn der Angriffspunct von P, die Geschwindigkeit c haben würde, jeder Punct von M die v annehmen müßte, wobei $\frac{c}{v}$ als constant zu betrachten ist, und man denkt sich dann die Masse M weggenommen, und dafür in einer andern Stelle des Systems eine Masse N so angebracht, daß dann, wenn der Angriffspunct von P die Geschwindigkeit c annehmen würde, jeder Punct von N die w annehmen müßte, ebenfalls $\frac{c}{w}$ als constant angesehen, so bewirkt P in jedem der beiden Fälle vollkommen dieselbe Bewegung, wenn $M.v^2 = N.w^2$ ist.

Beweis. Bezeichnet, wenn bloß die Masse M angebracht ist, Q ihr Gewicht, und G die Beschleunigung jedes Punctes von M, so ist, für jeden Augenblick der Bewegung, die auf die in denselben statt findende Geschwindigkeit von M reducirte Kraft $= \frac{Pc}{v}$, folglich G $= g\frac{P\frac{c}{v}}{Q} = g\frac{Pc}{Qv}$, und also die zugehörige Beschleunigung von P oder $B = \frac{c}{v}G = g\frac{P.c^2}{Q.v^2}$.

Betrachtet man nun nur die Masse N als vorhanden, versteht unter Q′ ihr Gewicht, und unter G′ die Beschleunigung jedes Punctes von N, so ist, für jeden Augenblick der Bewegung, die auf die in denselben Augenblick statt findende Geschwindigkeit von N reducirte Kraft $= \frac{Pc}{w}$, folglich $G' = g\frac{Pc}{Q'w}$, und also die zugehörige Beschleunigung von P oder $B' = \frac{c}{w}.G' = g\frac{P.c^2}{Q'.w^2}$. Aus der Vergleichung von $B = g\frac{Pc^2}{Qv^2}$ und $B' = g\frac{Pc^2}{Q'w^2}$ geht aber hervor, daß die Beschleunigung des Angriffspunctes der Kraft in beiden Fällen dieselbe ist, wenn $Qv^2 = Q'w^2$ oder wenn $Q:Q' = w^2:v^2$ ist. Da sich nun aber $M:N = Q:Q'$ verhält, so geht aus der vorigen Proportion die $M:N = w^2:v^2$ hervor, woraus dann $Mv^2 = N.w^2$ folgt. Ist also $Mv^2 = Nw^2$, so entsteht vollkommen dieselbe Bewegung, es mag P die Trägheit der Masse M oder die der Masse N zu überwinden haben.

§. 235. Zusatz. Da sich in absoluten Zahlen die Größe einer Masse nicht ausdrücken läßt, so gebraucht man, statt der Gleichung $M v^2 = N . w^2$, durchaus die $Q v^2 = Q' . w^2$. Beziehen sich c, v und w auf drehende Bewegung um eine feste Achse, denkt man sich dann die Masse M sowohl wie die N jede in einem Punct vereint, und versteht unter a die gerade Linie, welche zugleich auf die Drehachse und auf die Richtung von v, unter b die, welche zugleich auf diese Drehachse und auf die Richtung von w normal ist, so verhält sich $v : w = a : b$, also auch $v^2 : w^2 = a^2 : b^2$, und daher dann auch $Q' : Q = a^2 : b^2$, woraus die Gleichung $Q . a^2 = Q' . b^2$ folgt.

§. 236. **Erklärung.** Sowohl das Product $Q v^2$ als auch das $Q a^2$ nennt man **das Moment der Trägheit der Masse**, deren Gewicht $= Q$ ist, und durch die Momente der Trägheit ist man im Stande, jede Masse sich in einem Punct concentrirt vorzustellen, und auch dann aus diesem einen Punct auf jeden andern des Systems zu reduciren.

§. 237. **Aufgabe.** Das Moment der Trägheit der Masse eines normalen Cylinders in Beziehung auf drehende Bewegung um seine Achse zu bestimmen.

Auflösung. Bezeichnet r den Halbmesser seiner Grund-Ebenen, h seine Höhe, p die Gewichtseinheit, und man denkt sich r in eine unendlich große Anzahl $= n$ gleicher Theilchen e eingetheilt, dann die concentrischen Cylinder-Mäntel zu den Halbmessern e, 2e, 3e u. s. w. und der Höhe h gebildet, so kann man sich die Masse des Cylinders vom Volumen $e^2 \pi h$ in der Entfernung $\frac{e}{2}$, die des hohlen Cylinders vom Volumen $[(2e)^2 \pi - e^2 \pi] h$ in der Entfernung $e + \frac{e}{2}$, die des hohlen Cylinders vom Volumen $[(3e)^2\pi - (2e)^2\pi]h$ in der Entfernung $2e + \frac{e}{2}$ u. s. w., endlich die vom Volumen $[(ne)^2\pi - [(n-1)e]^2.\pi]h$ in der Entfernung $(n-1)e + \frac{e}{2}$ von der Achse vereint vorstellen, welche Ansicht einen um so geringeren Fehler veranlassen wird, je kleiner e gedacht wird, so daß also der Fehler zugleich mit e verschwindet. Nach dieser Ansicht ist dann das Moment der Trägheit des ganzen Cylinders, in Beziehung auf drehende Bewegung um seine Achse, =

$$e^2\pi h.p.\left(\frac{e}{2}\right)^2 + [(2e)^2\pi - e^2\pi]hp.(\tfrac{3}{2}e)^2$$
$$+ [(3e)^2\pi - (2e)^2\pi]hp.(\tfrac{5}{2}e)^2 + \ldots.$$
$$\ldots. + [(ne)^2\pi - [(n-1)e]^2\pi]hp.\left[\frac{2n-1}{2}e\right]^2$$
$$= \frac{e^4\pi hp}{4}[1 + 3^3 + 5^3 + \ldots. + (2n-1)^3]$$
$$= \frac{e^4\pi hp}{4}.n^2.(2n^2-1) \text{ (§. 195. Arithmetik I. Bd.)}$$

$= \frac{\pi hp}{4}.r^2[2r^2 - e^2]$. Dieser Ausdruck liefert für e $= 0$, vollständig das verlangte Moment der Trägheit $= \frac{\pi hpr^4}{2}$, oder, wenn Q das Gewicht des Cylinders bezeichnet, $= Q.\frac{r^2}{2}$.

§. 238. Zusatz. Bezeichnet W das Gewicht der Masse, welche, gleichförmig in dem Cylinder-Mantel vertheilt, denselben Einfluß auf etwa entstehende drehende Bewegung des Cylinders um seine Achse haben wird, als das Gewicht Q der Masse des ganzen Cylinders, gleichförmig in seinem ganzen Raum $r^2\pi h$ vertheilt, so ist die Bestimmungs-Gleichung für W nach §. 235. folgende: $W.r^2 = Q.\frac{r^2}{2}$, und hieraus folgt das einfache Gesetz W

$= \frac{1}{2} Q$. Denkt man sich z. B. in einem auf die Achse normalen Querschnitt dieses um seine Achse (mathematisch gedacht) drehbaren Cylinders, eine absolute reine Kraft P (nicht mit Materie verbunden) tangential thätig vor, und will P der Bedingung gemäß bestimmen, daß der Cylinder in der Zeit t vom Beginn der Bewegung an gerechnet, m Umdrehungen macht, so hat man nach der Formel $h = G t^2$ (§. 215.), $m . 2 r \pi$ für h, $g \frac{P}{\frac{1}{2} Q}$ für G geschrieben, $m . 2 r \pi = g \frac{2P}{Q} . t^2$ und hieraus $P = \frac{m r \pi Q}{g t^2}$.

§. 239. Zusatz. Soll das Moment der Trägheit eines hohlen Cylinders von den Halbmessern r, ϱ und der Höhe h bestimmt werden, so ist, wenn p die Gewichtseinheit bezeichnet, dies Moment der Trägheit $= \frac{\pi h p r^4}{2} - \frac{\pi h p \varrho^4}{2} = \pi h p (r^2 - \varrho^2) . \frac{r^2 + \varrho^2}{2}$, oder, wenn Q das ganze Gewicht des hohlen Cylinders ausdrückt, $= Q . \frac{r^2 + \varrho^2}{2}$, also die gesammte Masse, auf den äußern Cylindermantel reducirt $= Q . \frac{r^2 + \varrho^2}{2 r^2}$ und auf den innern $= Q . \frac{r^2 + \varrho^2}{2 \varrho^2}$.

§. 240. Aufgabe. Das Moment der Trägheit eines normalen Parallelepipedums von den Abmessungen b, h, l und der Gewichtseinheit p, in Beziehung auf drehende Bewegung um eine seiner Kanten AB = b zu bestimmen (Fig. 103.).

Auflösung. Man denke sich zuerst normal auf l in der Entfernung AC von der Drehachse eine unendlich dünne Schicht, so daß AC = a die Entfernung von AB bis zur Mittellinie dieser Schicht bezeichnet, setze die Dicke dieser Schicht = d, stelle sich die Höhe CD = h in eine unendliche Menge m gleicher Theilchen t eingetheilt, und aus jedem Theilpunct durch diese Schicht vom Inhalt bhd eine mit der Ebene bd parallele Ebene vor, so daß der Inhalt bhd durch diese Ebene in m unendlich kleine Parallelepipeden zertheilt wird, von welchen jedes den Inhalt bdt hat, so ist das Moment der Trägheit

$$\text{des 1sten} = bdtp.\left[a^2 + \left(\frac{t}{2}\right)^2\right];$$

$$\text{des 2ten} = bdtp.\left[a^2 + \left(\frac{3t}{2}\right)^2\right];$$

$$\text{des 3ten} = bdtp.\left[a^2 + \left(\frac{5t}{2}\right)^2\right]$$

u. s. w.

endlich des mten oder letzten $= bdtp.\left[a^2 + \left(\frac{(2m-1)t}{2}\right)^2\right]$;

folglich das Moment der Trägheit der ganzen Schicht vom Inhalt $bhd = bdtp\left[ma^2 + \frac{t^2}{4}[1+3^2+5^2+\ldots(2m-1)^2]\right]$

$$= bda^2p.mt + bdtp.\frac{t^2}{4}.\frac{m}{3}(4m^2-1)$$

(§. 195. Arithm. I. Bd.)

$$= bda^2ph + bdp.\frac{h}{12}.[4h^2 - t^2]$$

$= bda^2ph + bdp\frac{h^3}{3}$; weil t unendlich klein ist,

$$= bdhp.\left[a^2 + \frac{h^2}{3}\right].$$

Wenn nun zweitens das ganze Parallelepipedum vom Inhalt bhl und Gewicht $bhlp = Q$, aus n solchen Schichten bestehend gedacht, also $nd = l$ gesetzt wird, so ist das Moment der Trägheit

$$\text{der 1sten} = bdhp.\left[\left(\frac{d}{2}\right)^2 + \frac{h^2}{3}\right];$$

$$\text{der 2ten} = bdhp.\left[\left(\frac{3d}{2}\right)^2 + \frac{h^2}{3}\right];$$

$$\text{der 3ten} = bdhp.\left[\left(\frac{5d}{2}\right)^2 + \frac{h^2}{3}\right]$$

u. s. w.

endlich der nten oder letzten $= b\,d\,h\,p.\left[\left(\frac{(2n-1)d}{2}\right)^2 + \frac{h^2}{3}\right]$; also das Moment der Trägheit des ganzen normalen Pppd.

$$= b\,d\,h\,p.\left[\frac{d^2}{4}[1+3^2+\ldots+(2n-1)^2]+n\frac{h^2}{3}\right]$$

$$= b\,d\,h\,p.\left[\frac{d^2}{4}.\frac{n}{3}.(4n^2-1)+\frac{n\,h^2}{3}\right]$$

$$= b\,h\,p.\left[\frac{1}{12}(4l^2-d^2)+\frac{l\,h^2}{3}\right]$$

$$= b\,h\,l\,p.\frac{l^2+h^2}{3} = Q.\frac{l^2+h^2}{3}.$$

§. 241. Zusatz. Auf ähnlichem Weg, wie in §. 237. und 240., lassen sich auch die Momente der Trägheit anders geformter Körper bestimmen, und somit sämmtliche Massen eines Systems auf einen Punct reduciren. Reducirt man sie alle auf den Angriffspunt der Ueberwucht oder bewegenden Kraft P, und bezeichnet die entstehende Summe durch Q, so ist dann die Beschleunigung G dieses Punctes $= g.\frac{P}{Q}$, und ist diese gefunden, so dienen dann die Formeln §. 215. und 217. zu Beantwortung jeder Frage die Vergleichung von Zeit, Geschwindigkeit und Weg betreffend.

§. 242. Beispiele.

I. Auf einer horizontalen Ebene ruht ein Körper vom Gewicht W, vermittelst eines horizontal geleiteten Fadens, der über eine Rolle zum Halbmesser r geführt ist, ist derselbe mit einem lothrecht herabhängenden Gewicht R verbunden, dessen Größe der Bedingung gemäß bestimmt werden soll, daß W durch das entstehende Uebergewicht in der Zeit t durch den Weg h geführt wird (Fig. 104.).

Bezeichnet μ den Reibungs-Coefficienten für gleitende, μ' für Zapfenreibung, V das Gewicht der Rolle, ϱ den

Halbmesser der Zapfen der Rolle, und ist der Faden so dünne, daß sein Gewicht so wie seine Masse als unbedeutend bei Seite gesetzt werden kann, so erhält man den Theil x von R, welcher fürs Gleichgewicht erforderlich ist, aus der Gleichung

$$x \cdot r = \mu W \cdot r + \varrho \mu' \cdot \sqrt{(V + x)^2 + (\mu W)^2},$$

und dann die Ueberwucht $= R - x$, welche die Masse $R + \frac{V}{2} + W$ in der Zeit t durch den Weg h führen soll. Die diese Bedingung aussprechende Gleichung ist

$$h = g \cdot \frac{R - x}{R + \frac{V}{2} + W} t^2, \text{ woraus}$$

$$R = \frac{h\left[\frac{V}{2} + W\right] + g x t^2}{g t^2 - h} \text{ folgt.}$$

Ist $W = 400$ Pfund, $\mu = \frac{1}{4}$ Pfund, $V = 4$ Pfund, $\mu' = \frac{1}{8}$, $r = 3''$, $t = 4$ Secunden, $h = 50$ Fuß, $\varrho = \frac{2}{3}''$, so erhält man $x = 104$ Pfd., und dann $R = 230\frac{1}{2}$ Pfd.

II. Ein normales Parallelepipedum von den Abmessungen b, h, l, ruht in der Mitte von l auf Zapfen zum Halbmesser ϱ, so daß sich l und b in horizontaler, h in verticaler Lage befindet (Fig. 105.). An dem einen Endpunct dieses Balanciers hängt ein Gewicht W, welches Gewicht R muß am andern Endpunct angehangen werden, um diesen Punct in der Zeit t durch den Weg H zu führen?

Ist die Gewichts-Einheit der Materie des Balanciers $= p$, das Gewicht beider Zapfen $= V$, so erhält man den Theil x von R, welcher fürs Gleichgewicht erforderlich ist, aus der Gleichung

$$x \cdot \frac{l}{2} = W \cdot \frac{l}{2} + \varrho \cdot \mu [x + W + b h l p + V], \text{ nemlich}$$

$$x = \frac{W.\frac{l}{2} + \varrho\mu[W + bhlp + V]}{\frac{l}{2} - \varrho\mu}.$$

Reducirt man nun alle Massen auf den Angriffspunct von R, so erhält man $W + R + \frac{V}{2} . \frac{\varrho^2}{(\frac{1}{2}l)^2} + 2 . \frac{bhl}{2} p . \frac{(\frac{1}{2}l)^2 + h^2}{3.(\frac{1}{2}l)^2}$ oder $W + R + \frac{2V\varrho^2}{l^2} + bhlp . \frac{l^2 + 4h^2}{3l^2}$, und diese Masse soll durch das Uebergewicht $R - x$ in der Zeit t durch den Weg H geführt werden, so daß also

$$H = g \frac{R - x}{W + R + \frac{2V\varrho^2}{l^2} + bhlp . \frac{l^2 + 4h^2}{3l^2}} . t^2 \text{ werden muß.}$$

Aus dieser Gleichung ergiebt sich

$$R = \frac{H\left[W + \frac{2V\varrho^2}{l^2} + bhp . \frac{l^2 + 4h^2}{3l}\right] + gxt^2}{gt^2 - H}.$$

Ist $l = 18'$, $b = 1'$, $h = 2'$, $\varrho = 1\frac{1}{2}''$, $W = 800$ Pfund, $p = 60$ Pfund, $V = 40$ Pfund, $\mu = \frac{1}{8}$, $t = 1$ Secunde, $H = 3$ Fuß, so erhält man $x = 806{,}6$ Pfund und dann $R = 1367{,}9$ Pfund.

III. An einer horizontalen Welle vom Halbmesser r und Gewicht W, welche mit ihren Zapfen vom Halbmesser ϱ und Gewicht V auf Zapfenlagern ruht, befindet sich ein Schwungring, dessen äußerer Halbmesser $= a$, der innere $= b$ ist, welcher durch 4 parallelepipedische Arme von der Dicke c, die mit dem Schwungring gleiche Breite haben, an der Welle befestigt ist. Wenn nun diese Welle nebst dem Schwungring um die gemeinschaftliche Achse gedreht wird, so daß jeder Punct vom Mantel der Welle die Geschwindigkeit v hat, so soll bestimmt werden, welche Breite x man dem Schwungring und seinen 4 Armen geben muß, damit, wenn von jetzt ab keine Kraft mehr auf

fort=

fortgesetzte Drehung wirkt, diese durch den Widerstand der Reibung dann doch nur so langsam vernichtet werde, daß noch n Umdrehungen bis zum Stillstand erfolgen.

Bezeichnet p die Gewichts-Einheit der Materie des Schwungrings und der 4 Arme, so ist das Gewicht des ganzen Systems

$$= W + V + (a^2 - b^2)\pi . xp + 4 . cx(b - r) . p = A,$$

und also der Reibungswiderstand als die verzögernde Kraft an der Peripherie der Zapfen $= \mu A$, oder auf die Peripherie der Welle reducirt, $= \mu A . \frac{\varrho}{r}$. Werden nun auch alle Massen eben dahin reducirt, so erhält man nach den Formeln in §. 237. und 240. die gesammte reducirte Masse

$$= \frac{W}{2} + \frac{V}{2} . \frac{\varrho^2}{r^2} + (a^2 - b^2)\pi xp . \frac{a^2 + b^2}{2 . r^2}$$

$$+ 4 . \left[bcxp . \frac{b^2 + \left(\frac{c}{2}\right)^2}{3} - rcxp . \frac{r^2 + \left(\frac{c}{2}\right)^2}{3} \right] . \frac{1}{r^2} = B,$$

und es soll, der Bestimmung gemäß, die Ueberwucht $\mu A \frac{\varrho}{r}$, der Masse B während Durchlaufung des Weges $n . 2r\pi$ die entgegengesetzte Geschwindigkeit v mittheilen, d. h. die bestehende Geschwindigkeit v vernichten. Es muß daher

$$v^2 = 4G . n . 2r\pi \text{ oder } v^2 = 4g \frac{\mu A \frac{\varrho}{r}}{B} . n . 2r\pi \text{ werden.}$$

Setzt man in diese Gleichung die Werthe für A und B, so ergiebt sich dann aus ihr durch Entwicklung der verlangte Werth für die Breite x.

IV. Auf einer schiefen Ebene, welche mit dem Horizont den Winkel α bildet, liegt ein Körper vom Gewicht W, man soll die aus seinem abgeleiteten Bestreben $= W \operatorname{Sin} \alpha$ entspringende Beschleunigung G bestimmen. Es ist der Normaldruck $= W \cos\alpha$, also der Reibungswiderstand $= \mu W \cos\alpha$, folglich die bewegende Kraft $= W \sin\alpha - \mu W \cos\alpha$, und daher die Beschleunigung $G = g \frac{W \sin\alpha - \mu W \cos\alpha}{W}$, oder $G = g(\sin\alpha - \mu \cos\alpha)$.

Wird die Reibung beiseite gesetzt, und bezeichnet a die Länge der schiefen Ebene, b die verticale Projection zu a, also die Höhe der schiefen Ebene, so hat man $G = g \sin\alpha = g \cdot \frac{b}{a}$, also $G : g = b : a$. Soll mit Beiseitesetzung der Reibung die Bewegung auf der schiefen Ebene mit der des freien Falles verglichen werden, so bezeichne T, C, H die Zeit, erlangte Geschwindigkeit, und den durchlaufenen Weg, vom Beginn der Bewegung an, auf der schiefen Ebene, t, c, h Zeit, erlangte Geschwindigkeit und durchlaufenen Weg (vom Beginn der Bewegung an gerechnet) beim freien Fall, und man hat dann

1) $C = 2GT = 2g\frac{b}{a}T$ und $c = 2gt$, also für $T = t$,

$C : c = b : a$.

2) $H = GT^2 = g\frac{b}{a}T^2$ und $h = gt^2$, also für $T = t$,

$H : h = b : a$, aus welcher Proportion sich das Galliläische Gesetz ergiebt, daß ein Körper den lothrechten Durchmesser eines Kreises in derselben Zeit frei fallend durchläuft, in welcher er jede Sehne dieses Kreises, welche einen der Endpuncte dieses Durchmessers zum Anfangspunct hat, als schiefe Ebene durchlaufen würde.

3) Wenn $H = a$ und $h = b$ ist, $a = g\frac{b}{a}T^2$ und $b = gt^2$, folglich $T : t = a : b$.

4) Aus $C^2 = 4GH = 4g\frac{b}{a}H$ und $c^2 = 4gh$, wenn

H = a und h = b ist, $C^2 = c^2$, also auch C = c, d. h. ein Körper erlangt, wenn er die Länge der schiefen Ebene herabgleitet, dieselbe Geschwindigkeit, als wenn er die Höhe derselben frei herabgefallen wäre.

Des fünften Abschnitts Viertes Kapitel. Vom Stoß.

§. 243. Erklärung. Trifft ein bewegter Körper einen andern in Ruhe oder in Bewegung befindlichen dergestalt, daß der Treffungspunct und die Schwerpuncte beider in eine gerade Linie fallen, so heißt der Stoß (§. 3.) gerade oder central, außerdem schief oder excentrisch. Die Körper sind entweder: hart, wenn sich ihre Form durch die Einwirkung nicht ändert; weich, wenn sie eine andere Gestalt annehmen und behalten; elastisch, wenn sich die Gestalt ändert, aber ganz oder zum Theil wieder herstellt.

§. 244. Aufgabe. Ein Körper, dessen Masse = M und dessen Gewicht = Q ist, bewegt sich mit der Geschwindigkeit C in allen seinen Puncten, man soll sein Bewegungsvermögen B (§. 3.) bestimmen.

Auflösung. Beziehen sich M′, Q′, C′, B′ eben so aufeinander wie M, Q, C, B, und man denkt sich beide Körper einen ruhenden central stoßend, so wächst die Einwirkung mit der Menge der materiellen Theile und zugleich auch mit der Geschwindigkeit der Bewegung, d. h. es verhält sich $B : B' = \begin{Bmatrix} M : M' \\ C : C' \end{Bmatrix}$, also, wenn Q : Q′ für M : M′

gesetzt wird,

$$B : B' = QC : Q'C'.$$

Setzt man $Q' = 1$ Pfund, $C' = 1$ Fuß, und wählt den zugehörigen Werth von B' als die Einheit des Stoßes, so hat man

$$B = QC \text{ solche Einheiten.}$$

§. 245. Aufgabe. Ein harter Körper vom Gewicht R bewegt sich mit der Geschwindigkeit v, und wird von einem andern harten Körper vom Gewicht Q, der sich nach derselben Richtung mit der Geschwindigkeit c bewegt, eingeholt und central gestoßen. Mit welcher Geschwindigkeit x bewegen sich beide vereint nach dem Stoße?

Auflösung. Was Q an Bewegungsvermögen verliert, gewinnt R, und es ist daher die Summe der Bewegungsvermögen vor dem Stoß gleich dem Bewegungsvermögen beider Körper nach dem Stoß, d. h. es ist

$$Qc + Rv = (Q + R)x, \text{ also}$$

$$x = \frac{Qc + Rv}{Q + R}.$$

Ruht R vor dem Stoße, so ist $x = \frac{Qc}{Q+R}$. War die Bewegung von R der von Q entgegengesetzt, aber $Qc > Rv$, so hat man $x = \frac{Qc - Rv}{Q + R}$.

§. 246. Aufgabe. Ein vollkommen elastischer Körper vom Gewicht R bewegt sich mit der Geschwindigkeit v, und wird von einem andern vollkommen elastischen Körper vom Gewicht Q, der sich nach derselben Richtung mit der Geschwindigkeit c bewegt, eingeholt und central gestoßen. Man soll die Geschwindigkeiten y, x, mit welchen die Körper R, Q nach dem Stoße und der vollendeten Wiederherstellung ihrer Gestalt, sich nach der anfänglichen Richtung fortbewegen, bestimmen.

Auflösung. In dem Augenblick, in welchem die Einwirkung von Q auf R aufhört, hat jeder Körper die Geschwindigkeit $\frac{Qc+Rv}{Q+R} = w$ (§. 245.) angenommen, und also hat Q an Geschwindigkeit verloren $c - w$, R gewonnen $w - v$. Durch die Wiederherstellung der Gestalt von jedem Körper, mit eben der Gewalt womit sie verändert wurde, verliert Q noch einmal $c - w$ und R gewinnt noch einmal $w - v$. Es hat daher nach gänzlich wiederhergestellter Gestalt Q die Geschwindigkeit $x = c - 2.(c - w)$ und R die $y = v + 2(w - v)$. Substituirt man den Werth für w, so erhält man

$$x = \frac{(Q-R)c + 2Rv}{Q+R} \text{ und}$$

$$y = \frac{2Qc - (Q-R)v}{Q+R}.$$

§. 247. Zusatz. 1) Ruht R vor dem Stoße, so ist

$$x = \frac{Q-R}{Q+R} \cdot c, \quad y = \frac{2Q}{Q+R} \cdot c.$$

2) War die Bewegung von R der von Q entgegengesetzt, aber $Qc > Rv$, so hat man

$$x = \frac{(Q-R)c - 2Rv}{Q+R}; \quad y = \frac{2Qc + (Q-R)v}{Q+R}.$$

3) Ist $v = 0$ und $R = Q$, so folgt

$$x = 0, \quad y = c.$$

§. 248. Beispiel. Ein Rammbär, dessen Gewicht $= P$ ist, fällt von einer Höhe $= h$ herab, und trifft einen eingerammten Pfahl, dessen Gewicht $= Q$ ist. Wenn nun der Pfahl auf diesen Schlag noch zur Tiefe e einsinkt, wie groß ist dann der Widerstand R des Pfahls, d. h. wie groß ist die Last R, welche der Pfahl als Maximum fürs Gleichgewicht tragen kann?

Auflösung. Die Geschwindigkeit, mit welcher der Bär den Pfahl trifft, sei $= v$; die, mit welcher in Erfolg des Stoßes der Pfahl sein Eindringen beginnt, $= v$; die Verzögerung dieser Bewegungen $= G$, so ist:

$$1)\ c^2 = 4gh;\quad 2)\ Pc = (P+Q)v;$$

$$3)\ v^2 = 4Ge;\quad 4)\ G = g.\frac{R-(P+Q)}{P+Q}.$$

Die Verbindung dieser 4 Gleichungen giebt

$$R = \frac{P^2 h}{(P+Q)e} + P + Q.$$

Ist etwa $P = 600$ Pfd., $h = 5$ Fuß, $Q = 800$ Pfd., $e = \frac{1}{2}$ Linie $= \frac{1}{288}$ Fuß, so ergiebt sich $R = 370286$ Pfd. Mit Sicherheit könnte also der Pfahl für die Dauer eine Last $=$ circa $\frac{1}{16} R = 24000$ Pfunde tragen.

Des fünften Abschnitts fünftes Kapitel.

Von der Fliehkraft.

§. 249. Erklärung. Wenn ein Körper in der Peripherie eines Kreises bewegt wird, so hat derselbe in jedem Augenblick das Bestreben, der Richtung der jedesmaligen Tangente zu folgen, sich also vom Mittelpunct des Kreises zu entfernen, und dieses Bestreben nach der Richtung des Halbmessers dem Mittelpunct zu entfliehen, heißt seine Fliehkraft oder Centrifugalkraft. Die gleich große Thätigkeit, welche nach der Richtung des Halbmessers entgegengesetzt, im Mittelpunct des Kreises wirken muß, um den Körper in der Peripherie zu erhalten, heißt die Centripetalkraft.

§. 250. Aufgabe. Ein materieller Punct, dessen Gewicht Q ist, bewegt sich in der Peripherie eines Kreises zum Halbmesser von r Fußen, mit der Geschwindigkeit c. Die erforderliche Centripetalkraft P zu bestimmen.

Auflösung. Wenn während der Dauer einer unendlich kleinen Zeit t die Centripetalkraft nicht thätig wäre, so würde Q nach der Richtung der Tangente den Weg ct durchlaufen, sich also vom Mittelpunct des Kreises um $\sqrt{r^2+(ct)^2}-r$ entfernen. Wirkt aber die Centripetalkraft P, so hält sie Q in der Zeit t um diesen Weg $\sqrt{r^2+(ct)^2}-r$ von seinem Bestreben zurück, und es ist also nach der Formel $h = Gt^2$, hier $\sqrt{r^2+(ct)^2}-r = g\frac{P}{Q}t^2$, aus welcher Gleichung P zu entwickeln ist, unter der Voraussetzung, daß t unendlich klein ist. Es ist aber, bei dieser Voraussetzung $\sqrt{r^2+(ct)^2} = r + \frac{(ct)^2}{2r}$ (§. 129. Arithm. I. Bd.), folglich $\sqrt{r^2+(ct)^2} - r = \frac{(ct)^2}{2r}$, und daher $\frac{(ct)^2}{2r} = g\frac{P}{Q}t^2$, woraus

$$P = \frac{c^2 Q}{2gr} \text{ folgt.}$$

§. 251. Beispiel. An einer lothrechten Achse hängt ein gewichtloser Faden von der Länge a, an dessen Endpunct ein materieller Punct vom Gewicht Q befestigt ist. Wenn nun die Achse in jeder Minute n Umdrehungen macht, so soll bestimmt werden, welchen Winkel x dann der Faden mit dieser Achse bilden wird.

Auflösung. Die Centrifugalkraft

$P = \frac{\left[\frac{n \,.\, 2a \operatorname{Sin} x \,.\, \pi}{60}\right]^2 . Q}{2g \,.\, a \operatorname{Sin} x} = \frac{n^2 \pi^2 . a \operatorname{Sin} x Q}{1800 \,.\, g}$, das Gewicht Q und die absolute Festigkeit des Fadens sind 3 Kräfte, welche in dem materiellen Punct thätig Gleichgewicht erhalten, und es ist daher, da die Richtung von P mit der von Q einen rechten Winkel bildet, $Q \operatorname{Tg} x = P$, oder

$$Q \operatorname{Tg} x = \frac{n^2 \pi^2 a \operatorname{Sin} x . Q}{1800 . g}, \text{ woraus}$$

$$\operatorname{Cos} x = \frac{1800 . g}{n^2 \pi^2 a} \text{ folgt.}$$

Ist $n = 60$, $a = 10$ Fuß, so erhält man $x = 85^\circ 28'$.

Des fünften Abschnitts sechstes Kapitel.

Vom Pendel.

§. 252. Erklärung. Wird ein Faden oder eine Stange an einem festen Punct so aufgehangen, daß Drehung um ihn erfolgen kann, und am andern Ende des Fadens oder der Stange ein Gewicht befestigt, so heißt diese Verbindung ein Pendel, und zwar einfach, wenn der Faden oder die Stange als Gewichtlos, und der daran befestigte Körper als ein schwerer Punct zu betrachten ist, sonst zusammengesetzt. Erhebt man den Körper, doch so, daß seine Entfernung vom Drehpunct, die Länge des Pendels, dieselbe bleibt, und überläßt ihn dann frei der Einwirkung der Schwere, so wird er, alle Hindernisse als beseitigt angesehen, fortdaurend immer zur ersten Höhe steigen, und jeder Hingang, so wie jeder Hergang des Körpers heißt ein Schwung oder Pendelschlag. Die größte Abweichung des Fadens oder der Stange von der Verticallinie heißt der Erhebungswinkel.

§. 253. Aufgabe. Es bezeichne r die Länge des einfachen Pendels in Fußen, α den Erhebungswinkel, man soll die Zeit t eines Schwungs bestimmen.

Auflösung. Versteht man t in Secunden, so ist, wenn α nicht größer wie 15° ist, nach Lehren der höhern Analysis, mit genügender Genauigkeit

$$t = \frac{\pi . \sqrt{r}}{\sqrt{2g}}.$$

§. 254. Zusatz. Mit Hülfe des Pendels hat man $g = 15\frac{5}{8}$ Fuße gefunden. Die Länge des einfachen Sekundenpendels ist also für unsere Gegenden $= 3'2''$.

Sechster Abschnitt.

Die Hydrodynamik oder Hydraulik.

Erstes Kapitel.

Wassermengen = Bestimmungen.

§. 255. Aufgabe. Im horizontalen Boden eines oben offenen Gefäßes befindet sich eine Oeffnung vom Quadrat = Inhalt a, und über derselben wird das Wasser immer in gleicher Höhe h erhalten. Man soll die Geschwindigkeit c bestimmen, mit welcher das Wasser, von dem Druck zur Höhe h, aus der Oeffnung a getrieben wird.

Auflösung. Auf jede ausfließende Wasserschicht wirkt der hydrostatische Druck $ah\gamma$ als bewegende Kraft, und theilt derselben, während Durchlaufung eines, wenn auch unendlich kleinen Weges b, die Geschwindigkeit c mit, so daß also das Gewicht der Masse, welcher diese Geschwindigkeit c ertheilt wird, $= ab\gamma$ ist. Nach der Formel $c^2 = 4Gh$ (§. 215. 6.) ist also hier $c^2 = 4g.\frac{ah\gamma}{ab\gamma}b$, oder $c^2 = 4gh$, folglich $c = 2\sqrt{g}.\sqrt{h} = 7{,}91.\sqrt{h}$, d. h. die Geschwindigkeit des Ausflusses bei einer Druckhöhe h ist dieselbe, welche durch den freien Fall von der Höhe h erlangt wird.

§. 256. Zusatz. Befindet sich die Oeffnung a nicht im horizontalen Boden, sondern in einer Seitenwand des Gefäßes, in welchem durch stetigen Zufluß das Wasser immer auf gleicher Höhe erhalten wird, so fließt das Wasser durch die verschieden hoch liegenden Puncte von a auch mit verschiedenen Geschwindigkeiten aus, und der Punct der mittleren Geschwindigkeit (d. h. derjenigen, bei welcher, wenn sie in allen Puncten von a statt fände, eben so viel Wasser ausfließen würde) fällt nicht mit dem Schwerpunct von a zusammen, sondern liegt dem Wasserspiegel etwas näher (wie aus §. 260. erhellen wird), jedoch ist in den gewöhnlichen Fällen die Verschiedenheit sehr gering, so daß man, wenn a nicht ein bedeutender Theil der ganzen Seitenwand ist, die Entfernung vom Wasserspiegel bis zum Schwerpunct von a, als die mittlere Geschwindigkeitshöhe h gebrauchen, also die mittlere Geschwindigkeit c selbst $= 7{,}91 . \sqrt{h}$ setzen kann.

§. 257. Zusatz. Insofern das benachbarte Wasser im Gefäß durch den Seitendruck auch gegen die Oeffnung gepreßt wird, so entsteht eine Störung der Bewegung nach der auf a normalen Richtung, und die Geschwindigkeit des Ausflusses ist kleiner, als sie die Formel $c = 7{,}91 . \sqrt{h}$ angiebt, weshalb für den Zahlen-Factor 7,91 ein kleiner, aus Versuchen zu bestimmender, in der Anwendung gebraucht werden muß. Dieser Factor heißt der Contractions-Coefficient, und soll durch den Buchstaben α ausgedrückt werden. Die am häufigsten vorkommenden Werthe für α, durch Versuche von Eytelwein bestimmt, sind

1) für Oeffnungen in dünnen Wänden . $\alpha = 4{,}89$;
2) für Schutzöffnungen ohne Flügelwände $\alpha = 5$;

3) für kurze Ansatzröhren . . . . . . $\alpha = 6{,}42$;
4) für schmale Gerinne, Schutzöffnungen mit Flügelwänden, steile Einbaue, gerade Brückenpfeiler . . . . $\alpha = 6{,}76$;
5) für breite Gerinne, Freischleusen mit Flügelwänden, schräge Einbaue, spitze Brückenpfeiler . . . . $\alpha = 7{,}54$.

Man nennt $2\sqrt{gh}$ oder $7{,}91\sqrt{h}$ die hypothetische, $\alpha\sqrt{h}$ aber die wirkliche Geschwindigkeit.

§. 258. Aufgabe. Normal durch einen Querschnitt von a Quadratfußen fließt Wasser mit der mittleren Geschwindigkeit von c Fußen, man soll die in jeder Secunde abfließende Wassermenge M bestimmen.

Auflösung. Es ist M gleich dem Inhalt eines Prismens, dessen Grund-Ebenen $= a$ und dessen Höhe $= c$ ist, also $M = ac$ in Cubicfußen. Schreibt man für c seinen Werth, so hat man, unter h die mittlere Geschwindigkeitshöhe in Fußen verstanden,

$$M = \alpha a \sqrt{h}.$$

§. 259. Aufgabe. In der verticalen Seitenwand eines Gefäßes, welches beständig gleich hoch voll Wasser erhalten wird, befindet sich eine rechtwinkligte bis an den Wasserspiegel reichende Oeffnung, mit horizontalen Seiten von der Länge $= b$ Fuß, und verticalen Seiten von der Länge $= h$ Fuß. Man soll die in jeder Secunde ausfließende Wassermenge in Cubicfußen durch die Breite b und den Wasserstand h ausdrücken.

1ste Auflösung. Setzt man näherungsweise die mittlere Geschwindigkeitshöhe $= \frac{1}{2}h$ (§. 256.), so hat man nach dem vor. §.

$$\text{(I)} \quad M = \alpha bh . \sqrt{\tfrac{1}{2}h}.$$

2te Auflösung. Man denke sich in einer Verticallinie AD (Fig. 106.) der Oeffnung bh irgendwo einen Punct B, so ist die Geschwindigkeit, mit welcher das Wasser durch diesen Punct ausströmt $= \alpha \sqrt{AB}$, und die Geschwindigkeit, mit welcher das Wasser aus dem tiefsten Punct D fließt $= \alpha \sqrt{AD} = \alpha \sqrt{h}$, trage dann normal auf AD in B die Ordinate $BC = \alpha \sqrt{AB}$, in D die DE $= \alpha \sqrt{AD} = \alpha \sqrt{h}$ ab, so folgt aus $BC^2 = \alpha^2 AB$ und $DE^2 = \alpha^2 . AD$, daß, wenn man sich in allen Puncten von AD die zugehörigen Geschwindigkeiten normal auf AD abgetragen und alle Endpuncte durch eine Curve ACE stetig verbunden denkt, diese Curve eine Parabel ist, deren Scheitelpunct in A liegt, und deren Achse AD ist (§. 65. und 67. 2ter Band). Der in einer Secunde aus der Oeffnung bh ausströmende Wasserkörper ist daher ein Prismen von der Höhe b, dessen Grund-Ebene den Inhalt F der parabolischen Ebene ADE hat, d. h. es ist $M = b . F$. Nun ist aber (nach §. 75. 2ter Bd.) $F = \frac{2}{3} AD . DE = \frac{2}{3} h . \alpha \sqrt{h}$, und folglich

$$\text{(II)} \quad M = \tfrac{2}{3} \alpha b h \sqrt{h}.$$

§. 260. Zusatz. Giebt man der genauen Formel (II) die Gestalt $M = \alpha b h . \sqrt{\tfrac{4}{9} h}$, so erhellet, daß die mittlere Geschwindigkeitshöhe $= \frac{4}{9} h$ und nicht $= \frac{1}{2} h$ ist, so daß also in diesem Fall, wo die Abweichung unstreitig deshalb am größten ist, weil die Oeffnung bis zum Wasserspiegel reicht, die Verschiedenheit doch nur $\frac{1}{18} h$ beträgt (§. 256.).

§. 261. Aufgabe. In der verticalen Seitenwand eines Gefäßes, in welchem der Wasserspiegel immer auf einerlei Höhe erhalten wird, befindet sich unter demselben eine rechtwinkligte Oeffnung, deren horizontale Breite $= b$

Fuß und verticale Höhe = e Fuße ist. Der Wasserstand, d. h. die Entfernung vom Wasserspiegel bis zur Ueberlaßschwelle b, sei = h Fuß; man soll die in jeder Secunde ausfließende Wassermenge = M Cubicfuße durch b, e und h ausdrücken.

1ste Auflösung. Nach §. 256. hat man sogleich

$$\text{(I)}\quad M = \alpha b e . \sqrt{h - \frac{e}{2}} .$$

2te Auflösung. Nach §. 259. ist die Wassermenge, welche durch bh fließen würde $= \frac{2}{3} \alpha b h \sqrt{h}$, und die, welche durch den verschlossenen Raum $b(h-e)$ zurückgehalten wird $= \frac{2}{3} \alpha b (h-e) \sqrt{h-e}$, also

$$\text{(II)}\quad M = \frac{2}{3} \alpha b \left[h\sqrt{h} - (h-e)\sqrt{h-e} \right] .$$

§. 262. Zusatz. Die Formeln (I) und (II) §. 261. weichen in den gewöhnlichen Fällen unbedeutend wenig von einander ab, und man gebraucht deswegen jedesmal diejenige, welche die leichteste Entwicklung gewährt. Sucht man nemlich h, so bedient man sich der Formel (I), und wird e verlangt, so nimmt man die (II).

§. 263. Aufgabe. Durch ein Gerinne, einen Canal, Graben oder Fluß fließt das Wasser bei unveränderlichem Querschnitt a auf die Länge l, welcher das Gefälle e zugehört, in einerlei Richtung gleichförmig ab, so daß der Wasserspiegel mit dem Grundbett als parallel anzusehen ist. Der ebenfalls auf die Länge l als unveränderlich anzusehende benetzte Umfang sei = p, man soll durch a, l, e und p die mittlere Geschwindigkeit c des abfließenden Wassers bestimmen.

Auflösung. Beziehen sich a', l', e', p' und c' eben so aufeinander wie a, l, e, p und c, und versteht man unter w, w den Widerstand, welcher aus der Adhäsion und Cohäsion in beiden Profilen auf ein Wasser-Element kommt, so wächst w mit p, nimmt ab mit a und wächst mit c in doppelter Hinsicht, nemlich in Beziehung auf die Menge der Berührungspuncte, und zugleich auch in Beziehung auf die kürzere Zeit, in welcher das Losreißen erfolgen muß, d. h. es ist

$$w : w' = \begin{cases} p : p' \\ a' : a \\ c : c' \\ c : c' \end{cases}, \text{ oder}$$

$$w : w' = \frac{p c^2}{a} : \frac{p' . c'^2}{a'}.$$

Da nun aber, weil die Bewegung des Wassers, der Voraussetzung gemäß, gleichförmig ist, die Beschleunigungen $g\frac{e}{l}$, $g\frac{e'}{l'}$ (§. 242, IV.) durch die Widerstände w, w' vernichtet worden sind, so muß $w = \frac{e}{l}$, $w' = \frac{e'}{l'}$ sein, und man hat daher

$$\frac{e}{l} : \frac{e'}{l'} = \frac{p c^2}{a} : \frac{p' c'^2}{a'}, \text{ folglich}$$

$$c = c' . \sqrt{\frac{l'}{e'} . \frac{p'}{a'}} . \sqrt{\frac{e}{l} . \frac{a}{p}}.$$

Beziehen sich alle Abmessungen auf Rheinländ. Fuße, so ist nach einem aus Versuchen von du Buat entnommenen Mittelwerth $c' . \sqrt{\frac{l'}{e'} . \frac{p'}{a'}} = 90{,}9$ und also

$$\text{(I)} \quad c = 90{,}9 . \sqrt{\frac{e}{l} . \frac{a}{p}}.$$

§. 264. Zusatz. Bezeichnet M die Wassermenge in Cubicfußen, welche in jeder Secunde abgeführt wird, so folgt nach §. 258.

$$\text{(II)} \quad M = 90{,}9 . a . \sqrt{\frac{e}{l} . \frac{a}{p}}.$$

§. 265. Zusatz. Aendert ein Fluß bei einer Anschwellung des Wassers nicht sein Gefälle, wohl aber den Querschnitt a und den benetzten Umfang p; wird nemlich ersterer $=A$, letzterer $=P$, so ändert sich auch seine mittlere Geschwindigkeit c, sie sei dann $= C$, so hat man nach §. 263.

$$C:c=\sqrt{\frac{A}{P}}:\sqrt{\frac{a}{p}}.$$

§. 266. Aufgabe. Unter allen rechtwinkligen Profilen von einerlei Inhalt a das vortheilhafteste, d. h. dasjenige zu bestimmen, welches den geringsten benetzten Umfang hat.

Auflösung. Bezeichnet x die Breite desselben, $y = \frac{a}{x}$ seine Tiefe, so muß für jeden noch so kleinen Werth von k, positiv oder negativ gedacht,

$$x+k+\frac{2a}{x+k}>x+\frac{2a}{x}$$

werden, welche Ungleichung für $k=0$ in die identische Gleichung $x+\frac{2a}{x}=x+\frac{2a}{x}$ übergeht. Bringt man aber zuvor die Ungleichung auf die Form: $x^2+kx>2a$, so liefert sie, für $k=0$, die Bestimmungsgleichung

$$x^2=2a, \text{ und hieraus}$$

$x=\sqrt{2a}$, so daß also $y=\frac{1}{2}\sqrt{2a}$ werden muß. Aus beiden Werthen erhellet $x:y=2:1$.

§. 267. Zusatz. Soll ein symetrisch dossirtes Profil angegeben werden, welches bei der Tiefe h denselben kleinsten Umfang hat, wie das beste rechtwinkligte von der Tiefe h und Breite $=2h$, bei demselben Inhalt, so erhält man die gesuchte Grundbreite durch u, die Auslage durch z bezeichnet, die Bedingungsgleichungen

$$hu + hz = 2h^2 \text{ und } u + 2\sqrt{h^2 + z^2} = 4h,$$

woraus $u = \frac{2}{3}h$ und $z = \frac{4}{3}h$ folgt.

Für jedes der beiden Profile ist dann nach §. 263. und 264. $c = 90{,}9 . \sqrt{\frac{e}{l} . \frac{h}{2}}$, $M = 90{,}9 . 2h^2 . \sqrt{\frac{e}{l} . \frac{h}{2}}$.

§. 268. **Aufgabe.** Für irgend eine mit den Ufern parallele Richtung sei die Geschwindigkeit des Wassers auf der Oberfläche desselben $= c$, man soll hieraus für die zugehörige Verticale von der Tiefe h, die mittlere Geschwindigkeit v bestimmen.

Auflösung. Erfahrungen zufolge nimmt die Geschwindigkeit des Wassers auf jeden Fuß Tiefe um $0{,}008.c$ ab. Sie ist also unten $= c - 0{,}008 . c . h$, daher die mittlere $= \frac{c + c - 0{,}008 . c . h}{2}$, oder $v = [1 - 0{,}004\,h]c$.

§. 269. **Zusatz.** Kann man in Profilen, wo die Voraussetzungen in §. 263. nicht statt finden, an mehren Stellen der Oberfläche, parallel mit den Ufern, die Geschwindigkeit des Wassers messen, so läßt sich daraus mit Hülfe des vor. §. leicht die gesammte Wassermenge und auch die mittlere Geschwindigkeit für den ganzen Querschnitt bestimmen.

§. 270. **Aufgabe.** Bei einer Röhrenleitung von l Fuß Länge sei der Durchmesser im Lichten $= d$, die gesammte Druckhöhe $= h$, man soll durch l, d und h die mittlere Geschwindigkeit c des Wassers in der Röhrenleitung, und die in jeder Secunde abfließende Wassermenge **M** bestimmen.

Auflösung. Bezeichnet h' die Geschwindigkeitshöhe zu c, h'' die Höhe, welche auf Ueberwindung der Hindernisse wirkt, so hat man:

$$1)\quad h' + h'' = h,$$
$$2)\quad c = \alpha \sqrt{h'}.$$

Wenn nun bei einer andern Röhrenleitung L, D, H″, C dieselbe Bedeutung haben, wie hier l, d, h″, c, so ist, wie in §. 263.

$$H'' : h'' = \left\{ \begin{array}{c} D\pi : d\pi \\ \frac{1}{4} d^2 \pi : \frac{1}{4} D^2 \pi \\ C^2 : c^2 \\ L : l \end{array} \right\}, \text{ oder}$$

$$H'' : h'' = \frac{c^2 L}{D} : \frac{c^2 l}{d}, \text{ also}$$

$$h'' = \frac{DH''}{c^2 L} \cdot \frac{c^2 l}{d}.$$

Nach den Versuchen von du Buat ist aber ein Mittel, alle Abmessungen in Fußen verstanden,

$$\frac{DH''}{c^2 L} = \frac{1}{2006}, \text{ und folglich}$$

$$3)\quad h'' = \frac{c^2 l}{2006\, d}.$$

Die Verbindung dieser 3 Gleichungen giebt, 6,42 für α geschrieben,

$$\text{(I)}\quad c = 6{,}42 \cdot \sqrt{\frac{50\, d\, h}{l + 50\, d}};$$

$$\text{(II)}\quad M = 5\, d^2 \cdot \sqrt{\frac{50\, d\, h}{l + 50\, d}}.$$

§. 271. Zusatz. Ist am Ende einer Röhrenleitung eine horizontale Oeffnung, aus welcher das Wasser vermöge der Druckhöhe h lothrecht in die Höhe steigt, so ergiebt sich aus (§. 270. I.) die Strahlhöhe $z = \frac{c^2}{4g}$.

Mariotte hat aus seinen Versuchen die den Erfahrungen sehr entsprechende Gleichung entnommen,

$$h = z + \frac{z^2}{300},$$

woraus sich z leicht entwickeln läßt.

§. 272. Beispiele zu diesem Kapitel.

I. An einem See befindet sich ein Ueberfall von 40 Fuß Breite, über welchen das Wasser 4 Fuß hoch abfließt, wie viel Cubicfuß M fließen in jeder Secunde ab, und wie viele Füße x müßte der Fachbaum niedriger gelegt werden, wenn dieselbe Wassermenge ohne Senkung oder Erhebung des Wasserspiegels im See durch einen nur 30 Fuß breiten Ueberfall abgeführt werden sollte?

Für $\alpha = 5$ erhält man $M = \frac{2}{3} . 5 . 40 . 4\sqrt{4} = 1066\frac{2}{3}$, ferner $\frac{2}{3}\alpha . 30 . (4 + x) . \sqrt{4 + x} = \frac{2}{3}\alpha . 40 . 4\sqrt{4}$, woraus $x = 0{,}84$ Fuß $= 10$ Zoll folgt.

II. Welche Wassermenge M fließt in jeder Secunde aus einer Schutzöffnung von 4′ Breite und 1 Fuß Höhe bei 5 Fuß Wasserstand. Nimmt man $\alpha = 5$, so folgt nach §. 261. (I) $M = 5 . 4 . 1 . \sqrt{5 - \frac{1}{2}} = 42{,}42$, und nach (II) §. 261. $M = \frac{2}{3} . 5 . 4 . [5\sqrt{5} - 4\sqrt{4}] = 42{,}40$ Cubicfuß.

III. Bei einem Wasserstand von 4′ sollen durch eine Schutzöffnung von 3′ Breite in jeder Secunde 30 Cubicfuß Wasser abgeführt werden. Wie hoch e muß die Schutzöffnung sein?

Aus §. 261. II. folgt, für $\alpha = 5$,

$$30 = \frac{2}{3} . 5 . 3 . [4\sqrt{4} - (4 - e)\sqrt{4 - e}],$$ und hieraus

$$e = 4 - \sqrt[3]{25} = 1{,}08 \text{ Fuß}.$$

IV. Es soll ein Fluß, welcher bei einer höchsten beobachteten Anschwellung 20000 Quadratfuß Querschnitt und 4000 Fuß bewegten Umfang hat, eingedeicht werden. Wenn nun die Höhe der Deiche zu 30 Fuß bestimmt ist, wie weit müssen dieselben im Mittel auseinander stehen, damit die Wassermenge zwischen ihnen abfließen kann, welche bei der beobachteten höchsten Anschwellung abgeführt wurde.

Bezeichnet x die gesuchte Breite, c die mittlere Geschwindigkeit in dem Querschnitt von 20000 Q′, v die, welche sich zwischen den Deichen erzeugen wird, so ist

1) $20000 . c = 30 . x . v$, und nach §. 265.

2) $c : v = \sqrt{\frac{20000}{4000}} : \sqrt{\frac{30x}{x + 2.30}}$; folglich, wenn man $\frac{c}{v}$ eliminirt,

$$3x : 2000 = \sqrt{5} : \sqrt{\frac{30x}{x + 60}},$$

welcher Gleichung hinreichend genau $x = 300$ Fuß entspricht.

V. Die vortheilhaftesten Abmessungen eines dossirten Grabens zu bestimmen, der bei 4 Zoll Gefälle auf 100 Ruthen in jeder Secunde 200 Cubicfuß Wasser abführt.

Bezeichnet h die Tiefe in Fußen, so ist nach §. 267.

$200 = 90{,}9 . 2 . h^2 . \sqrt{\frac{4}{14400} . \frac{h}{2}}$ und hieraus

$h = \sqrt[3]{\frac{2.2000^2}{30{,}3^2}} = 6{,}1382$, also

die Grundbreite $= \frac{2}{3}h = 4{,}0921$ Fuß, und

die Ausladung $= \frac{4}{3}h = 8{,}1842$ Fuß.

VI. Welchen Durchmesser d muß eine Röhrenleitung von 1000 Fuß Länge erhalten, um bei einer Druckhöhe von 10 Fuß in jeder Secunde 2 Cubicfuß Wasser zuzuführen?

Nach §. 270. ist hier: $2 = 5 . d^2 . \sqrt{\frac{50 . 10 . d}{1000 + 50d}}$ und dieser Gleichung genügt ziemlich genau $d = 9\frac{1}{2}$ Zoll.

Des sechsten Abschnitts zweites Kapitel.

Von der Verengung des Querprofils eines Flußes und vom Rückstau.

§. 273. **Aufgabe.** In einem Fluß, dessen mittlere Breite $= B$ Fuß und mittlere Tiefe $= H$ Fuß ist, und in welchem das Wasser mit einer mittleren Geschwindigkeit $= c$ Fuß abfließt, wird durch einen Einbau die Breite bis auf b Fuß reducirt. Man soll die hierdurch bewirkte Erhöhung x des Wasserspiegels bestimmen.

Auflösung. Die mittlere Geschwindigkeit im Profil $b(H+x)$ sei $= v$, so ist die sie erzeugende Höhe $= \frac{v^2}{\alpha^2}$ (§. 257.); da nun die der schon vorhandenen Geschwindigkeit c zugehörige Höhe $= \frac{c^2}{4g}$ ist, so muß

$$1) \quad x = \frac{v^2}{\alpha^2} - \frac{c^2}{4g} \text{ sein.}$$

Es ist aber die Wassermenge, welche durch das ursprüngliche Profil fließt $= BHc$, und die welche durch das neue Profil abgeführt wird $= b(H+x).v$, folglich muß

$$2) \quad b(H+x)v = BHc \text{ sein.}$$

Eliminirt man v aus beiden Gleichungen, so entsteht $\frac{B^2H^2c^2}{\alpha^2 b^2 (H+x)^2} = x + \frac{c^2}{4g}$, woraus sich x durch eine unreine cubische Gleichung ergiebt.

Ist $B = 500$ Fuß, $H = 2\frac{3}{4}$ Fuß, $b = 350$ Fuß, $c = 3$ Fuß, $\alpha = 6\frac{3}{4}$, so erhält man zur Bestimmung von x die Gleichung

$$x^3 + 5{,}644\,x^2 + 8{,}3545\,x - 1{,}9596 = 0,$$

welcher $x = 2'' \; 5\frac{1}{2}'''$ sehr genau entspricht.

§. 274. Aufgabe. In einem Fluß wird durch einen Einbau der Wasserspiegel um h Fuß erhöht, man soll die Größe des Rückstaues A, d. h. man soll bestimmen, wie weit sich rückwärts die Erhöhung des Wasserspiegels erstreckt.

Auflösung. Ist für den ursprünglichen Wasserspiegel e das Gefälle auf die Länge l; für den neuen, wenn die Durchschnittslinie desselben mit dem Längenprofil eine gerade Linie wäre, das Gefälle $= e'$ auf dieselbe Länge l, und bezeichnet α den Winkel, welchen die Durchschnittslinie des ursprünglichen Wasserspiegels mit dem Längenprofil gegen die Verticallinie, α' den, welchen die Durchschnittslinie des neuen Wasserspiegels mit dem Längenprofil als eine gerade Linie betrachtet, gegen die Verticallinie bildet (Fig. 107.), so wäre

$$A = \frac{h \operatorname{Sin} \alpha \operatorname{Sin} \alpha'}{\operatorname{Sin}(\alpha' - \alpha)} = \frac{h}{\operatorname{Cotg} \alpha - \operatorname{Cotg} \alpha'}.$$

Es ist aber $l \operatorname{Cotg} \alpha = e$, $l \operatorname{Cotg} \alpha' = e'$, und folglich wäre

$$A = \frac{h}{\frac{e}{l} - \frac{e'}{l}}.$$

Nach du Buats Versuchen ist aber die erwähnte Durchschnittslinie nicht eine gerade Linie, sondern eine Curve, und der Rückstau beträgt beinahe das Doppelte des Rückstaus, der sich unter der gemachten Voraussetzung ergeben hat, nemlich 1,9 desselben, und hat man daher

$$A = \frac{1{,}9 \,.\, h}{\frac{e}{l} - \frac{e'}{l}}.$$

Beispiel. In einem Fluß von 400 Fuß mittlerer Breite und 5 Fuß mittlerer Tiefe, welcher 4″ Gefälle auf 100 Ruthen hat, ist ein eben so breiter Ueberfall angelegt, welcher den Wasserspiegel um 3 Fuß erhöht hat. Wie weit erstreckt sich der Rückstau A?

Hier ist $h = 3$ Fuß, $e = 4''$, $l = 100°$, ferner hat man zu Bestimmung des Gefälles e' auf dieselbe Länge, an der Stelle des Ueberfalls, nach der Formel (II) in §. 264., die Gleichung

$$90{,}9 \,.\, 400 \,.\, 5 \,.\, \sqrt{\frac{4}{14400} \cdot \frac{400 \,.\, 5}{400 + 2 \,.\, 5}}$$
$$= 90{,}9 \,.\, 400 \,.\, 8 \,.\, \sqrt{\frac{e'}{14400} \cdot \frac{400 \,.\, 8}{400 + 2 \,.\, 8}},$$

und aus ihr sehr nahe $e' = 1$ Zoll, folglich

$$A = \frac{1{,}9 \,.\, 3}{\frac{4 - 1}{14400}} = 27360 \text{ Fuß}.$$

Des sechsten Abschnitts
drittes Kapitel.
Von der Zeitbestimmung bei Ausleerung und Füllung prismatischer Gefäße.

§. 275. **Aufgabe.** In einem prismatischen Gefäß vom horizontalen Querschnitt A, in dessen horizontalen Boden eine Oeffnung vom Inhalt a ist, steht das Wasser anfänglich h Fuß über a. In wie viel Secunden t wird, wenn kein Zufluß statt findet, die Wassermenge Ah durch a abfließen?

Auflösung. Da die Geschwindigkeiten, womit die aufeinander folgenden Wasserschichten ausfließen, der Formel $\alpha\sqrt{h}$ gemäß, sich wie die Quadratwurzeln aus den Wasserhöhen verhalten, so findet hier die Geschwindigkeits-Abnahme nach demselben Gesetz statt, wie die Zunahme bei einer gleichförmig beschleunigten Bewegung. Es wurde also nach dem Gesetz §. 213. (III) in derselben Zeit t doppelt so viel Wasser ausfließen, wenn die Druckhöhe immer $= h$ bliebe. Man hat daher, wenn alle Abmessungen in Fußen verstanden werden, $\alpha a \sqrt{h} . t = 2 Ah$ (§. 258) und hieraus $t = \frac{2A}{\alpha a} . \sqrt{h}$.

§. 276. Zusatz. Soll die Zeit t' der Senkung des Wasserspiegels zur Tiefe e bestimmt werden, so hat man leicht durch Subtraction

$$t' = \frac{2A}{\alpha a}\sqrt{h} - \frac{2A}{\alpha a}\sqrt{h-e}, \text{ oder}$$

$$t' = \frac{2A}{\alpha a}[\sqrt{h} - \sqrt{h-e}].$$

§. 277. Zusatz. Befindet sich die Oeffnung a in einer Seitenwand, so kann man die Formeln für t und t' näherungsweise beibehalten, wenn man unter h die Entfernung vom anfänglichen Wasserspiegel bis zum Schwerpunct von a versteht.

§. 278. Zusatz. Ist ein Gefäß, in welchem der Wasserspiegel in unveränderlicher Höhe erhalten wird, durch eine Oeffnung von a Quadratfußen mit einem leeren prismatischen Gefäß vom horizontalen Querschnitt A verbunden, und bezeichnet h die Entfernung vom unveränderlichen Wasserspiegel bis zum Schwerpunct p der Oeffnung a, so ist, weil hier die Geschwindigkeits-Abnahme nach demselben Gesetz wie in §. 275. erfolgt, die Zeit der Füllung des leeren Gefäßes von p bis zur Höhe h ebenfalls $= \frac{2A}{\alpha a}\sqrt{h}$, und die Zeit, während welcher das Wasser zur Höhe e steigt, $= \frac{2A}{\alpha a}[\sqrt{h} - \sqrt{h-e}]$.

Beispiel. In wie viel Secunden t senkt sich der Wasserspiegel eines Sees von 150000 Quadratfuß mittleren Querschnitt um 5 Fuß, wenn 9 Fuß unter dem ursprünglichen Wasserspiegel der Abfluß durch eine Oeffnung von 2 Quadratfuß erfolgt? Wird $\alpha = 6,42$ angenommen, so hat man $t = \frac{2.150000}{6,42.2}[\sqrt{9} - \sqrt{4}] = 23365$ Secunden = 6 Stunden 29 Minuten 25 Secunden. Nach der Formel für t bestimmt sich auch annähernd die Zeit der Füllung und Leerung einer Schleusenkammer.

Des sechsten Abschnitts
viertes Kapitel.

Von der Kraft des bewegten Wassers, dem Stromquadranten und den ober- und unterschlächtigen Wasserrädern.

§. 279. Aufgabe. Eine Wassermasse vom Querschnitt a trifft mit der Geschwindigkeit c eine stillstehende Ebene E normal. Man soll die Einwirkung P des Wassers auf E bestimmen.

Auflösung. Man denke sich die gleich große Gegenwirkung P angebracht, so muß fürs Gleichgewicht P in der Zeit t die Geschwindigkeit c der ankommenden Wassermasse vernichten. Bezeichnet nun M die Wassermenge, welche in jeder Secunde zum Stoß gelangt, so ist $M\gamma . t$ die Masse, welche in der Zeit ankommt, und welcher also durch die Kraft P ihre Geschwindigkeit c geraubt wird. Nach der Formel $c = 2Gt = 2g\frac{P}{Q}t$ (§. 215. und 231.) ist also hier $c = 2g\frac{P}{M\gamma t}.t$, und aus dieser Gleichung folgt $P = \frac{c}{2g}M\gamma$.

§. 280. Zusatz. Weil $M = ac$ ist, so hat man auch $P = \frac{c^2}{2g} a \gamma$, oder wenn h die zu c gehörige Fallhöhe bezeichnet, $P = 2 a h \gamma$.

§. 281. Zusatz. Bewegt sich E nach derselben Richtung wie das Wasser mit der Geschwindigkeit v, und ist $c > v$, so ist der Einfluß derselbe, als wenn E still stände und das Wasser nur mit der Geschwindigkeit $c - v$ ankäme. Bezeichnet P' die hier statt findende Einwirkung, so ist also

$$P' = \frac{c - v}{2g} . M \gamma .$$

Man nennt P die absolute, P' die relative Einwirkung.

§. 282. Zusatz. Die beiden Formeln für P und P' gelten für isolirte Wasserstrahlen, so wie auch für Wasser, welches in einem Gerinne vom Querschnitt $= a$ eingeschlossen ist. Für Schiffmühlenräder ist nach Versuchen nur die Hälfte zu nehmen.

§. 283. Aufgabe. An einem Faden hängt eine Kugel, deren Gewicht unter Wasser $= p$ ist, man soll aus dem Winkel α, welchen der Faden dann mit der Verticallinie bildet, wenn die Kugel sich im fließenden Wasser (ganz untergetaucht, aber sehr nahe am Wasserspiegel) befindet, die Geschwindigkeit c desselben bestimmen.

Auflösung. Bezeichnet r den Halbmesser der Kugel, so wäre die absolute Einwirkung des Wassers auf die von c normal getroffene Projection der Kugel $= \frac{c}{4g} r^2 \pi c . \gamma$ (§. 282.), und eben so für die Geschwindigkeit $v = \frac{v}{4g} r^2 \pi . v \gamma$. Bezeichnen daher Q, R die Einwirkungen auf die Kugeloberflächen bei den Geschwindigkeiten c, v, so ist $Q : R = c^2 : v^2$ zu setzen. Versteht man nun unter β den Winkel, welchen der Faden mit der Verticallinie bildet, wenn die Geschwindigkeit des Wassers $= v$ ist, so hat man nach dem Parallelogramm der Kräfte, $p \, Tg \, \alpha = Q$ und $p \, Tg \, \beta = R$, folglich $c^2 : v^2 = Tg \, \alpha : Tg \, \beta$, und also $c = \frac{v}{\sqrt{Tg \, \beta}} . \sqrt{Tg \, \alpha}$.

Ist m ein Mittelwerth für $\frac{v}{\sqrt{Tg \, \beta}}$, aus Versuchen mit schwimmenden Körpern entnommen, so folgt

$$c = m . \sqrt{Tg \, \alpha}.$$

Ein solches Werkzeug, um α zu messen, heißt ein Stromquadrant.

§. 284. Aufgabe. Das Moment der Kraft des Wassers am oberschlächtigen Rad anzugeben.

Auflösung. Bezeichnet M die Wassermenge, welche in jeder Secunde in die Zellen des Rades stürzt, v die Geschwindigkeit der centrischen Linie oder des Theilrisses des Rades, so ist $\frac{M}{v}$ der Querschnitt des wasserhaltenden Bogens bei gleichförmiger Vertheilung des Wassers. Versteht man nun unter h die Höhe des wasserhaltenden Bogens, und unter b die Länge des zugehörigen Theilrisses, so ist nach der guldinischen Regel das Gewicht des Wassers im wasserhaltenden Bogen $= b . \frac{M}{v} . \gamma$, und, wenn e die Entfernung des Schwerpuncts desselben von der Achse des Rades, und r den Halbmesser des Theilrisses bezeichnet, nach §. 56.

$$b : h = r : e, \text{ also } e = \frac{h r}{b}.$$

Es ist aber e als eine horizontale Linie zu betrachten, und daher ist also das Moment des Gewichts des Wassers =

$$b.\frac{M}{v}\gamma.e = hr\frac{M}{v}\gamma;$$

folglich auch die Kraft in die Peripherie des Theilrisses reducirt $= h.\frac{M}{v}.\gamma$.

Stürzt das Wasser mit der Geschwindigkeit c aufs Rad, und ist $c > v$, so ist die Einwirkung des relativen Stoßes $= \frac{c-v}{2g}M\gamma$ (§. 281.), und folglich die gesammte Kraft in der Peripherie des Theilrisses

$$= h.\frac{M}{v}\gamma + \frac{c-v}{2g}M\gamma;$$

ihr statisches Moment

$$= r.\left[h.\frac{M}{v}\gamma + \frac{c-v}{2g}M\gamma\right];$$

und ihr mechanisches

$$= v.\left[h\frac{M}{v}\gamma + \frac{c-v}{2g}M\gamma\right].$$

§. 285. Zusatz. Erfahrungen gemäß soll es am besten sein, die Last so groß zu wählen, daß $v = c$ wird, und dann hat man:

die Kraft in der Peripherie des Theilrisses $= h\frac{M}{v}\gamma$;

ihr statisches Moment . . . . $= r.h\frac{M}{v}\gamma$;

und ihr mechanisches, welches man auch die Verhältnißzahl der Größe des Effectes nennt, ... $= hM\gamma$.

Im Mittel ist $h = \frac{5}{6}.2r = \frac{5r}{3}$ anzunehmen, so daß also der Effect $= \frac{5}{3}rM\gamma$ ist. Die Effecte zweier oberschlächtigen Wasserräder, für welche beide $v = c$ ist, verhalten sich daher wie die Producte aus den Wassermengen, welche in gleichen Zeiten auf dieselben stürzen, in die Halbmesser der Räder.

§. 286. Aufgabe. Beim unterschlächtigen Wasserrad im horizontalen Gerinne die Größe P der tangentialen Wirkung des Wassers aufs Rad zu bestimmen.

Auflösung. Bezeichnet c die Geschwindigkeit, womit das Wasser die Schaufeln normal trifft, v die des Mittelpuncts der getroffenen Schaufeln, M die in jeder Secunde ankommende Wassermenge, r den Halbmesser des Rades bis zum Mittelpunct der getroffenen Schaufeln, so ist bei enggeschaufelten Rädern, wo die gesammte Wassermenge zum Stoß gelangt,

$$P = \frac{c-v}{2g} M\gamma \text{ (§. 281.)},$$

also das statische Moment dieser Kraft $= r.\frac{c-v}{2g} M\gamma$ und ihr mechanisches, oder der Effect des Rades $= v.\frac{c-v}{2g} M\gamma$.

§. 287. Aufgabe. Wie groß muß man v wählen, damit der Effect $E = v.\frac{c-v}{2g}.M\gamma$ ein Maximum wird.

Auflösung. Es muß v so groß sein, daß für jeden Werth von k, positiv oder negativ gedacht, $v.\frac{c-v}{2g}.M\gamma > (v+k).\frac{c-(v+k)}{2g}.M\gamma$ wird, welche Ungleichung, für $k=0$ in die identische Gleichung $v.\frac{c-v}{2g} M\gamma = v.\frac{c-v}{2g} M\gamma$ übergeht. Giebt man aber jener Ungleichung zuvor die Form $2v+k > c$, so liefert sie für $k=0$ die Bestimmungsgleichung $2v=c$, und hieraus folgt $v = \frac{c}{2}$.

§. 288. Aufgabe. Fürs unterschlächtige Rad im Kropfgerinne die tangentiale Kraft P des Wassers aufs Rad zu bestimmen, bei der Voraussetzung, daß das Wasser normal auf die Schaufeln anschlage.

Auflösung. Bezeichnet c die normale Geschwindigkeit des anschlagenden Wassers, v die der Schaufeln, h die Höhe des Kropfs, M die in jeder Secunde ankommende Wassermenge, so ist die Einwirkung des bewegten Wassers $= \frac{c-v}{2g} M\gamma$, und die aus dem Gewicht des zwischen den Schaufeln befindlichen Wassers entspringende Kraft $= h \cdot \frac{M}{v} \gamma$ (§. 284.), folglich

$$P = \left[\frac{c-v}{2g} + \frac{h}{v}\right] M\gamma.$$

Des sechsten Abschnitts fünftes Kapitel.

Vom Heber und den Pumpen.

§. 289. Erfahrung. 1) Das specifische Gewicht der atmosphärischen Luft, nahe an der Erdoberfläche genommen, ist $= \frac{1}{800}$, so daß also ein Cubicfuß solcher Luft nahe $\frac{1}{12}$ Pfund wiegt.

2) Eine 32 Fuß hohe Wassersäule oder eine 28 Zoll hohe Quecksilbersäule, steht am Meer, den Beobachtungen zufolge, mit dem Druck der atmosphärischen Luft, im Mittel genommen, im Gleichgewicht. Man kann also den Normaldruck der Luft auf irgend eine Ebene der Erdoberfläche dem Gewicht eines Wasserprismens gleich setzen, welches diese Ebene zur Grund-Ebene und 32 Fuß zur Höhe hat.

§. 290. Aufgabe. Die gebogene Röhre oder der Heber DAE Fig. 108. sei voll Wasser. Der lothrechte Abstand BC des unveränderlichen Wasserspiegels im Gefäß, von der Ausflußöffnung E des Hebers, sei $= h$, der Querschnitt des Hebers im Lichten $= a$, wenn nun der

Heber mit seiner Einmündung bei D sich unter Wasser befindet, und die lothrechte Höhe AB weniger wie 32 Fuß beträgt, so soll die Wassermenge M bestimmt werden, welche vermittelst des Hebers in jeder Secunde bei E abfließen wird.

Auflösung. Die Druckhöhe, welche das Wasser nach der Richtung DA in den Heber treibt, ist nach §. 289. $= 32 - AB$ Fuße, der Gegendruck aber nach der Richtung $EA = 23 - AC$ Fuße, folglich der Ueberschuß nach der Richtung $DA = 32 - AB - (32 - AC) = AC - AB = BC = h$ Fuße, also die Geschwindigkeit des durch den Heber fließenden Wassers $= \alpha \sqrt{h}$, und also, wenn a in Quadratfußen verstanden wird,

$$M = \alpha a \sqrt{h}:$$

§. 291. Aufgabe. Die Kraft P′ beiläufig zu bestimmen, welche zur lothrechten Erhebung des Kolbens einer Saugpumpe erforderlich ist.

Auflösung. Bezeichnet A den Querschnitt des Stiefels, D den Durchmesser desselben, H die Förderungshöhe, d. h. die Entfernung vom Ausguß bis zum Wasserspiegel, und befindet sich der Kolben jetzt in der Entfernung e vom Wasserspiegel, so ist nach eingetretenem Beharrungszustand, die Druckhöhe auf den Kolben $= 32 + H - e$ und der Gegendruck $= 32 - e$, also der Ueberschuß $= H$, und folglich nach Lehren der Hydrostatik, alle Abmessungen in Fußen verstanden, die erforderliche Kraft $= AH\gamma$. Unter den übrigen, der Erhebung des Kolbens widerstrebenden Hindernissen, ist die Reibung des Kolbens im Stiefel das bedeutendste, und kann nach Erfahrungen dem Gewicht einer Wassersäule auf dem Kolben von der Höhe $0,1 . \frac{H}{D}$

gleich gesetzt werden, so daß also

$$P' = \left[H + \frac{H}{10D}\right] A\gamma$$

anzunehmen ist.

§. 292. Aufgabe. Die Kraft P'' beiläufig zu bestimmen, welche erforderlich ist, den Kolben einer Saugpumpe lothrecht nieder zu drücken.

Auflösung. Hier ist die Reibung das vorzüglichste Hinderniß, also wie im vor. §. $P'' = \frac{H}{10D} A\gamma$.

§. 293. Zusatz. Um einen gleichförmigen Gang zu erzeugen, ordnet man die Pumpen paarweise an, so daß, wenn der eine Kolben nieder geht, der andere sich aufwärts bewegt. Für n Paare ist dann die erforderliche Kraft P $= n(P' + P'')$ oder $P = n \cdot \frac{5D+1}{5D} AH\gamma$.

§. 294. Aufgabe. Die Geschwindigkeit jedes Kolben sei $= w$ Fuß, sein Querschnitt $= A$ Quadratfuß, man soll die Wassermenge M bestimmen, welche durch n Paare Pumpen in jeder Minute gehoben wird.

Auflösung. Da immer einer von 2 Kolben in die Höhe geht, so ist die Wassermenge für ein Paar in der Secunde $= Aw$, also in der Minute $= 60\,Aw$, folglich für n Paare $= n \cdot 60 \cdot Aw$. Wegen des unvermeidlichen Hubverlustes bringt man im Mittel $\frac{1}{10}$ in Abzug, setzt also nur

$$M = 54\,n\,Aw.$$

Anmerkung. Nach Eytelwein sind die Grenzen des Werthes für w gleich $\frac{1}{3}$ und $2\frac{1}{2}$ Fuß anzunehmen.

§. 295. Aufgabe. Die Kraft P' beiläufig zu bestimmen, welche zum lothrechten Niederdrücken des Kolbens einer Druckpumpe erforderlich ist.

Auflösung. Bezeichnet H die lothrechte Entfernung vom tiefsten Stand des Kolbens bis zum Ausguß, A den Querschnitt des Stiefels, D seinen Durchmesser, so hat man für den nachtheiligsten Augenblick, alle Maaße in Fußen verstanden, wie in §. 291. $P' = \left[H + \frac{H}{10\,D}\right] A\gamma.$

§. 296. Aufgabe. Die Kraft P″ beiläufig zu bestimmen, welche erforderlich ist, den Kolben einer Saugpumpe zu erheben.

Auflösung. Bezeichnet b den Kolbenhub, so hat man für den nachtheiligsten Augenblick, d. h. für den höchsten Stand des Kolbens, die Druckhöhe auf ihn = 32, gegen ihn = 32 — b Fuße, also den Ueberschuß oder die hydrostatische Widerstandshöhe = b, und hiezu die der Reibung $= \frac{b}{10\,D}$ mit in Rechnung gebracht,

$$P'' = \left(b + \frac{b}{10\,D}\right) A\gamma.$$

§. 297. Zusatz. Für n Paare Druckpumpen (wie in §. 293. verstanden) ist also die gesammte erforderliche Kraft, oder

$$P = n\,\frac{10\,D + 1}{10\,D}\,A\,(H + b)\,\gamma.$$

§. 298. Aufgabe. Für n Paare Druckpumpen vom Querschnitt A, wenn jeder Kolben die Geschwindigkeit w hat, die in jeder Minute geförderte Wassermenge M zu bestimmen.

Auflösung. Man erhält wie in §. 294.

$$M = 54 . n A w.$$

§. 299. Beispiele.

I. Durch ein unterschlächtiges Wasserrad, bei 4 Fuß nutzbaren Gefälle, ein Saugwerk in Bewegung zu erhalten, welches in jeder Minute 108 Cubicfuß Wasser auf 16 Fuß Höhe giebt.

Bezeichnet n die Anzahl Paare Pumpen, A den Querschnitt der Kolben, w die Geschwindigkeit derselben, so muß nach §. 294.

$108 = 54 . n A w$ werden, und dieser Gleichung genügen, $w = 1$ Fuß, $n = 6$, $A = \frac{1}{3} Q'$, also, aus $A = \frac{1}{4} D^2 \pi$, $D = 0{,}65$ Fuß = nahe 8 Zoll.

Weil nun die Geschwindigkeit c womit das Wasser die Schaufeln trifft $= \alpha \sqrt{h} = 7{,}54 . \sqrt{4} = 15{,}08$ Fuß, also die vortheilhafteste für die Schaufeln, oder $v = 7{,}54$

ist (§. 287.), so ist die Vorrichtung oder die Maschine so anzuordnen, daß aus 7,54 Fuß Geschwindigkeit des Kraftpunctes, für die Kolbenstangen eine Geschwindigkeit von $w = 1$ Fuß entspringt. Nach §. 293. ist nun der gesammte Widerstand in den Kolbenstangen $= 6 . \frac{5 . \frac{2}{3} + 1}{5 . \frac{2}{3}} . \frac{1}{3} . 16 . \gamma = 41{,}6 . \gamma$, also, wenn P die erforderliche Kraft am Wasserrade bezeichnet, ohne Berücksichtigung der übrigen Reibungshindernisse, nach dem Cartesischen Grundsatz

$$P : 41{,}6 . \gamma = 1 : 7{,}54, \text{ und hieraus}$$

$P = 5{,}52 . \gamma$. Es ist aber $P = \frac{c - v}{2g} M\gamma$ (§. 286.), also, muß $5{,}52 . \gamma = \frac{c - v}{2g} M\gamma = \frac{7{,}54}{2 . 15{,}625} . M\gamma$, folglich die Wassermenge M, welche in jeder Secunde aufs Rad stürzt, $= \frac{2 . 15{,}625 . 5{,}52}{7{,}54} = 23$ Cubicfuß sein, wonach mit Anwendung der Formel in §. 261. die Höhe e der Schutzöffnung zu bestimmen ist.

II. Die Wassermenge M, welche ein oberschlächtiges Wasserrad von 12 Fuß Durchmesser im Theilriß in jeder Secunde bedarf, der Bedingung gemäß zu bestimmen, daß durch dasselbe ein Mahlgang so in Bewegung erhalten werde, daß der Läufer in jeder Minute 160 Umdrehungen mache.

Ist der Halbmesser r des Läufers $= 2$ Fuß, der Halbmesser ϱ des Läuferauges $= 3''$, und bezeichnet n die Anzahl Umdrehungen des Läufers in jeder Minute, so ist nach Eytelweins Bestimmung, der Widerstand des Getreides in die Peripherie des Läufers reducirt $= \frac{n(r^3 - \varrho^3)}{5r}$ Pfunde, [r und ϱ in Fußen verstanden] $= \frac{160 . (8 - \frac{1}{16})}{5 . 2} = 127$ Pfunde. Stürzt nun das Wasser mit 8 Fuß Geschwindigkeit aufs Rad, und ist also v ebenfalls $= 8$ Fuß (§. 285.), so ist die Kraft in der Peripherie des Theilrisses $= 10 . \frac{M}{8} . 66$ (§. 285.), und da die Geschwindigkeit in der Peripherie des Läufers $= \frac{160 . 2 . 2\pi}{60}$ ist, so hat man $10 \frac{M}{8} . 66 : 127 = \frac{160 . 2 . 2\pi}{60} : 8$, folglich

$$M = 6\tfrac{1}{6} \text{ Cubicfuß.}$$

Verbesserungen zum dritten Band.

Seite 31 Zeile 6 v. o. lies Ebene (Fig. 10.) für Ebene
— 31 — 1 v. u. l. Gleichung f. Gleichungen
— 74 — 3 v. u. l. Halbkreises f. Kreises
— 120 — 9 v. o. l. derselbe f. dieselbe
— 121 — 12 v. o. l. jeder f. ihrer
— 176 — 10 v. u. l. erleiden f. erleidet
— 190 — 4 v. u. l. PTF f. GTF
— 191 — 3 v. o. l. PE f. PF
— 194 — 1 v. o. l. b + k f. b + c
— 235 — 9 v. u. l. kleinerer f. kleiner
— 247 — 1 v. u. l. würde f. wurde
— 255 — 9 v. o. l. 32 f. 23
Figur 50. Tafel II. lies e für c

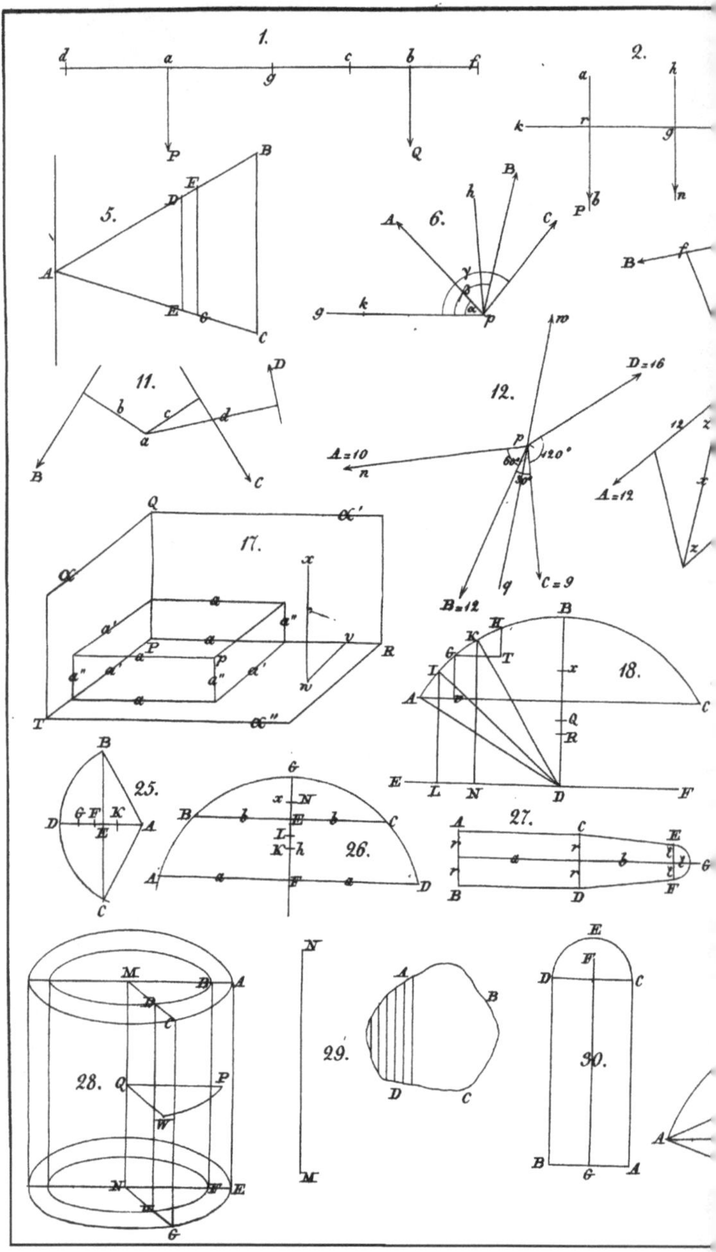
1.
2.
5.
6.
11.
12.
A=10
D=16
B=12
C=9
A=12
120°
17.
18.
25.
26.
27.
28.
29.
30.

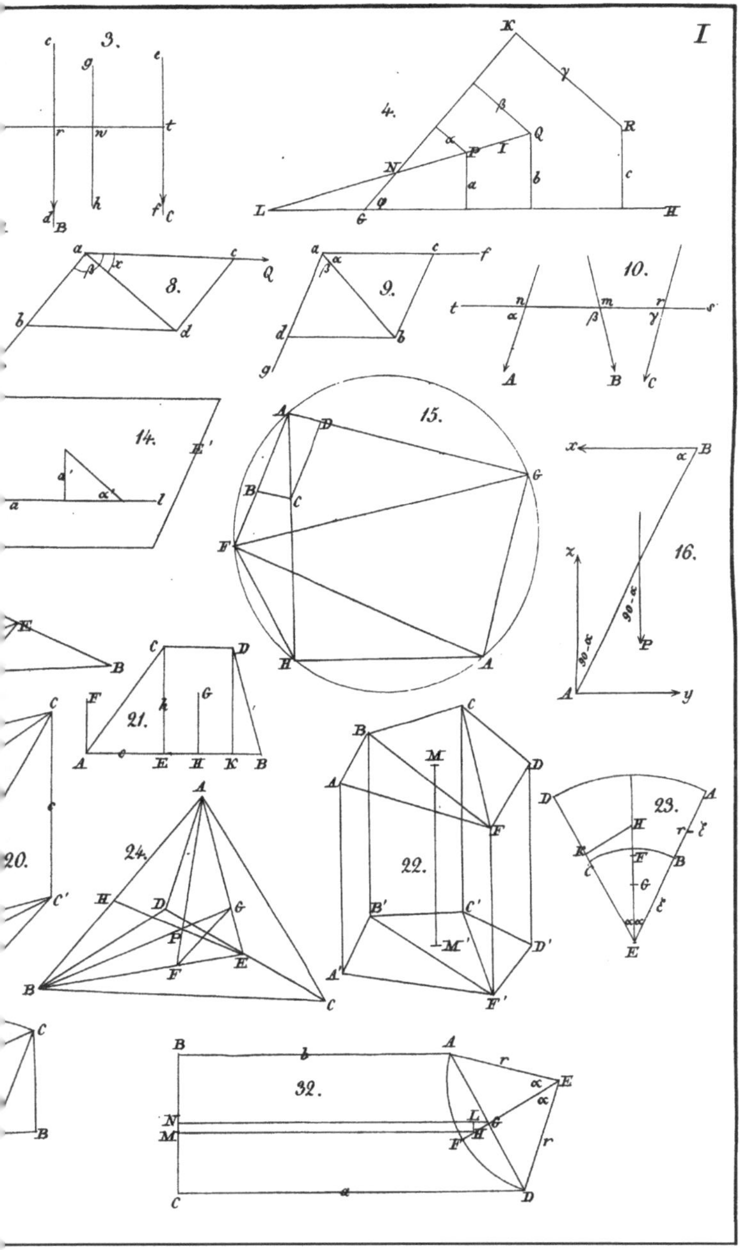
I
3.
4.
8.
9.
10.
14.
15.
16.
20.
21.
22.
23.
24.
32.

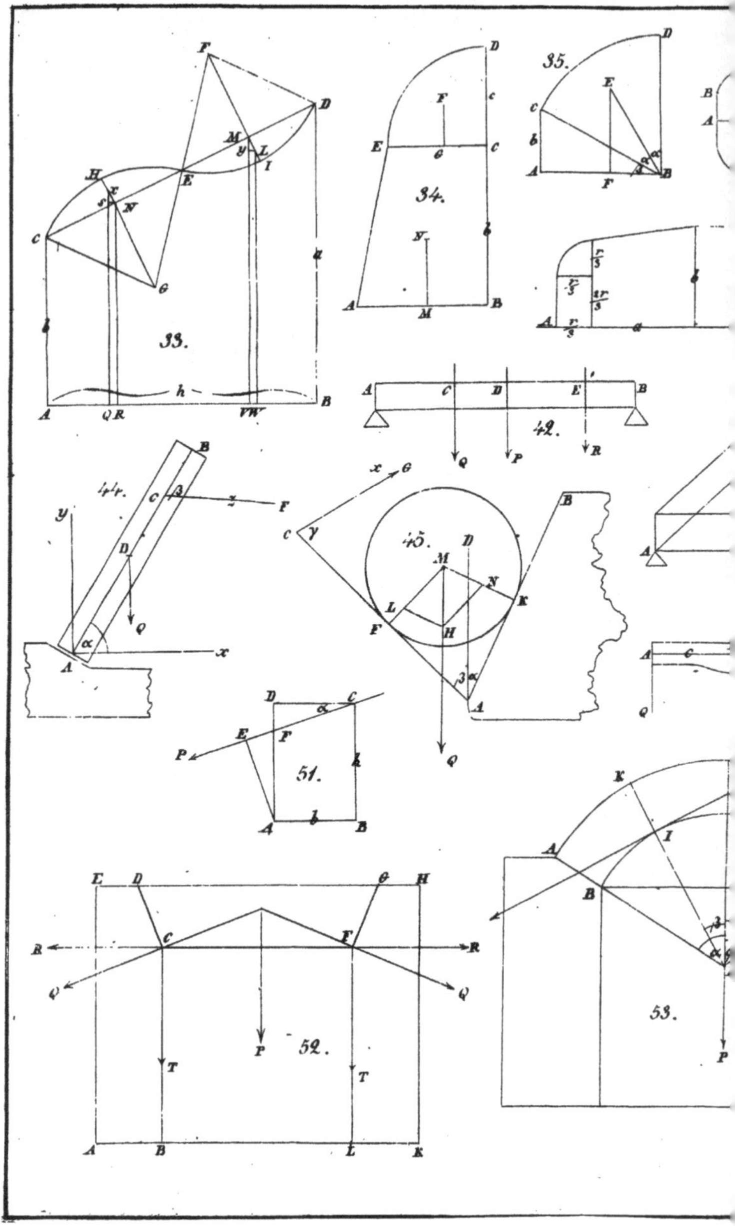
33.
34.
35.
42.
44.
45.
51.
52.
53.

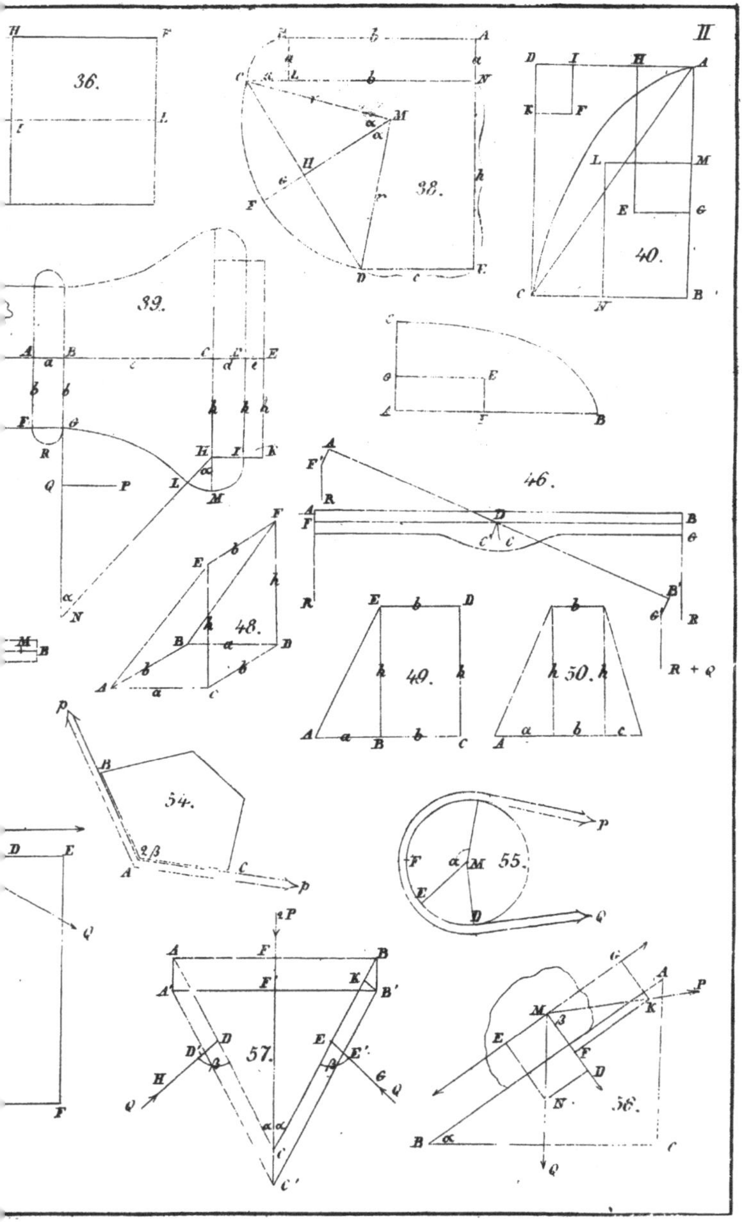
II
36.
38.
39.
40.
46.
48.
49.
50.
54.
55.
57.
58.

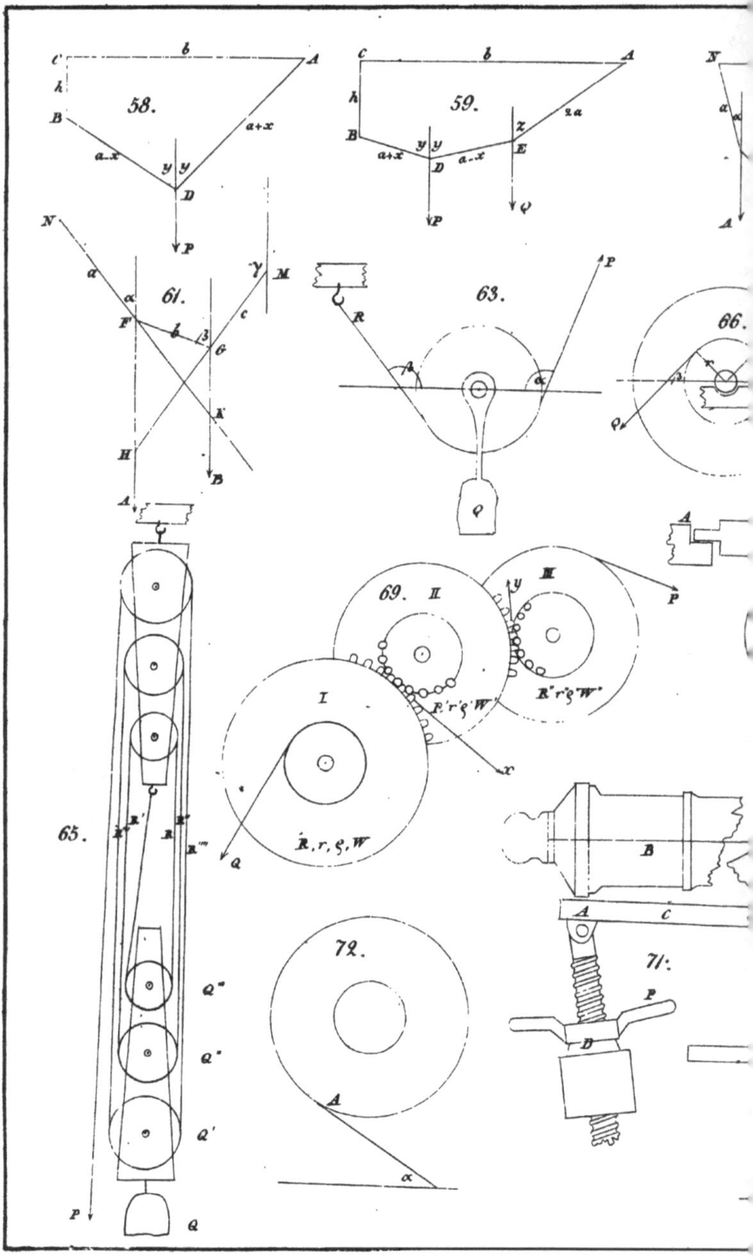
58.
59.
61.
63.
65.
66.
69.
71.
72.

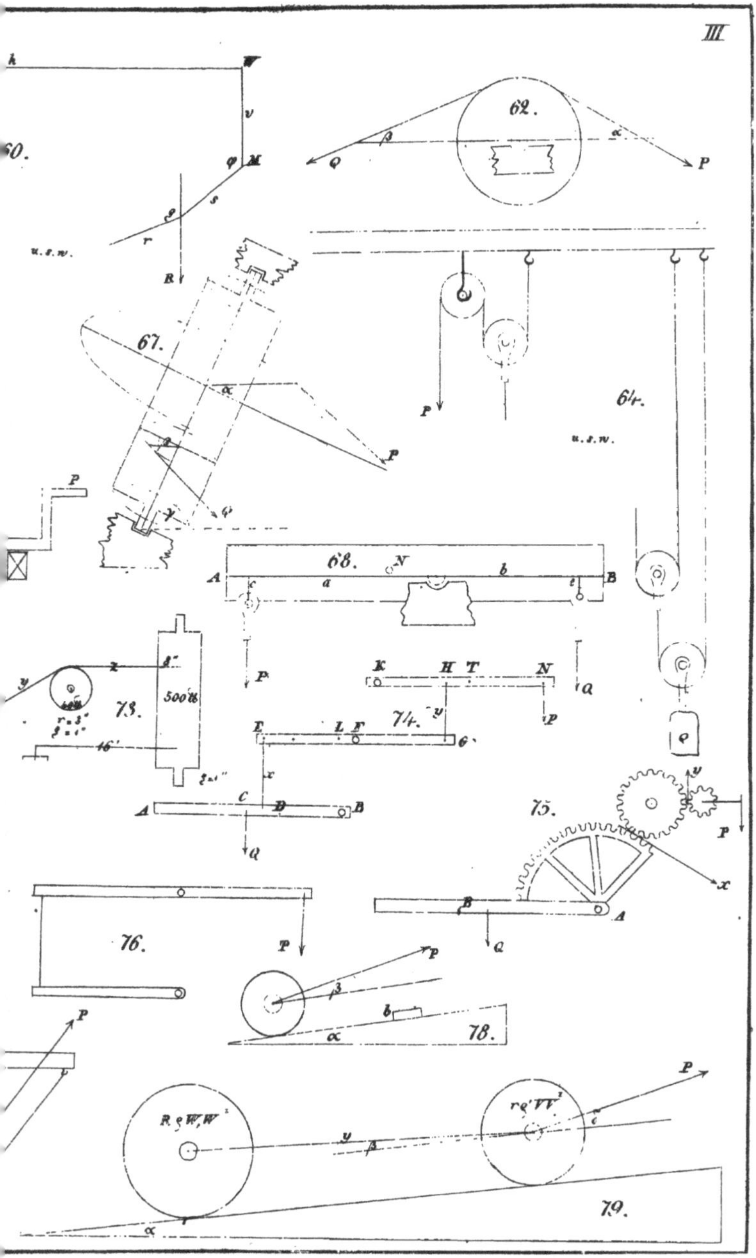

III
60.
62.
64.
67.
68.
73.
74.
75.
76.
78.
79.
u. s. w.
500 ℔

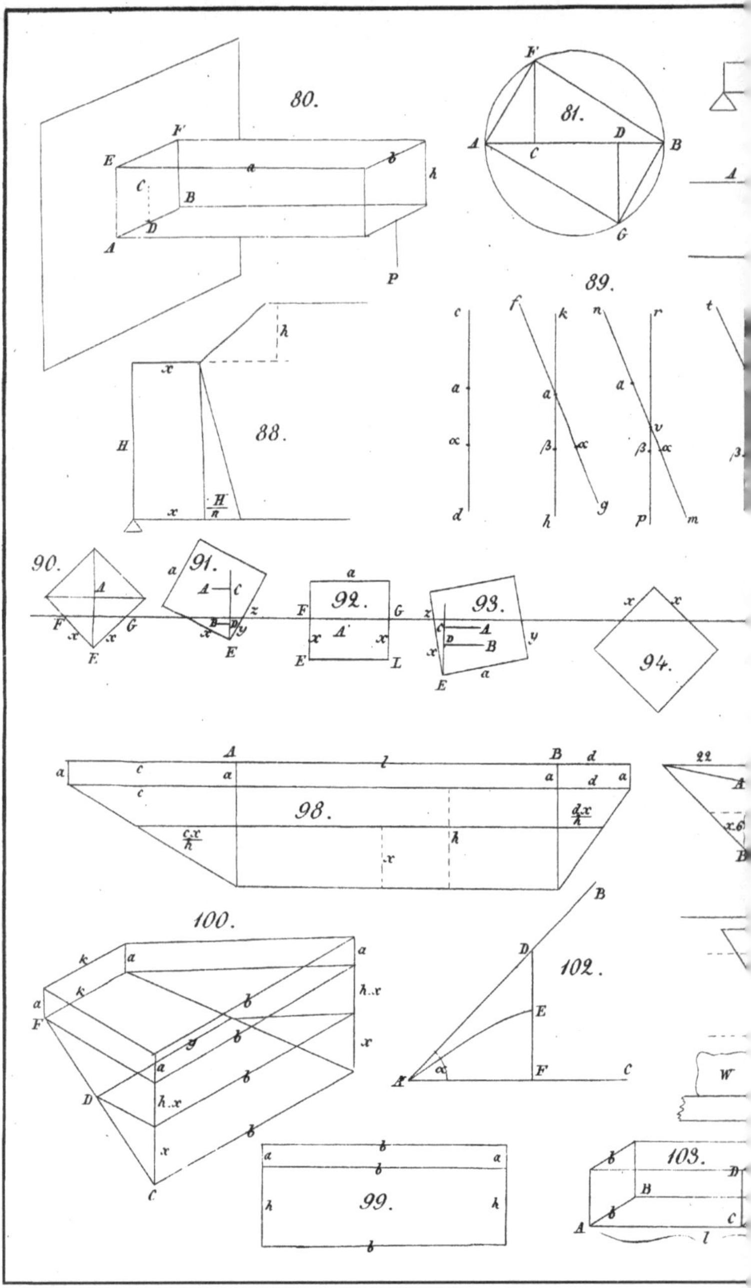
80.
81.
88.
89.
90.
91.
92.
93.
94.
98.
100.
102.
99.
103.

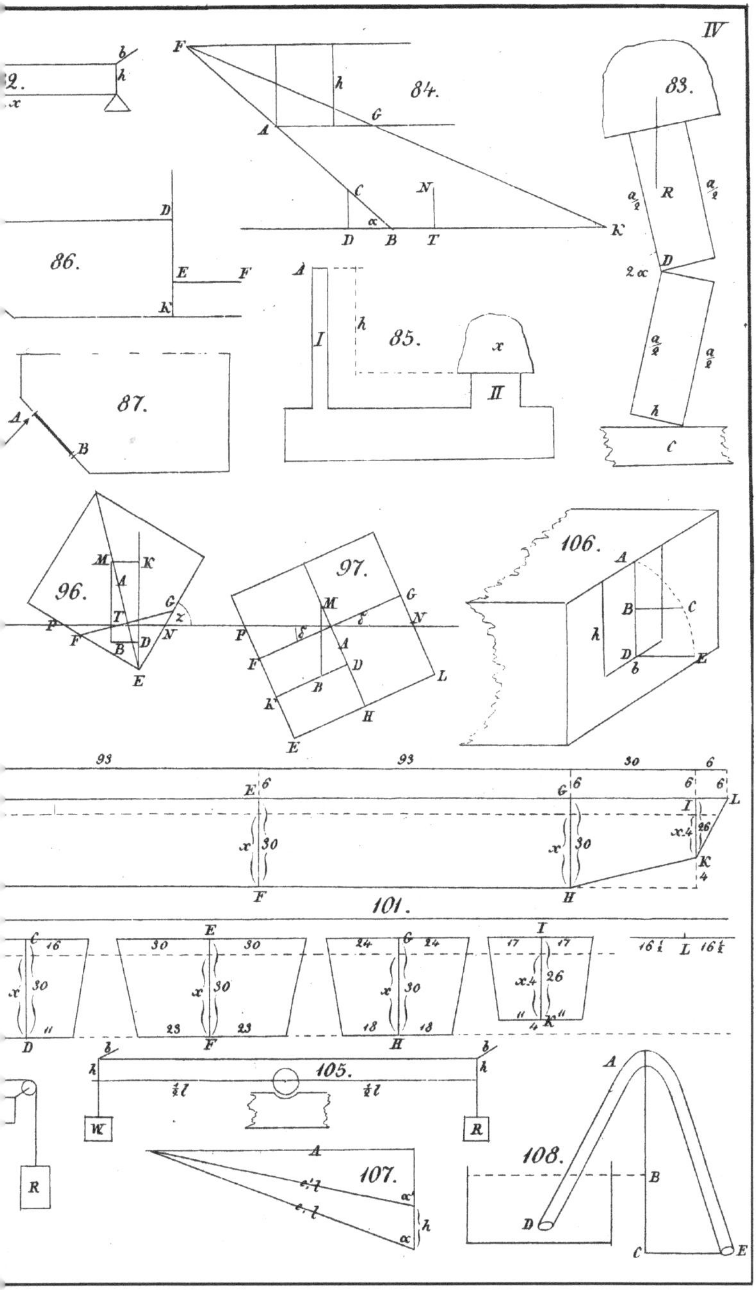

IV
84.
83.
86.
85.
87.
96.
97.
106.
101.
105.
107.
108.

FSC
www.fsc.org
MIX
Papier | Fördert gute Waldnutzung
FSC® C083411

Zeitfracht Medien GmbH
Ferdinand-Jühlke-Straße 7
99095 Erfurt, Deutschland
produktsicherheit@kolibri360.de